Lecture Notes in Mathematics

A collection of informal reports and seminars
Edited by A. Dold, Heidelberg and B. Eckmann, Zürich

Series: Mathematisches Institut der Universität Heidelberg · Adviser: K. Krickeberg

56

AF004020

Klaus Floret
Institut für angewandte Mathematik der Universität Heidelberg

Joseph Wloka
Mathematisches Institut der Universität Karlsruhe

Einführung in die Theorie der lokalkonvexen Räume

1968

Springer-Verlag Berlin · Heidelberg · New York

All rights reserved. No part of this book may be translated or reproduced in any form without written permission fron Springer Verlag. © by Springer-Verlag Berlin · Heidelberg 1968
Library of Congress Catalog Card Number 68-25824. Printed in Germany. Title No. 3662

Obwohl es einige ausgezeichnete Bücher über die Theorie lokalkonvexer Räume gibt, scheint dort ein Gebiet bislang etwas stiefmütterlich behandelt worden zu sein: Die Theorie spezieller Abbildungen und damit die Konstruktion neuer Räume (induktive und projektive Limiten), mit deren Kenntnis man z.B. die Vielfalt der in der Distributionstheorie auftretenden Räume aufbauen und ihre Eigenschaften leichter verstehen kann. Ziel dieses Heftes ist somit, im Hinblick auf den zweiten Teil ("Grundräume und verallgemeinerte Funktionen"), ausgehend von einem elementaren Standpunkt, hinzuführen zum Studium der verschiedenen Klassen projektiver (Gelfand-, ($\bar{S}$)-, Schwartzsche, nukleare Räume) und induktiver (strikte Limiten, (LS)-, (LN)-Räume) Limesräume.

Mit Beispielen wurde gespart, besteht doch der zweite Teil eigentlich nur aus Beispielen. Nur einige Eigenschaften der Kötheschen Stufenräume (in gewissem Sinne eine diskrete Vorstufe der Sobolevschen Testräume) wurden zur Illustration der Ergebnisse eingefügt.

Unser Dank gilt den Herren Jörgens und Walter, deren Verständnis wesentlich zur Vollendung dieser Arbeit beitrug.

Fräulein Lörcher sind wir dankbar für die große Mühe, die sie auf das Schreiben des Manuskriptes verwandte. Wir danken dem Springer-Verlag und den Herausgebern der 'Lecture Notes' für die Aufnahme in ihre Reihe.

Heidelberg, Karlsruhe — Februar 1968

Klaus Floret — Joseph Wloka

Inhaltsverzeichnis

§ 1 Topologische Grundbegriffe

1. Definitionen

1.1 Ein System $\mathcal{T}$ von Teilmengen einer gegebenen nicht leeren Menge X heißt Topologie auf X, falls gilt:

(1) $O_\iota \in \mathcal{T},\ \iota \in I \to \bigcup_{\iota \in I} O_\iota \in \mathcal{T}$ für jede Indexmenge I

(2) $O_\iota \in \mathcal{T},\ \iota \in I \to \bigcap_{\iota \in I} O_\iota \in \mathcal{T}$ für jede endliche Indexmenge I

(3) $\emptyset, X \in \mathcal{T}$

Die Elemente von $\mathcal{T}$ heißen offene, ihre Komplemente abgeschlossene Mengen.

Mit Hilfe der De-Morganschen Regeln

$$\complement \bigcup_\iota B_\iota = \bigcap_\iota \complement B_\iota$$

$$\complement \bigcap_\iota B_\iota = \bigcup_\iota \complement B_\iota \qquad (\complement \text{ für Komplement})$$

ergibt sich sofort eine äquivalente Definition der topologischen Struktur auf X durch abgeschlossene Mengen. Eine Menge $U \subset X$ nennt man Umgebung von $x \in X$, falls ein $O \in \mathcal{T}$ existiert mit $x \in O \subset U$.

Das System der Umgebungen eines Punktes x wird mit $\mathfrak{U}(x)$ bezeichnet. Es gilt

(1) $U \in \mathfrak{U}(x),\ U \subset V \to V \in \mathfrak{U}(x)$

(2) $U_1, \dots U_n \in \mathfrak{U}(x) \to \bigcap_{i=1}^{n} U_i \in \mathfrak{U}(x)$

(3) $U \in \mathfrak{U}(x) \to x \in U$

(4) Für jedes $U \in \mathfrak{U}(x)$ existiert ein $V \subset U$, so daß $U \in \mathfrak{U}(y)$ für alle $y \in V$ gilt.

In (4) kann für V das O der Umgebungsdefinition genommen werden.

Ist für jeden Punkt $x \in X$ ein Umgebungssystem mit (1) - (4) gegeben, so erhält man mit der Definition: "Eine Menge ist offen, falls sie Umgebung jedes ihrer Punkte ist" eine Topologie; stammen die $\mathfrak{U}(x)$ bereits von einer Topologie wie oben, so erhält man dieselbe. Die Definitionen sind also äquivalent.

Ein Teilsystem $\mathfrak{W}(x) \subset \mathfrak{U}(x)$ heißt Umgebungsbasis, falls für jedes $U \in \mathfrak{U}(x)$ ein $V \in \mathfrak{W}(x)$ existiert mit $V \subset U$; beispielsweise bilden die offenen Umgebungen eine Umgebungsbasis.

Ein topologischer Raum heißt separiert (Hausdorffsch), falls je zwei verschiedene Punkte Umgebungen mit leerem Durchschnitt besitzen.

Für eine beliebige Teilmenge $B \subset X$ bezeichnet

$$\overline{B} = \bigcap_{\substack{B \subset A \\ A \text{ abgeschl.}}} A = \{x \mid \text{Für jedes } U \in \mathfrak{U}(x) \text{ gilt } U \cap B \neq \emptyset\}$$

die abgeschlossene Hülle von B und

$$B^{o} = \bigcup_{\substack{O \subset B \\ O \text{ offen}}} O = \{x \mid B \in \mathfrak{U}(x)\}$$

den offenen Kern von B. $\overline{B}$ ist abgeschlossen, B^{o} offen und es gelten die Regeln:

$$\complement\overline{A} = (\complement A)^{o}, \qquad \complement A^{o} = \overline{\complement A}, \qquad (A \cap B)^{o} = A^{o} \cap B^{o}, \qquad \overline{A \cup B} = \overline{A} \cup \overline{B}$$

Eine Menge B heißt dicht in X, falls $\overline{B} = X$ gilt.

1.2. Eine Abbildung $f : X \longrightarrow Y$, X und Y topologische Räume, heißt stetig in $x_o \in X$, falls jedes Urbild einer Umgebung von $f(x_o)$ eine Umgebung von x_o ist. Sie heißt einfach stetig, falls sie in jedem Punkt stetig ist, was sich als gleichbedeutend damit erweist, daß das Urbild jeder offenen Menge offen ist (ebenso mit abgeschlossenen Mengen).

1.3. Eine Teilmenge $Y \subset X$ wird auf eine natürliche Weise topologisiert, indem man die Mengen $B \subset Y$ offen nennt, die Schnitt von Y mit einer in X offenen Menge A sind:

$$\text{offen}_Y (B) \leftrightarrow B = A \cap Y \text{ und } \text{offen}_X (A)$$

(induzierte Topologie). Insbesondere ist dann die Injektion $I : Y \xrightarrow{\subset} X$ stetig.
Eine Topologie $\mathcal{T}_1$ auf X heißt feiner als eine Topologie $\mathcal{T}_2$ auf X ($\mathcal{T}_2$ gröber als $\mathcal{T}_1$), wenn $\mathcal{T}_1 \supset \mathcal{T}_2$, d.h. wenn die Identität

$$I : (X, \mathcal{T}_1) \longrightarrow (X, \mathcal{T}_2)$$

stetig ist. ($(X, \mathcal{T})$ bedeutet: X mit der Topologie $\mathcal{T}$ ausgestattet.)

1.4. Das Produkt $\prod_{\alpha \in A} X_\alpha$ von topologischen Räumen $(X_\alpha, \mathcal{T}_\alpha)$ wird topologisiert durch die von dem System der Grundmengen

$$\mathcal{G} = \{ \prod_{\alpha \in A} O_\alpha \mid O_\alpha \in \mathcal{T}_\alpha ;\ O_\alpha = X_\alpha \text{ bis auf endlich viele } \alpha \}$$

erzeugte (d.h. endliche Durchschnitte, beliebige Vereinigungen) Topologie $\mathcal{T}$ (man nennt $\mathcal{G}$ Subbasis von $\mathcal{T}$). Die Projektionen sind bezüglich dieser Topologie stetig, und diese Topologie ist auch die gröbste, die diese Eigenschaft besitzt (topologie initiale nach Bourbaki [1]).

2. Netze

2.1. Eine Halbordnung auf einer Menge I ist eine Teilmenge $H \subset I \times I$ mit

(1) $(\alpha,\beta) \in H,\ (\beta,\gamma) \in H \rightarrow (\alpha,\gamma) \in H$ (transitiv)

(2) $(\alpha,\alpha) \in H$ (reflexiv)

(3) $(\alpha,\beta) \in H,\ (\beta,\alpha) \in H \rightarrow \alpha = \beta$ (antisymmetrisch)

Man schreibt für $(\alpha,\beta) \in H$: $\alpha \leq \beta$. *)

*) Es wird auf die Begriffe geordnet (= linear oder vollständig geordnet), wohlgeordnet, obere Schranke, maximales Element sowie auf das Zornsche Lemma und die transfinite Induktion hingewiesen. (Siehe z.B. Hewitt-Stromberg [1], Zaanen [1])

Gilt zusätzlich:

(4) Für jedes Paar (α,β) existiert ein γ mit $\alpha \leq \gamma$, $\beta \leq \gamma$,

so nennt man I nach rechts filtrierend oder gerichtet.

Eine Teilmenge $J \subset I$ heißt residual, falls ein $\alpha_o \in I$ existiert mit:

$$\alpha \geq \alpha_o \rightarrow \alpha \in J$$

J ist konfinal zu I, falls für jedes $\alpha \in I$ ein $\beta \in J$ mit $\alpha \leq \beta$ existiert.

Eine Familie $\{x_\alpha\}_{\alpha \in I}$ mit gerichtetem Indexbereich I heißt Netz (verallgemeinerte Folge, Moore-Smith-Folge). Ein Netz $\{x_\alpha\}_{\alpha \in I}$ in einem topologischen Raum X konvergiert gegen x_o, falls in jeder Umgebung U von x_o residual viele x_α liegen (d.h. es existiert ein residuales $J \subset I$ mit $\{x_\alpha\}_{\alpha \in J} \subset U$):

$$x_o = \lim_{\alpha \in I} x_\alpha$$

In einem separierten Raum ist dieser Limes eindeutig bestimmt, sonst nicht unbedingt.

Eng verbunden mit den Netzen sind die Filter. Sie werden hier jedoch ebenso wie der allgemeine Begriff eines Cauchynetzes (Cauchyfilter) - man müßte uniforme Räume einführen - nicht benötigt (siehe Bourbaki [1] Chap. 1 u. 2, Köthe [1]). Ebenso soll nicht auf die Frage eingegangen werden, wann ein vorgegebener Konvergenzbegriff für Netze von einer Topologie in der obigen Weise abgeleitet werden kann (Kelley [1], Chap. 2 Theorem 9).

2.2. Einfach und deshalb sehr nützlich ist die Charakterisierung der bereits eingeführten topologischen Begriffe mit Hilfe von Netzen.

SATZ: $A \subset X$, topologischer Raum (X)

(1) offen (A) $\leftrightarrow$ Jedes nach einem Element aus A konvergierende Netz liegt residual in A.

(2) abgeschlossen (A) $\leftrightarrow$ Kein Netz in A konvergiert gegen einen Punkt von $\complement A$.

(3) $x \in \overline{A}$ $\leftrightarrow$ Es existiert ein gegen x konvergierendes Netz aus A.

(4) $x \in A^o$ $\leftrightarrow$ Es existiert kein gegen x konvergierendes Netz aus $\complement A$.

$f : X \longrightarrow Y$ topologischer Raum (Y)

(5) stetig (f) in x_o $\leftrightarrow$ Das Bild jedes gegen x_o konvergierenden Netzes konvergiert gegen $f(x_o)$.

(6) stetig (f) $\leftrightarrow$ Jedes konvergierende Netz in X wird auf ein konvergierendes Netz in Y abgebildet.

Beweis von (6):

$\rightarrow$: Sei $\lim_{\alpha \in I} x_\alpha = x$ und $U \in \mathfrak{U}(f(x))$. Dann ist $f^{-1}(U)$ eine Umgebung von x (1.2.) und es existiert ein residuales $J \subset I$ mit $\{x_\alpha\}_{\alpha \in J} \subset f^{-1}(U)$.

Wegen

$$\{f(x_\alpha)\}_{\alpha \in J} \subset f(f^{-1}(U)) \subset U$$

gilt $\lim_{\alpha \in I} f(x_\alpha) = f(x)$.

$\Leftarrow$: Sei B eine in Y offene Menge; es ist zu zeigen, daß $f^{-1}(B)$ offen in X ist. Angenommen es existiert $x \in f^{-1}(B)$ mit

$$U \cap \complement f^{-1}(B) \neq \emptyset \quad \text{für alle} \quad U \in \mathfrak{U}(x);$$

sei $x_U \in U \cap \complement f^{-1}(B)$. Mit $U \leq V$ falls $V \subset U$ für $U,V \in \mathfrak{U}(x)$ wird $\mathfrak{U}(x)$ ein gerichtetes System und

$$\{x_U\}_{U \in \mathfrak{U}(x)}$$

konvergiert gegen x, also $f(x_U)$ gegen $f(x)$.

Da $f(x) \in B$, B offen und folglich eine Umgebung von f(x) ist, liegen residual viele $f(x_U)$ in B, also auch residual viele $x_U \in f^{-1}(B)$; Widerspruch zur Wahl der x_U.

Die anderen Beweise verlaufen ähnlich. //

(// = Ende des Beweises)

2.3. Man sieht an den Beweisen, daß es genügt, die Bedingungen für Netze mit einer Umgebungsbasis als Indexbereich vorzunehmen (evtl. punktabhängig!). Wenn man sagt, ein topologischer Raum erfülle das <u>1. Abzählbarkeitsaxiom</u>, falls jeder Punkt eine abzählbare Umgebungsbasis besitzt, gilt der

<u>ZUSATZ:</u> In einem topologischen Raum mit 1. Abzählbarkeitsaxiom gilt 2.2. schon für Folgen (statt Netze).

Speziell erfüllen die in den nächsten Paragraphen zu behandelnden metrischen und normierten Räume diese Bedingung.

3. Kompakte Mengen

3.1. Eine Teilmenge K eines separierten topologischen Raumes X heißt <u>kompakt</u>, falls jedes System von offenen Mengen, dessen Vereinigung K enthält (= <u>offene Überdeckung</u>), ein endliches Teilsystem mit dieser Eigenschaft besitzt. K nennt man <u>relativ kompakt</u>, wenn die abgeschlossene Hülle $\bar{K}$ kompakt ist.

3.2. <u>BEMERKUNG:</u> $X \supset K$ kompakt

(1) K ist abgeschlossen.

(2) Jede abgeschlossene Teilmenge von K ist kompakt.

(3) Jede Teilmenge von K ist relativ kompakt.

Beweis:

(1) Sei $\overline{K} \neq K$ und $x \in \overline{K} \cap \complement K$, dann ist wegen der Separiertheit $\bigcap_{U \in \mathfrak{U}(x)} \overline{U} = \{x\}$, also $\{\complement \overline{U}\}_{U \in \mathfrak{U}(x)}$ eine offene Überdeckung von K. Wegen der Kompaktheit gilt dann

$$K \subset \bigcup_{i=1}^{n} \complement \overline{U}_i = \complement \bigcap_i \overline{U}_i \subset \complement \bigcap_i U_i$$

Das ist jedoch wegen $x \in \overline{K}$, $\bigcap_i U_i \in \mathfrak{U}(x)$ nicht möglich.

(2) Für $A \subset K$, A abgeschlossen und eine offene Überdeckung $\{O_\lambda\}$ von A bildet $\{O_\lambda\} \cup \{\complement A\}$ eine offene Überdeckung von K, d.h. $\bigcup_{i=1}^{n} O_{\lambda_i}$ und evtl. $\complement A$ überdecken K, $\bigcup O_{\lambda_i}$ also A.

(3) folgt aus (2). //

3.3. Ein Punkt $x \in X$ heißt <u>Berührungspunkt</u> des Netzes $\{x_\alpha\}_{\alpha \in A}$, falls in jeder Umgebung von x eine konfinale Menge der x_α liegt. Insbesondere ist der Limes konvergenter Netze ein Berührungspunkt. (Es gilt nicht, daß ein Netz mit dem Berührungspunkt x ein Teilnetz mit Limes x besitzt!)

<u>SATZ:</u> Es sind äquivalent für $K \subset X$:

(1) K kompakt

(2) Ist für ein System abgeschlossener Mengen $A_\alpha \subset K$ $\bigcap_\alpha A_\alpha = \emptyset$, so gibt es bereits endlich viele A_{α_i} mit $\bigcap_i A_{\alpha_i} = \emptyset$.

(3) Jedes Netz in K hat einen Berührungspunkt in K.

Beweis: (1) $\leftrightarrow$ (2) ergibt sich durch Komplementbildung aus der Definition.

(2) $\rightarrow$ (3): Für ein Netz $\{x_\alpha\} \subset K$ ist mit

$$F_\alpha = \{x_\beta \mid \beta \geq \alpha\}$$

$$K \supset \bigcap_\alpha \overline{F}_\alpha \neq \emptyset \quad .$$

Denn andernfalls wäre nach (2) bereits

$$\emptyset = \bigcap_{i=1}^{n} \overline{F}_{\alpha_i} \supset F_\beta \quad \text{wo } \beta \geq \alpha_i \qquad i = 1,\ldots n .$$

Sei $x \in \bigcap_\alpha \overline{F}_\alpha$ und $U \in \mathfrak{U}(x)$, dann ist $U \cap \{x_\alpha\}$ eine konfinale Menge, da für jedes β $U \cap F_\beta \neq \emptyset$ gilt.

(3) $\rightarrow$ (2): Sei $\bigcap_{\alpha \in I} A_\alpha = \emptyset$ und für jede endliche Menge $\{\alpha_1,\ldots\alpha_n\} \subset I$: $\emptyset \neq \bigcap_{i=1}^{n} A_{\alpha_i} \ni x_{\{\alpha_1,\ldots\alpha_n\}}$. Die endlichen Teilmengen von I bilden mit der Inklusion als Halbordnung eine filtrierende Menge, also besitzt das Netz $\{x_{\{\alpha_1,\ldots\alpha_n\}}\}$ einen Berührungspunkt x. Für A_α und $U \in \mathfrak{U}(x)$ existiert dann (da das Netz konfinal in U liegt) $\{\alpha,\alpha_1,\ldots\alpha_n\}$ mit

$$x_{\{\alpha,\alpha_1,\dots\alpha_n\}} \in U \cap ((\bigcap_{i=1}^{n} A_{\alpha_i}) \cap A_\alpha) \subset U \cap A_\alpha,$$

d.h. $x \in \overline{A}_\alpha = A_\alpha$, also $x \in \bigcap_\alpha A_\alpha$; Widerspruch. //

3.4. BERMERKUNG: $f : X \longrightarrow Y$ stetig, X und Y separiert

$K \subset X$ kompakt

Dann ist f(K) kompakt.

Beweis: Das Urbild einer offenen Überdeckung von f(K) ist wegen der Stetigkeit von f eine solche von K. //

3.5. Es sollen noch zwei weitere Kompaktheitsbegriffe eingeführt werden:

Eine Teilmenge K des separierten topologischen Raumes X heißt abzählbar kompakt, wenn jede Folge in K einen Berührungspunkt in K besitzt; sie heißt folgenkompakt, wenn jede Folge eine nach einem Element aus K konvergente Teilfolge besitzt.

(1) Eine folgenkompakte Menge ist stets abzählbar kompakt.

Die Umkehrung ist nicht immer richtig, sie gilt aber z.B. in Räumen mit 1. Abzählbarkeitsaxiom, denn

(2) In Räumen mit 1. Abzählbarkeitsaxiom ist jeder Berührungspunkt einer Folge Limes einer Teilfolge.

Beweis: Sei $U_1 \supset U_2 \supset \dots$ eine Umgebungsbasis des Berührungspunktes x einer Folge $\{x_n\}$, dann existiert

n_1 mit $x_{n_1} \in U_1$, $n_2 > n_1$ mit $x_{n_2} \in U_2$ usw., also $\lim_{\ell\to\infty} x_{n_\ell} = x$. //

3.6. Ohne Beweis soll noch zitiert werden (siehe z.B. Bourbaki [1]) der

SATZ von TYCHONOFF: Das topologische Produkt kompakter Räume ist kompakt.

§ 2 Der Satz von Baire

1. Metrische Räume

1.1. DEFINITION: Sei X eine Menge.

1. Eine Funktion $d : X \times X \longrightarrow \mathbb{R}$ (reelle Zahlen) heißt Metrik (Abstandsfunktion), falls gilt
   a) $d(x,y) \geq 0$
   b) $d(x,y) = d(y,x)$
   c) $d(x,z) \leq d(x,y) + d(y,z)$ (Dreiecksungleichung)
   d) $d(x,y) = 0 \leftrightarrow x = y$.
2. Das Paar (X,d) nennt man einen metrischen Raum,
3. $K_\varepsilon(x) = \{y \mid d(x,y) < \varepsilon\}$ (offene) Kugel von x mit Radius ε.

Die Menge der reellen Zahlen $\mathbb{R}$ ist mit $d(x,y) = |x-y|$ ein metrischer Raum.

Man sieht sofort, daß ein metrischer Raum mit der Umgebungsbasis

$$\mathfrak{U}(x) = \{K_\varepsilon(x) \mid \varepsilon > 0\}$$

ein topologischer Raum wird. Wenn man die Radien der Umgebungskugeln rational wählt, erhält man ebenso eine Umgebungsbasis, d.h. der Raum erfüllt das 1. Abzählbarkeitsaxiom.

<u>BEMERKUNG:</u> Die Metrik ist eine stetige Funktion auf dem topologischen Produkt $X \times X$.

Beweis: Aus b) und c) folgt

$$|d(x,z) - d(y,z)| \leq d(x,y) .$$

Sei $(x_o,y_o) \in X \times X$ und $\varepsilon > 0$ gegeben.

$$|d(x,y) - d(x_o,y_o)| \leq |d(x,y) - d(x,y_o)| + |d(x,y_o) - d(x_o,y_o)| \leq$$

$$\leq d(y,y_o) + d(x,x_o) < \varepsilon,$$

falls $(x,y) \in K_{\varepsilon/2}(x_o) \times K_{\varepsilon/2}(y_o)$. //

1.2. Für die Konvergenz eines Netzes $\{x_\alpha\}_{\alpha \in I}$ ergibt sich in metrischen Räumen ein einfaches Kriterium, wenn man die Umgebungsdefinition beachtet:

$\lim\limits_{\alpha \in I} x_\alpha = x \leftrightarrow$ Für jedes $\varepsilon > 0$ existiert ein α_o mit $d(x_\alpha,x) < \varepsilon$ für alle $\alpha \geq \alpha_o$.

Wie in der reellen Analysis wird jetzt ein <u>Cauchynetz</u> $\{x_\alpha\}_{\alpha \in I}$ definiert:

Für jedes $\varepsilon > 0$ gibt es ein $\alpha_o \in I$ mit: $d(x_\alpha,x_\beta) < \varepsilon$ für alle α, $\beta \geq \alpha_o$.

Die gleiche Rechnung wie dort ergibt, daß jedes konvergente Netz Cauchysch ist. Die Umkehrung gilt natürlich nicht immer; ein Raum, in dem jedes Cauchynetz konvergiert, heißt <u>vollständig</u>.

Hier ist zu beachten, daß der Begriff der Vollständigkeit von der Metrik und nicht von der von ihr erzeugten Topologie abhängt:

Zwei Metriken auf einem Raum können sehr wohl die gleiche Topologie erzeugen, er kann jedoch bezüglich der einen Metrik vollständig, bezüglich der anderen nicht vollständig sein, wie das folgende einfache Beispiel zeigt:

Auf den reellen Zahlen $\mathbb{R}$ sei die normale Metrik

$$d_1(x,y) = |x-y| \quad \text{und} \quad d_2(x,y) = |f(x) - f(y)|$$

gegeben, wo f eine streng monotone, gleichmäßig beschränkte, stetige reelle Funktion (z. B. $f(x) = \operatorname{arctg} x$) ist.

Es ist $(\mathbb{R},d_1) = (\mathbb{R},d_2)$ als topologische Räume. $(\mathbb{R},d_1)$ ist vollständig, aber die d_2-Cauchyfolge $x_n = n$ konvergiert nicht.

Jeder metrische Raum läßt sich bis auf Isometrie (abstandserhaltende

Abbildung zwischen metrischen Räumen) eindeutig in einen vollständigen metrischen Raum einbetten (Köthe [1]).

2. Der Satz von Baire

2.1. Eine Teilmenge N eines topologischen Raumes X ist <u>nirgends dicht</u>, falls $\overline{N}^{\circ} = \emptyset$ (denn dann ist $\complement \overline{N}$ dicht); sie heißt <u>mager</u> (<u>von der 1. Kategorie</u> nach Baire), falls sie abzählbare Vereinigung nirgends dichter Mengen ist, andernfalls von der 2. Kategorie.

Ist der topologische Raum X selbst (in sich) von 2. Kategorie, heißt er <u>Bairescher Raum</u>.

Die Cantorsche Menge ist ein Beispiel für eine überabzählbare, nirgends dichte Menge (Hewitt-Stromberg [1] , 6.36 und 6.64).

<u>SATZ (Baire):</u> Seien X ein topologischer Raum,

$f_n : X \longrightarrow \mathbb{C}$ (komplexe Zahlen) n = 1,2,... stetige Funktionen und

$\lim_{n\to\infty} f_n(x) = f(x) \in \mathbb{C}$ (der Limes ist punktweise zu verstehen).

Dann ist die Menge der Unstetigkeitspunkte von f von 1. Kategorie.

Beweis: Seien ($\mathbb{N} = \{1,2,\ldots\}$)

$$P_m(\varepsilon) = \{x \in X \mid \; |f(x)-f_m(x)| \leq \varepsilon\} \quad \varepsilon > 0, \; m \in \mathbb{N}$$

$$G(\varepsilon) = \bigcup_{m=1}^{\infty} (P_m(\varepsilon)^{\circ})$$

$$D = \bigcap_{n=1}^{\infty} G(\tfrac{1}{n}),$$

d.h. $D = \{x_o \in X \mid$ Für alle $n \in \mathbb{N}$ existiert $m \in \mathbb{N}$ und $U \in \mathfrak{U}(x_o)$: $|f(x)-$ $-f_m(x)| < \frac{1}{n}$ für alle $x \in U\}$.

D ist die Menge der Stetigkeitspunkte von f:

(1) Für $x_o \in D$ und $\varepsilon > 0$ gegeben, wähle man $\frac{1}{n} < \frac{\varepsilon}{3}$ und $V \in \mathfrak{U}(x_o)$ mit $|f_m(x_o)-f_m(x)| < \frac{\varepsilon}{3}$ für $x \in V$ (f_m stetig), und man erhält für $x \in V \cap U$:

$$|f(x_o)-f(x)| \leq |f(x_o)-f_m(x_o)| + |f_m(x_o)-f_m(x)| + |f_m(x)-f(x)| <$$
$$< \frac{1}{n} + \frac{\varepsilon}{3} + \frac{1}{n} < \varepsilon.$$

(2) Sei andererseits x_o ein Stetigkeitspunkt von f, n gegeben. Dann existiert $m \in \mathbb{N}$ mit

$$|f(x_o)-f_m(x_o)| < \frac{1}{3n}$$

und (f_m, f stetig in x_o) $U \in \mathfrak{U}(x_o)$

$$|f(x_o)-f(x)| < \frac{1}{3n}$$

$$|f_m(x_o)-f_m(x)| < \frac{1}{3n} \quad \text{für } x \in U$$

und die geforderte Ungleichung für $x_o \in D$ ist erfüllt.

Wegen der Stetigkeit der f_m ist

$$F_m(\varepsilon) = \{x \in X| \quad |f_m(x)-f_{m+k}(x)| \leq \varepsilon \quad \text{für alle } k \in \mathbb{N}\}$$

abgeschlossen und aus $\lim f_n(x) = f(x)$ folgt

$$X = \bigcup_{m=1}^{\infty} F_m(\varepsilon) \quad \text{und}$$

$$F_m(\varepsilon) \subset P_m(\varepsilon), \text{ also}$$

$$F_m(\varepsilon)^o \subset P_m(\varepsilon)^o \quad \text{und}$$

$$\bigcup_{m=1}^{\infty} (F_m(\varepsilon))^o \subset G(\varepsilon).$$

Da $F_m(\varepsilon)$ abgeschlossen ist, wird $F_m(\varepsilon) \setminus F_m(\varepsilon)^o$ nirgends dicht *), also

$$\complement(\bigcup_{m=1}^{\infty}(F_m(\varepsilon)^o) = \bigcup_{m=1}^{\infty} (F_m(\varepsilon) \setminus F_m(\varepsilon)^o) \quad \text{mager.}$$

Die Behauptung ergibt sich nun aus

$$\complement D = \bigcup_n \complement G(\tfrac{1}{n}) \subset \bigcup_n \complement \bigcup_m (F_m(\tfrac{1}{n})^o)$$

und der Tatsache, daß eine abzählbare Vereinigung magerer Mengen mager ist. (Yosida [1]). //

2.2. <u>SATZ von BAIRE:</u> Ein vollständiger, metrischer, nicht leerer Raum X ist von 2. Kategorie, also ein Bairescher Raum.

Beweis: Es ist zu zeigen, daß X nicht abzählbare Vereinigung nirgends dichter Mengen sein kann. Sei also $X = \bigcup_{n=1}^{\infty} M_n$, wo die M_n nirgends dicht und abgeschlossen (o.E.d.A.) sind. Es wird nun eine Folge abgeschlossener Kugeln $\overline{K}_{r_n}(x_n)$ konstruiert mit:

$$\overline{K}_{r_n}(x_n) \subset K_{r_{n-1}}(x_{n-1})$$

$$\overline{K}_{r_n}(x_n) \cap M_n = \emptyset$$

$$r_n \longrightarrow 0$$

Da $\complement M_1$ offen ist, existiert eine abgeschlossene Kugel $\overline{K}_{r_1}(x_1) \subset \complement M_1$. Sei $K_{r_{n-1}}(x_{n-1})$ konstruiert, so trifft die offene Kugel $K_{r_{n-1}}(x_{n-1})$ die offene und dichte Menge $\complement M_n$, d.h. die offene Menge $K_{r_{n-1}}(x_{n-1}) \cap \complement M_n$ enthält eine abgeschlossene Kugel $\overline{K}_{r_n}(x_n)$, $r_n < \frac{r_{n-1}}{2}$ beispielsweise.

---

*) Für zwei Mengen $A,B \subset X$ bedeute $A \setminus B = A \cap \complement B$.

Da nun $x_m \in K_{r_n}(x_n)$ für $m \geq n$ ist, gilt

$$d(x_m, x_n) < r_n$$

und

$$d(x_m, x_\ell) < 2r_n \quad \text{für alle } m, \ell \geq n,$$

so daß wegen $r_n \to 0$ $\{x_m\}$ eine Cauchyfolge ist, die wegen der Vollständigkeit von X einen Grenzwert x_o besitzt.

$\{x_m\} \subset \overline{K}_{r_n}(x_n)$ für resiual viele m, d.h. wegen der Abgeschlossenheit der Kugeln

$$x_o \in \overline{K}_{r_n}(x_n) \quad \text{für alle } n \in \mathbb{N}; \text{ also}$$

$$x_o \notin M_n \quad \text{für alle } n \in \mathbb{N}.$$

Das ist ein Widerspruch zu der Annahme

$$X = \bigcup_{n=1}^{\infty} M_n . \quad //$$

Wenn man in diesem Beweis die Annahme $X = \bigcup_{n=1}^{\infty} M_n$ durch $O \subset \bigcup_{n=1}^{\infty} M_n$ ersetzt, wo O eine offene Teilmenge von X ist, erhält man, da nur die Konvergenz einer Cauchyfolge z.B. in $\overline{K}_{r_1}(x_1)$ gefordert ist, das

<u>KOROLLAR 1:</u> Jede nicht leere offene Teilmenge eines metrischen, vollständigen Raumes ist von 2. Kategorie.

Sei M eine magere Menge; enthielte $\complement\overline{\complement M}$ eine offene Menge O, dann wäre wegen

$$O \subset \complement\overline{\complement M} = M^o$$

O von 1. Kategorie, also wegen Korollar 1:

<u>KOROLLAR 2 (Hausdorff):</u> Das Komplement einer mageren Menge in einem vollständigen metrischen Raum ist dort dicht.

Durch Komplementbildung erhält man

<u>KOROLLAR 3:</u> Ist $B = \bigcap_{n=1}^{\infty} B_n$ in einem vollständigen metrischen Raum, B_n Komplement nirgends dichter Mengen (z.B. offen und dicht), dann ist B dicht.

§ 3 Topologische Vektorräume

1. Definitionen

1.1. Neben der topologischen Struktur kann auf einem Raum noch eine algebraische gegeben sein. Man nennt die beiden Strukturen verträglich, falls die algebraischen Operationen stetig sind. Auf diese Weise kommt man zu dem Begriff des topologischen Vektorraumes.

$\mathbb{K}$ sei im weiteren der Grundkörper $\mathbb{R}$ oder $\mathbb{C}$ *) des Vektorraums E; $\mathbb{K}$ ist mit der durch den Betrag gegebenen Topologie versehen.

DEFINITION: E habe die Topologie $\mathcal{T}$.

Dann heißt $(E,\mathcal{T})$ topologischer Vektorraum, falls

(a) die Addition

$$A : (E,\mathcal{T})\times(E,\mathcal{T}) \longrightarrow (E,\mathcal{T}) \quad \text{stetig,}$$
$$\quad\; (x,y) \rightsquigarrow A(x,y) = x + y$$

(b) die skalare Multiplikation

$$S : \mathbb{K}\times(E,\mathcal{T}) \longrightarrow (E,\mathcal{T}) \quad \text{stetig und}$$
$$\quad\; (\alpha,x) \rightsquigarrow S(\alpha,x) = \alpha x$$

(c) $\mathcal{T}$ separiert ist.

Es wird gleich darauf hingewiesen, daß bei induktiven Limiten lokalkonvexer Räume Eigenschaft (c) nicht immer erfüllt ist; es wird dann von separierten und nicht separierten topologischen Vektorräumen gesprochen werden.

Man weiß aus der Analysis, daß $\mathbb{K}^n$ ein topologischer Vektorraum ist.

1.2. Da die Abbildungen

$$\phi : x \rightsquigarrow x + x_o \qquad (\phi(x) = A(x,x_o))$$
$$\phi^{-1} : x \rightsquigarrow x - x_o$$
$$\psi : x \rightsquigarrow \alpha_o x \qquad (\psi(x) = S(\alpha_o,x))$$
$$\psi^{-1} : x \rightsquigarrow \frac{1}{\alpha_o} x \qquad \alpha_o \neq 0$$

stetig sind, sind sie in beiden Richtungen stetig (= Homöomorphismen), d.h. die topologische Struktur ist invariant gegenüber der Anwendung der Abbildungen ϕ und ψ, anders ausgedrückt:

(1) Man kann sich auf die Betrachtung von Nullumgebungen beschränken; das System $\mathfrak{U}(x_o)$ erhält man durch Translation der Umgebungen $U \in \mathfrak{U}(0)$ um x_o.

(2) $U \in \mathfrak{U}(0),\ \alpha \neq 0 \rightarrow \alpha U \in \mathfrak{U}(0)$.

Da A in (0,0) stetig ist, existieren zu gegebenem $U \in \mathfrak{U}(0)$ Umgebungen $W_1, W_2 \in \mathfrak{U}(0)$

---

*) Bourbaki ([2]) behandelt topologische Vektorräume über topologischen Körpern.

mit $W_1 + W_2 \subset U$ (es sei $W_1 + W_2 = A(W_1,W_2)$), also mit $V = W_1 \cap W_2$:

(3) $U \in \mathfrak{U}(0) \rightarrow$ es existiert $V \in \mathfrak{U}(0)$ mit

$$V + V \subset U \quad ^{*)} .$$

Aus (c) folgt sofort

(4) $\bigcap_{U \in \mathfrak{U}(0)} U = \{0\}$

Sei nun $\alpha_n \neq 0$, $\alpha_n \longrightarrow 0$ $(n \to \infty)$ und $x \neq 0$, dann gilt $\alpha_n x \longrightarrow 0$ (Stetigkeit von S); es existiert also für jedes $U \in \mathfrak{U}(0)$ ein n :

$$\alpha_n x \in U \quad \text{oder} \quad x \in \frac{1}{\alpha_n} U$$

(5) $U \in \mathfrak{U}(0)$, $x \neq 0 \rightarrow$ es existiert $\alpha \in \mathbb{K}$ mit $x \in \alpha U$ (U ist absorbant).

Betrachtet man $\alpha_n = \frac{1}{n}$, gilt sogar $\alpha \in \mathbb{N}$.

Zu einem vorgegebenen $U \in \mathfrak{U}(0)$ existiert ein $\varepsilon > 0$ und $W \in \mathfrak{U}(0)$, daß

$$S(\{\alpha \mid |\alpha| \leq \varepsilon\}, W) \subset U$$

wegen der Stetigkeit von S.

Mit (2) folgt $(V = \varepsilon W)$:

(6) Für $U \in \mathfrak{U}(0)$ gibt es ein $V \in \mathfrak{U}(0)$ mit $\alpha V \subset U$ für alle $|\alpha| \leq 1$.

Bildet man für $U \in \mathfrak{U}(0)$ mit V laut (6)

$$\bigcup_{|\alpha| \leq 1} \alpha V = W,$$

so gilt $V \subset W \subset U$ und für $|\alpha| \leq 1$ folgt $\alpha W \subset W$:

W ist kreisförmig .

(7) Die kreisförmigen Nullumgebungen bilden eine Nullumgebungsbasis.

Sei für $W \in \mathfrak{U}(0)$ ein Netz $\{x_\alpha\} \subset V$ (V nach (3) und kreisförmig) mit $\lim x_\alpha = x$ gegeben. Dann liegt $\{x_\alpha\}$ residual in $x + V$, speziell also für ein α_0 :

$$x_{\alpha_0} \in x + V \quad \text{oder} \quad x \in x_{\alpha_0} - V \subset V + V \subset W,$$

d.h. nach § 1, 2.2. $\overline{V} \subset W$. Da für $|\beta| \leq 1$ $\beta x_\alpha \in V$ gilt und $\lim \beta x_\alpha = \beta x$ ist, folgt $\beta x \in \overline{V}$: die abgeschlossene Hülle einer kreisförmigen Menge ist kreisförmig; zusammen

(8) Die abgeschlossenen Nullumgebungen bilden eine Nullumgebungsbasis (E ist regulär), ebenso die abgeschlossenen und kreisförmigen.

Zuzüglich gelten natürlich die Bedingungen (1) - (4) von § 1, 1.1.

1.3. Umgekehrt kann man die topologischen Vektorräume mit einigen dieser Eigenschaften charakterisieren:

---

*) Beachte $V + V \neq 2V$: $V + V = \{x+y \mid x,y \in V\}$.

<u>SATZ:</u> Sei $\mathfrak{W}$ ein System von absorbanten, kreisförmigen Teilmengen des Vektorraumes E mit

$$(\mathfrak{U} = \{U = \alpha V \mid V \in \mathfrak{W},\ 0 \neq \alpha \in \mathbb{K}\})$$

(a') $U_i \in \mathfrak{U}$ $i = 1,\dots n \rightarrow$ es existiert $U \in \mathfrak{U}$: $U \subset \bigcap_{i=1}^{n} U_i$

(b') $U \in \mathfrak{U} \rightarrow$ es existiert $V \in \mathfrak{U}$: $V + V \subset U$

(c') $\bigcap_{U \in \mathfrak{U}} U = \{0\}$,

dann bilden die Systeme

$$\mathfrak{U}(x) = \{x + U \mid U \in \mathfrak{U}\} \text{ (also } \mathfrak{U} = \mathfrak{U}(0))$$

Umgebungsbasen und E ist mit dieser Topologie ein topologischer Vektorraum.

Beweis: (a) - (c) von 1.1. sind nachzuweisen.

(a): $x_o + y_o + U \in \mathfrak{U}(x_o+y_o)$. Wegen (b') existiert $V \in \mathfrak{U}$ mit $V + V \subset U$:

$$(x_o+V) + (y_o+V) \subset x_o + y_o + U.$$

Da $x_o + V$ bzw. $y_o + V$ Umgebungen von x_o bzw. y_o sind, ist A in (x_o,y_o) stetig.

(b): Es wird die Stetigkeit von S in (β_o,x_o) bewiesen: Nach (a') und (b') gibt es ein $W \in \mathfrak{U}$ mit

$$W + W + W \subset U$$

zu gegebenem U.

Wegen der Absorbanz und Kreisförmigkeit ist

$$\frac{1}{n} x_o \in W \text{ für ein } n \in \mathbb{N}.$$

Sei $B = \{\gamma \in \mathbb{K} \mid |\gamma| \leq \frac{1}{n}\}$ und

$$V = \begin{cases} \frac{1}{\beta_o} W & \text{für } |\beta_o| \geq 1 \\ W & \text{für } |\beta_o| < 1 \end{cases}$$

dann gilt

$$B \cdot x_o \subset W,\ \beta_o V \subset W,\ B \cdot V \subset W \qquad (B \cdot V = S(B,V)).$$

Also $(\beta_o+B)\cdot(x_o+V) = \beta_o x_o + B\cdot x_o + \beta_o V + B\cdot V \subset \beta_o x_o + W + W + W \subset \beta_o x_o + U$, womit S in (β_o,x_o) stetig ist.

(c): Sei $x \neq y$; dann existiert nach (c') $U \in \mathfrak{U}$ mit $x - y \notin U$ und nach (b') V mit $V + V \subset U$. Da $V = -V$, ist

$$(x+V) \cap (y+V) = \emptyset ,$$

also die Topologie separiert. //

2. Normierte Räume

2.1. Eine besonders wichtige Klasse von topologischen Vektorräumen E sind die normierten:

DEFINITION: Eine Abbildung $\| \ \|: E \longrightarrow \mathbb{R}$ heißt Norm, falls

(a) $\|x\| \geq 0$

(b) $\|\alpha x\| = |\alpha| \, \|x\|$

(c) $\|x+y\| \leq \|x\| + \|y\|$

(d) $\|x\| = 0 \rightarrow x = 0$

Auf das Mengen-"System" $\{x \in E \mid \|x\| \leq 1\}$ ist Satz 1.3. anzuwenden; ein normierter Raum ist also zugleich ein topologischer Vektorraum. Addition und skalare Multiplikation sind also stetig, was auch direkt leicht nachzurechnen wäre. Eine Abbildung, die nur (a) - (c) erfüllt, wird Halbnorm genannt. Sie erzeugt einen nicht separierten topologischen Vektorraum.

Mit $d(x,y) = \|x-y\|$ wird E zugleich ein metrischer Raum, dessen Metrik translationsinvariant ist:

$$d(x,y) = d(x+z,y+z) .$$

Die von der Metrik erzeugte Topologie (§ 2, 1.) ist die des von der Norm erzeugten topologischen Vektorraums; man nennt topologische Vektorräume mit dieser Eigenschaft metrisierbar. Man erhält aus der Stetigkeit der Metrik die der Norm. Es ist mit der Metrik Konvergenz und Cauchykonvergenz erklärt. Ein vollständiger, normierter Raum heißt Banachraum ((B)-Raum).

2.2. BEMERKUNG:

(1) Jeder Vektorraum ist normierbar.

(2) Es existiert kein Banachraum mit der algebraischen Dimension Card ($\mathbb{N}$) = χ_o .

Beweis:

(1) Sei $\{x_\iota\}_{\iota \in I}$ eine algebraische Basis von E. Dann bildet $\|x\| = \max \{|\alpha_\iota| \mid \iota \in I, \ x = \sum_{\iota \in I} \alpha_\iota x_\iota\}$ eine Norm, wie man sofort nachrechnet.

(2) Sei $\{x_n\}_{n \in \mathbb{N}}$ wieder eine algebraische Basis und $E_n = [x_1,\dots,x_n]$ die lineare Hülle von $x_1,\dots,x_n$; dann ist

$$E = \bigcup_{n=1}^{\infty} E_n .$$

E_n ist (wie in 4. gezeigt werden wird) abgeschlossen als endlichdimensionaler Unterraum eines topologischen Vektorraumes. Da jede Nullumgebung absorbant ist, kann sie in keinem E_n enthalten sein; E_n ist also nirgends dicht. Mit dem Satz von Baire folgt (2). //

2.3. Zwei Normen $\|\ \|_1$, $\|\ \|_2$ heißen äquivalent, falls $\mathbb{R} \ni m,M > 0$ existieren mit: $m\|x\|_1 \leq \|x\|_2 \leq M\|x\|_1$; offensichtlich ist dies ein Äquivalenzbegriff. Äquivalente Normen erzeugen die gleiche Topologie, die gleiche Konvergenz und denselben Vollständigkeitsbegriff. In 4. wird bewiesen, daß endlichdimensionale topologische Vektorräume homöomorph $\mathbb{K}^n$ sind.

Durch Betrachtung der Einheitskugeln $\{x \mid \|x\| \leq 1\}$ erhält man den

SATZ: Auf $\mathbb{K}^n$ sind sämtliche Normen äquivalent.

3. Hilberträume

3.1. Ist auf einem Vektorraum H über $\mathbb{C}$ ein Skalarprodukt $(x,y) \in \mathbb{C}$ für alle $x,y \in H$ mit den Eigenschaften

(a) $(\alpha x+\beta x,z) = \alpha(x,z) + \beta(y,z)$

(b) $(x,y) = \overline{(y,x)}$

(c) $(x,x) > 0$ für $x \neq 0$

definiert, so bezeichnet man H als Prä-Hilbertraum.

Zwei von Null verschiedene Elemente $x,y \in H$ heißen orthogonal, falls $(x,y) = 0$, ein System $\{x_\alpha\} \subset H$ orthonormal, falls je zwei verschiedene Vektoren orthogonal sind und $(x_\alpha,x_\alpha) = 1$ für alle α gilt. Ein Orthonormalsystem ist linear unabhängig, wie man sofort aus

$$\left(\sum_\alpha \beta_\alpha x_\alpha, \sum_\alpha \beta_\alpha x_\alpha\right) = \sum_\alpha |\beta_\alpha|^2$$

ersieht.

SATZ: Ist $\{x_\alpha\}_{\alpha \in A}$ ein Orthonormalsystem, so gilt für jedes $y \in H$ die Besselsche Ungleichung

$$(y,y) \geq \sum_{\alpha \in A} |(y,x_\alpha)|^2$$

Beweis: Aus der Orthonormalität folgt

$$0 \leq \left(y - \sum_{\alpha \in A}(y,x_\alpha)x_\alpha, y - \sum_{\beta \in A}(y,x_\beta)x_\beta\right) = (y,y) - 2\sum_{\alpha \in A}|(y,x_\alpha)|^2 +$$

$$+ \sum_{\alpha,\beta \in A}(y,x_\alpha)\overline{(y,x_\beta)}(x_\alpha,x_\beta) = (y,y) - \sum_{\alpha \in A}|(y,x_\alpha)|^2,$$

so daß die Behauptung zunächst für endliche Systeme A, damit aber auch für beliebige richtig ist. //

KOROLLAR: Höchstens abzählbar viele der Fourierkoeffizienten (y,x_α) eines Vektors $y \in H$ sind von Null verschieden.

3.2. Setzt man

$$\|x\| = (x,x)^{\frac{1}{2}}$$

so gilt der

SATZ:

(1) Das Skalarprodukt erfüllt die Schwarzsche Ungleichung

$$|(x,y)| \leq ||x||\ ||y||$$

(2) Die Funktion $||\cdot||$ ist eine Norm auf H, die

(3) die Parallelogrammidentität

$$||x+y||^2 + ||x-y||^2 = 2(||x||^2+||y||^2)$$

erfüllt.

Beweis:

(1) Die Behauptung ist für y = 0 trivial. Für $y \neq 0$ gilt aufgrund der Besselschen Ungleichung für das Orthonormalsystem $\{\frac{y}{||y||}\}$

$$||x||^2 = (x,x) \geq |(x,\frac{y}{||y||})|^2 .$$

(2) Nur die Dreiecksungleichung ist nicht offensichtlich:

$$||x+y||^2 = (x+y,x+y) \leq (x,x) + 2|(x,y)| + (y,y) \leq (||x||+||y||)^2$$

wegen (1).

(3) ist einfach nachzurechnen. //

3.3. Das Skalarprodukt erhält man aus der Norm durch

$$(x,y) = \frac{1}{4}(||x+y||^2-||x-y||^2+i||x+iy||^2-i||x-iy||^2) \qquad (*)$$

wieder, so daß aus der Stetigkeit der Norm die Stetigkeit des Skalarprodukts in beiden Variablen folgt. Es sei vermerkt, daß jeder normierte Raum, der die Parallelogrammidentität erfüllt, mittels (*) zu einem Prä-Hilbertraum wird.

Ein Prä-Hilbertraum, der bezüglich der Norm von 3.2. einen Banachraum bildet, wird Hilbertraum genannt.

3.4. Ein Orthonormalsystem heißt vollständig (Basis) in einem Hilbertraum H, falls es kein echt umfassendes Orthonormalsystem gibt. Halbordnet man die Menge der Orthonormalsysteme eines Hilbertraumes durch Inklusion, so ist für eine linear geordnete Teilmenge deren Vereinigung eine obere Schranke, so daß nach dem Zornschen Lemma folgt:

SATZ: Jedes Orthonormalsystem läßt sich zu einer Basis erweitern, insbesondere existiert eine Basis.

3.5. SATZ: Ist $\{x_\alpha\}_{\alpha \in A}$ eine Basis des Hilbertraumes H, so läßt sich jedes Element $y \in H$ in eine Fourierreihe

$$y = \sum_{\alpha \in A} (y,x_\alpha)x_\alpha$$

entwickeln und die Parsevalsche Gleichung ist gültig:

$$(y,y) = \sum_{\alpha \in A} |(y,x_\alpha)|^2 .$$

Beweis: Für jede endliche Teilmenge $A' \subset A$ gilt

$$\Big\| \sum_{\alpha \in A'} (y,x_\alpha)x_\alpha \Big\|^2 = \sum_{\alpha \in A'} |(y,x_\alpha)|^2 .$$

Da nach der Besselschen Ungleichung $\sum_{\alpha \in A} |(y,x_\alpha)|^2$ konvergiert und H vollständig ist, existiert

$$y' = \sum_{\alpha \in A} (y,x_\alpha)x_\alpha .$$

Aus der Orthonormalität des Systems und der Stetigkeit des Skalarprodukts folgt

$$(y-y',x_\alpha) = (y,x_\alpha) - (y,x_\alpha) = 0$$

und aus seiner Vollständigkeit $y - y' = 0$. Die Parsevalsche Gleichung ergibt sich unmittelbar aus der Fourierentwicklung. //

3.6. Für einen Indexbereich I bezeichne $\ell^2(I)$ die Menge der komplexen Zahlenfamilien $\{\alpha_\iota\}_{\iota \in I}$, die quadratsummierbar sind:

$$\sum_\iota |\alpha_\iota|^2 < \infty$$

Mit $(\{\alpha_\iota\},\{\beta_\iota\}) = \sum_\iota \alpha_\iota \overline{\beta}_\iota$ wird $\ell^2(I)$ ein Hilbertraum (siehe dazu auch § 4, 5.4.) und es gilt der

SATZ: Ist H ein Hilbertraum und $\{x_\iota\}_{\iota \in I}$ eine Basis, so ist die Abbildung

$$H \ni y \rightsquigarrow \{(y,x_\iota)\}_{\iota \in I} \in \ell^2(I)$$

eine isometrische Abbildung von H auf $\ell^2(I)$.

D.h. Hilberträume vom Typ $\ell^2(I)$ sind bis auf Isometrie die einzigen.

Beweis: Die Isometrie ist genau der Inhalt der Parsevalschen Gleichung. Ist $\{\alpha_\iota\} \in \ell^2(I)$, so existiert wie im Beweis von 3.5.

$$y = \sum_\iota \alpha_\iota x_\iota$$

in H und $(y,x_\iota) = \alpha_\iota$. //

4. Endlichdimensionale topologische Vektorräume

4.1. Ein eindimensionaler Unterraum $[x]$ eines normierten Vektorraumes ist wegen

$$\|\alpha x\| = |\alpha|\ \|x\|$$

homöomorph $\mathbb{K}$ mittels der algebraischen Isomorphie. Dies ist jedoch nur ein Spezialfall eines wesentlich allgemeineren Satzes, der von A. Tychonoff stammt:

SATZ: Jeder endlichdimensionale Unterraum E_n eines topologischen Vektorraumes E ist mit der induzierten Topologie homöomorph $\mathbb{K}^n$.

($\mathbb{K}$ Grundkörper, n Dimension)

Beweis: Da die induzierte Topologie den Unterraum natürlich zu einem topologischen Vektorraum macht, kann man sich auf topologische Vektorräume E endlicher Dimensionen beschränken.

(1) $x_1,\dots x_n$ sei eine Basis von E. Dann ist - wie sofort aus der Definition folgt - die bijektive Abbildung

$$\begin{matrix} \mathbb{K}^n & \longrightarrow & E \\ \psi & & \psi \\ (\alpha_1,\dots\alpha_n) & \rightsquigarrow & \sum_{i=1}^{n} \alpha_i x_i \end{matrix} \qquad \text{stetig;}$$

d.h. jede Nullumgebung von E "enthält" (man beachte, daß $\mathbb{K}^n = E$ algebraisch) eine von $\mathbb{K}^n$.

(2) $\mathbb{K}^n$ ist normiert, man braucht also nur die Einheitskugel K zu betrachten und eine Nullumgebung U von E zu suchen, die in einem Vielfachen von K liegt, d.h. die beschränkt in $\mathbb{K}^n$ ist.

Sei $E \neq U_1 \in \mathfrak{U}(0)$, dann enthält U_1 höchstens einen (n-1)-dimensionalen Unterraum H und U_2 (mit $U_2 + U_2 \subset U_1$ und $x_0 \notin U_2$ für ein $x_0 \in H$) höchstens einen (n-2)-dimensionalen, usw.. U_n enthält dann keine echten linearen Unterräume, ist also auf jeder Geraden beschränkt (*).

Sei nun $U \subset U_n$ eine nach 1.2.(9) konstruierte, abgeschlossene und kreisförmige Nullumgebung. Angenommen U wäre nicht beschränkt, dann würde zu jedem $m \in \mathbb{N}$ ein $x_m \in U$ existieren mit $x_m \notin mK$, also $||x_m|| > m$ und

$$y_m = \frac{x_m}{||x_m||} \in \frac{1}{m} U, \quad ||y_m|| = 1.$$

Jede beschränkte Folge in $\mathbb{K}^n$ hat aber eine konvergente Teilfolge $\{y_\ell\}$ (Bolzano-Weierstraß) - $\lim_\ell y_\ell = y$ - ; da die Norm stetig ist, gilt $||y|| = 1$, also $y \neq 0$ und wegen (1) $\lim_\ell y_\ell = y$ auch in E.

$\frac{1}{m}$ U ist abgeschlossen, d.h. $y \in \frac{1}{m} U$ oder $m\, y \in U$ für alle m. Das bedeutet - U kreisförmig! - , daß die ganze Gerade [y] in U enthalten ist; Widerspruch zu (*). (Köthe [1]) //

Sei ein in E gegen x konvergentes Netz $\{x_\alpha\} \subset E_n$ gegeben. Für $\varepsilon > 0$ existiert nach dem Satz $U \in \mathcal{U}_E(0)$ mit $U \cap E_n \subset \varepsilon K$ und da $x_\alpha \in x + U$ für $\alpha \geq \alpha_0$ ist, gilt

$$x_\alpha - x_\beta = (x_\alpha - x) + (x - x_\beta) \in U \cap E_n + U \cap E_n \subset 2\varepsilon K$$

für $\alpha,\beta \geq \alpha_0$; $\{x_\alpha\}$ ist also ein Cauchynetz in $\mathbb{K}^n$ und wegen der Vollständigkeit von $\mathbb{K}^n$ (bzgl. euklidischer Norm z.B.) dort konvergent gegen $y \in \mathbb{K}^n = E_n$. Da E separiert ist und ein auf einem Teilraum konvergentes (induzierte Topologie) Netz auch im Gesamtraum konvergiert, ist $x = y \in E_n$, E_n somit abgeschlossen:

KOROLLAR: Ein endlichdimensionaler Unterraum eines topologischen Vektorraumes ist abgeschlossen.

4.2. Insbesondere bedeutet dies, daß es abgeschlossene echte Unterräume eines nichttrivialen topologischen Vektorraumes gibt, dagegen

BEMERKUNG: Der offene Kern jedes echten Unterraumes ist leer, speziell existieren keine nichtleeren, echten und offenen Unterräume.

Denn Nullumgebungen sind absorbant, können also nicht in einem echten Unterraum liegen.

Echte abgeschlossene Unterräume sind damit sogar nirgends dicht.

§ 4 Lokalkonvexe Räume

1. Definition mit Halbnormen

1.1. Auf der Menge $\mathcal{H}$ der Halbnormen (§ 3, 2.1.) eines Vektorraumes E wird durch

$$p,q \in \mathcal{H} \;:\; p \leq q \leftrightarrow p(x) \leq q(x) \quad \text{für alle} \quad x \in E$$

eine Halbordnung eingeführt.

Ein Teilsystem $\mathcal{H}' \subset \mathcal{H}$ nennt man total in E, falls zu jedem $0 \neq x \in E$ ein $p \in \mathcal{H}'$ existiert mit $p(x) \neq 0$. Zu gegebenem $\varepsilon > 0$ und $p \in \mathcal{H}$ sei

$$U_\varepsilon^p = \{x \in E \mid p(x) < \varepsilon\} .$$

SATZ: Ein gerichtetes, totales System P von Halbnormen auf einem Vektorraum E über $\mathbb{K}$ erzeugt durch das System

$$\mathcal{V} = \{U_1^p \mid p \in P\}$$

nach Satz § 3, 1.3. eine Topologie, die E zu einem topologischen Vektorraum macht. Eine Nullumgebungsbasis ist z.B. durch

$$\{U_\varepsilon^p \mid \varepsilon > 0, \; p \in P\}$$

gegeben; U_ε^p ist offen.

Man nennt topologische Vektorräume, die auf die Art entstehen bzw. erzeugt werden können, lokalkonvex; Bezeichnung: (E,P).

(Ein nichttotales, filtrierendes Halbnormensystem erzeugt einen nichtseparierten lokalkonvexen Raum.)

$p \in P$ wird definierende Halbnorm genannt.

Beweis: Es sind die Bedingungen von Satz § 3, 1.3. nachzuweisen.

Aus $p(\alpha x) = |\alpha| p(x)$ folgt die Kreisförmigkeit von U_1^p und für $\alpha \in \mathbb{K}$

$$\alpha U_1^p = U_{|\alpha|}^p ,$$

speziell also für $p(x_o) \neq 0$

$$2p(x_o)\, U_1^p = U_{2p(x_o)}^p \ni x_o ,$$

U_1^p ist absorbant (für $p(x_o) = 0$ trivial).

(a'): Für $p \leq q$ gilt $U_\varepsilon^q \subset U_\varepsilon^p$; da das System filtriert, folgt (a').

(b'): $U_{\varepsilon/2}^q + U_{\varepsilon/2}^q \subset U_\varepsilon^q$ wegen der Dreiecksungleichung.

(c'): Für $x_o \in E$ existiert $p : p(x_o) \neq 0$, d.h.

$$x_o \notin U^p_{\frac{1}{2}p(x_o)}$$

und (c') ist erfüllt.

Sei $x \in U^p_\varepsilon$ also $p(x) < \varepsilon$, dann ist $x + U^p_{\varepsilon - p(x)} \subset U^p_\varepsilon$ (Dreiecksungleichung), d.h. U^p_ε ist offen. //

Da $U^q_\varepsilon \subset U^p_\varepsilon$ für $p \leq q$ gilt, erhält man den

ZUSATZ: Eine konfinale Teilmenge $P' \subset P$ erzeugt denselben lokalkonvexen Raum.

1.2. Aus

$$|p(x) - p(x_o)| \leq p(x-x_o)$$

folgt:

(1) Eine Halbnorm auf einem topologischen Vektorraum ist dann und nur dann stetig, wenn sie in 0 stetig ist.

(2) Die definierenden Halbnormen eines lokalkonvexen Raumes sind stetig.

Sei nun eine stetige Halbnorm q auf dem lokalkonvexen Raum (E,P) gegeben, dann existiert $\rho > 0$ und $p \in P$:

$$q(x) < 1 \quad \text{für alle } x \in U^p_\rho \quad \text{d.h. } p(x) < \rho.$$

Für $p(x) \neq 0$ erhält man

$$q\left(\frac{x}{2\rho p(x)}\right) < 1$$

also

$$q(x) \leq 2\rho p(x),$$

was natürlich auch für $p(x) = 0$ erfüllt ist. Umgekehrt ist eine Halbnorm q mit dieser Eigenschaft natürlich stetig.

(3) Eine Halbnorm q auf dem lokalkonvexen Raum (E,P) ist dann und nur dann stetig, falls $\rho > 0$ und $p \in P$ existieren mit

$$q \leq \rho p .$$

Da die Summe zweier stetiger Halbnormen wieder eine solche ist, die Menge der stetigen Halbnormen also filtriert, gilt:

(4) Ein lokalkonvexer Raum wird durch seine stetigen Halbnormen erzeugt.

2. Definition mit konvexen Umgebungen

2.1. Eine Menge $K \subset E$ heißt konvex, falls für

$$\alpha,\beta \geq 0,\ \alpha + \beta = 1 \text{ mit } x,y \in K \text{ auch } \alpha x + \beta y \in K \text{ ist.}$$

e kreisförmige, konvexe Menge nennt man absolutkonvex. Mit diesem Begriff ält man einen anderen, mehr geometrischen Zugang zu den lokalkonvexen Räumen:

Z: Ein topologischer Vektorraum ist dann und nur dann lokalkonvex, wenn er eine Nullumgebungsbasis aus konvexen Mengen besitzt.

eis: Da die Mengen U_ε^p wegen der Halbnormeigenschaften absolutkonvex sind, itzt ein lokalkonvexer Raum eine solche Umgebungsbasis.

ererseits enthält ein topologischer Vektorraum eine Nullumgebungsbasis aus isförmigen Mengen (§ 3, 1.2.(7)) und da die konvexe Hülle (= kleinste konvexe rmenge) einer kreisförmigen Menge kreisförmig ist, bilden die absolut konve- Umgebungen ebenfalls eine Nullumgebungsbasis. Zu einer gegebenen absolutkonen Nullumgebung V (also absorbant) bildet das Minkowski-Funktional

$$p_V(x) = \inf \{\rho > 0 \mid x \in \rho V\}$$

e Halbnorm: $p_V(\alpha x) = |\alpha| \, p_V(x)$ ergibt sich aus

$$x \in \rho V \leftrightarrow \alpha x \in |\alpha| \rho V.$$

die Dreiecksungleichung daraus, daß für $x \in \rho V$ und $y \in \mu V$ gilt $x + y \in (\rho+\mu)V$.

$$\frac{\varepsilon}{2} V \subset \varepsilon U_1^{p_V} = U_\varepsilon^{p_V} \subset \varepsilon V$$

t, erzeugen die Halbnormen dieselbe Topologie. //

. Zugleich wurde bewiesen:

ATZ: Ein topologischer Vektorraum ist dann und nur dann lokalkonvex, wenn er eine Umgebungsbasis aus absolutkonvexen Mengen besitzt.

Konvergenz in lokalkonvexen Räumen.

. Man sagt, ein Netz $\{x_\alpha\}$ konvergiert bezüglich einer Halbnorm p gegen x, ls für jedes $\varepsilon > 0$

$$p(x_\alpha - x) < \varepsilon \text{ residual gilt, d.h. wenn } \{x_\alpha\}$$

dem durch p halbnormierten Vektorraum gegen x konvergiert.

Z: Lokalkonvexer Raum (E,P)

$\lim_\alpha x_\alpha = x \leftrightarrow \{x_\alpha\}$ konvergiert für jedes $p \in P$ gegen x (x unabhängig von p!).

Beweis: Da $\{U_\varepsilon^p \mid \varepsilon > 0, \; p \in P\}$ eine Nullumgebungsbasis ist, folgt die Behauptung aus:

$$x_\alpha \in x + U_\varepsilon^p \text{ residual} \leftrightarrow p(x_\alpha - x) < \varepsilon \text{ residual.} \quad //$$

Wegen § 1, 2.2., der Stetigkeit der Halbnormen und

$$\{x \mid p(x) \leq \varepsilon\} \subset U_{2\varepsilon}^p$$

erhält man das

<u>KOROLLAR:</u> Es ist $\overline{U_\varepsilon^p} = \{x \mid p(x) \leq \varepsilon\}$

und das System $\{\overline{U_\varepsilon^p} \mid \varepsilon > 0,\ p \in P\}$ bildet eine Nullumgebungsbasis aus abgeschlossenen, absolutkonvexen Mengen.

3.2. Wenn ein Netz $\{x_\alpha\}_{\alpha \in I}$ im lokalkonvexen Raum (E,P) die Eigenschaft:

Für jedes $p \in P$ und $\varepsilon > 0$ existiert eine residuale Menge $J_p^\varepsilon \subset I$ mit:

$$p(x_\alpha - x_\beta) < \varepsilon \text{ für } \alpha,\beta \in J_p^\varepsilon$$

besitzt, so nennt man $\{x_\alpha\}_{\alpha \in I}$ ein <u>Cauchynetz</u>.

Ein konvergentes Netz ist natürlich wieder Cauchysch und ein lokalkonvexer Raum, in dem jedes Cauchynetz konvergiert, heißt <u>vollständig</u>.

3.3. <u>SATZ:</u> Jeder lokalkonvexe Raum (E,P) ist in einen vollständigen lokalkonvexen Raum $\tilde{E}$ einzubetten mit

(1) $\tilde{E}$ induziert auf E die Topologie von E

(2) E ist dicht in $\tilde{E}$.

Beweis: Mit $\Omega \supset E$ sei ein Vektorraum mit einer algebraischen Dimension größer als die Kardinalzahl der Potenzmenge von E gemeint.

Es sei $\mathfrak{F}$ die Menge der lokalkonvexen Räume (F,P_F) mit $(P,P_F$ sämtliche stetige Halbnormen auf E bzw. $F)$

1. $E \subset F \subset \Omega$
2. F induziert auf E die Topologie von E, d.h. für $p \in P_F$ ist $p|_E \in P$ *)
3. E dicht in F.

$\mathfrak{F}$ wird halbgeordnet durch $(F,P_F) \leq (G,P_G)$, falls

$$F \subset G \text{ und für } p \in P_G \text{ gilt } p|_F \in P_F .$$

Eine Kette (= linear geordnete Teilmenge) K von $\mathfrak{F}$ hat dann eine obere Grenze: $G = \bigcup_{F \in K} F$ mit $p \in P_G$ genau dann, wenn $p|_F \in P_F$ ist, d.h. G induziert auf $F \in K$ die Topologie von F, also auch (F hat diese Eigenschaft) auf E. G ist lokalkonvex, denn P_G filtriert (man nehme z.B. die Summe zweier gegebener Halbnormen als größeres Element), und ist total, da jedes P_F es ist. E ist dicht in jedem F, also auch in $G = \bigcup F$.

Damit existiert nach dem Zornschen Lemma ein maximales Element $(\tilde{E},P_{\tilde{E}})$ in $\mathfrak{F}$. $\tilde{E}$ ist vollständig.

Denn falls ein Cauchynetz $\{x_\alpha\}$ nicht konvergieren würde, wäre der lokalkonvexe Raum $G = \tilde{E} \oplus [z]$, $z \in \Omega \setminus \tilde{E}$ mit Halbnormen

---

*) Für eine Abbildung $f: X \longrightarrow Y$ und $A \subset X$ bedeutet $f|_A$ die Einschränkung von f auf A.

$$p(y+\beta z) = \lim_{\alpha} p(y+\beta x_\alpha) \qquad p \in P_{\tilde{E}}$$

ein Element aus $\mathcal{G}$, denn da $\lim_{\alpha} x_\alpha = z$ ist, bleibt E dicht in G (restliche Eigenschaften wie oben).

Die Konstruktion zeigt $G \supsetneqq \tilde{E}$, was ein Widerspruch zur Maximalität von $\tilde{E}$ ist. $\tilde{E}$ ist also vollständig. //

Ersetzt man in dem Beweis das System der stetigen Halbnormen durch eine Norm, erhält man das

KOROLLAR: Jeder normierte Raum E ist in einen Banachraum $\tilde{E}$ einzubetten mit:

(1) $||x||_{\tilde{E}} = ||x||_E$ für $x \in E$

(2) E ist dicht in $\tilde{E}$.

4. (F)-Räume

4.1. Ein metrisierbarer (§ 3, 2.1.), lokalkonvexer Raum heißt Prä-(F)-Raum; ist er bezüglich der lokalkonvexen Struktur noch vollständig, (F)-Raum (nach Fréchet).

SATZ: In einem lokalkonvexen Raum E sind die folgenden Aussagen äquivalent:

(1) Prä-(F)-Raum (E)

(2) E erfüllt das 1. Abzählbarkeitsaxiom

(3) E wird durch eine aufsteigende Folge von Halbnormen

$$p_1 \leq p_2 \leq \dots$$

erzeugt ($\{p_n\}_{n \in \mathbb{N}}$ ist also speziell total).

Beweis:

(1) → (2): Die Topologie von E wird von einer Metrik erzeugt, erfüllt also das 1. Abzählbarkeitsaxiom (§ 2, 1.1.).

(2) → (3): Sei $\{U_n\}_{n \in \mathbb{N}}$ eine abzählbare Nullumgebungsbasis, die als absolutkonvex (beachte 2.2.) und fallend

$$U_1 \supset U_2 \supset \dots \qquad (*)$$

(gegebenenfalls bilde man Durchschnitte) vorauszusetzen ist. Die zugehörigen Minkowski-Funktionale p_{U_n} erzeugen dann (siehe Beweis in 2.) die Topologie von E und sind wegen (*) aufsteigend.

(3) → (1): Die Funktion

$$d_F(x,y) = \sum_{n=1}^{\infty} \frac{1}{2^n} \frac{p_n(x-y)}{1+p_n(x-y)} \geq 0 \qquad (**)$$

ist eine translationsinvariante Metrik auf E, denn:

Die Totalität von $\{p_n\}$ impliziert die Separiertheit der Metrik, ihre Symmetrie ist unmittelbar klar.

Es bleibt die Dreiecksungleichung:

Für eine Halbnorm p und $a,b \in E$ gilt:

$$\frac{p(a)}{1+p(a)} + \frac{p(b)}{1+p(b)} \geq \frac{p(a)}{1+p(a)+p(b)} + \frac{p(b)}{1+p(a)+p(b)} =$$

$$= \frac{1}{1+\frac{1}{p(a)+p(b)}} \geq \frac{1}{1+\frac{1}{p(a+b)}} = \frac{p(a+b)}{1+p(a+b)}$$

Mit $a = x - y$, $b = y - z$ gilt dann für jeden Summanden von (***) die Dreiecksungleichung, also auch

$$d_F(x,z) \leq d_F(x,y) + d_F(y,z).$$

Diese Metrik erzeugt nun die Topologie:

1. Sei $K_\varepsilon(0)$ gegeben und n_o mit

$$\sum_{n=n_o+1}^{\infty} \frac{1}{2^n} < \frac{\varepsilon}{2}$$

bestimmt. Dann gilt für $0 < \eta < \frac{\frac{\varepsilon}{2}}{1-\frac{\varepsilon}{2}}$ und $x \in U_\eta^{p_{n_o}}$

$$d_F(x,0) \leq \sum_{n=1}^{n_o} \frac{1}{2^n} \frac{p_n(x)}{1+p_n(x)} + \sum_{n=n_o+1}^{\infty} \frac{1}{2^n} \leq \sum_{n=1}^{n_o} \frac{1}{2^n} \frac{p_{n_o}(x)}{1+p_{n_o}(x)} +$$

$$+ \frac{\varepsilon}{2} < \frac{\eta}{1+\eta} + \frac{\varepsilon}{2} \leq \varepsilon,$$

da die reelle Funktion

$$f(\alpha) = \frac{\alpha}{1+\alpha}$$

auf der positiven Halbgeraden wächst. Also

$$U_\eta^{p_{n_o}} \subset K_\varepsilon(0)$$

2. Sei nun $U_\varepsilon^{p_n}$ gegeben. Für $x \in K_\eta(0)$ ist $d_F(x,0) < \eta$, speziell

$$\frac{1}{2^n} \frac{p_n(x)}{1+p_n(x)} < \eta$$

also

$$p_n(x) < \frac{\eta_o 2^n}{1-\eta_o 2^n} < \varepsilon \quad \text{für ein entsprechendes}$$

$\eta_o > 0$, d.h.

$$K_{\eta_o}(0) \subset U_\varepsilon^{p_n}.$$

Die Nullumgebungsbasen enthalten sich somit wechselseitig, so daß die erzeugten Topologien gleich sind; E ist metrisierbar. //

Insbesondere hat man erhalten den

ZUSATZ: Die Topologie eines Prä-(F)-Raumes mit der erzeugenden, aufsteigenden und totalen Halbnormenfolge $\{p_n\}$ kann durch eine translationsinvariante Metrik der Form

$$d_F(x,y) = \sum_{n=1}^{\infty} \frac{1}{2^n} \frac{p_n(x-y)}{1+p_n(x-y)}$$

gegeben werden.

4.2. Ein (F)-Raum wurde als Prä-(F)-Raum definiert, der hinsichtlich seiner lokalkonvexen Struktur vollständig ist (siehe 3.2.). Die Metrik erzeugt einen weiteren Vollständigkeitsbegriff nach § 2, 1.2. Das dortige Beispiel zeigt, daß die beiden keineswegs gleich sein müssen. Es gilt aber der

SATZ: Ein Prä-(F)-Raum ist ein (F)-Raum genau dann, wenn er bezüglich einer translationsinvarianten Metrik, die die Topologie erzeugt, vollständig ist.

Eine solche Metrik existiert nach 4.1. stets, d.h. ein (F)-Raum ist auch als vollständiger metrischer Raum auffaßbar, speziell kann man den Satz von Baire anwenden.

Beweis: Es ist nur zu zeigen, daß die Mengen der "metrischen" (§ 2, 1.2.) und der "lokalkonvexen" (3.2.) Cauchynetze übereinstimmen, da ja der Konvergenzbegriff ein topologischer ist.

(a) Sei also ein metrisches Cauchynetz $\{x_\alpha\}$, $p \in P$ und $\varepsilon > 0$ gegeben. Dann existiert ein $\eta > 0$ mit

$$K_\eta(0) \subset U_\varepsilon^p .$$

Für $\alpha,\beta \geq \alpha_0$ gilt nun $d(x_\alpha,x_\beta) = d(x_\alpha-x_\beta,0) < \eta$ also $x_\alpha - x_\beta \in K_\eta(0) \subset U_\varepsilon^p$, d.h.

$$p(x_\alpha-x_\beta) < \varepsilon .$$

(b) Die Umkehrung geht ebenso, da ein lokalkonvexes Cauchynetz $\{x_\alpha\}$ residual in einem $U_\eta^p \subset K_\varepsilon(0)$ zu gegebenen ε liegt. //

Man beachte, daß die Translationsinvarianz der Metrik entscheidend benutzt wurde.

5. Beispiele lokalkonvexer Räume

5.1. Jeder normierte Raum ist ein Prä-(F)-Raum (eine "Halbnorm" erzeugt), Banachräume sind (F)-Räume.

5.2. Auf einer Menge Ω sei ein σ-additives Maß μ gegeben; Ω sei σ-endlich.

$$\mathcal{L}^p = \{f:\Omega \longrightarrow \mathbb{C} \mid \|f\|_p = (\int_\Omega |f(x)|^p \, d\mu(x))^{1/p} < +\infty \}$$

Dann ist $\|f\|_p$ für $1 \leq p < \infty$ eine Halbnorm und

$L^p = \mathcal{L}^p / \{f \mid \|f\|_p = 0\}$ ein Banachraum.

(Zur Maßtheorie siehe z.B. Halmos [1], Hewitt-Stromberg [1], Zaanen [1].)

5.3. Für $p = \infty$ bezeichnet

$$\mathcal{L}^\infty = \{f\colon \Omega \longrightarrow \mathbb{C} \mid f \text{ meßbar}, \|f\|_\infty = \text{e-sup}|f| < +\infty\},$$

$\text{e-sup}|f| = \inf\{\rho > 0 \mid \{x \mid |f(x)| > \rho\} \text{ Nullmenge}\}$ das wesentliche Supremum der Funktion.

L^∞ (der Quotientenraum von $\mathcal{L}^\infty$ nach den Nullfunktionen) ist dann wieder ein (B)-Raum.

5.4. Sei $\Omega = \mathbb{N}$, μ das Maß, das jedem Punkt n die Masse $b_n^p > 0$ zuordnet. Die integrierbaren Funktionen $f\colon \mathbb{N} \longrightarrow \mathbb{C}$ sind also diejenigen Folgen $\{x_n = f(n)\}_{n \in \mathbb{N}}$, für die gilt:

$$\|f\|_1 = \|\{x_n\}\|_1 = \int_{\mathbb{N}} |f(n)| d\mu(n) = \sum_{n=1}^{\infty} |x_n| b_n^p < \infty$$

Die einzige "Nullfunktion" ist wegen $b_n^p > 0$ die Folge identisch 0; d.h. für alle $1 \leq q < \infty$ ist $\mathcal{L}^q = L^q$. Man bezeichnet nun den Banachraum L^p mit

$$\ell^p(b) \qquad b = (b_1, b_2, \ldots), \text{ d.h.}$$

$$\ell^p(b) = \{\{x_n\}_{n \in \mathbb{N}} \mid \|\{x\}\| = (\sum_{n=1}^{\infty} |x_n|^p b_n^p)^{1/p} < +\infty\}$$

Anlalog 5.3. wird der (B)-Raum $\ell^\infty(b)$ definiert:

$$\|\{x_n\}\| = \sup_n |x_n b_n|$$

5.5. Sei $\mathcal{C}(\mathbb{K}^n)$ die Menge der stetigen Funktionen $f\colon \mathbb{K}^n \longrightarrow \mathbb{C}$. Auf einer kompakten Menge K ist dann f gleichmäßig beschränkt, wie aus der Analysis bekannt ist, d.h.

$$p_K(f) = \sup_{x \in K} |f(x)| < +\infty .$$

p_K ist offensichtlich eine Halbnorm; das System

$P = \{p_K \mid K \text{ kompakt} \subset \mathbb{K}^n\}$ ist filtrierend, da für

p_{K_1} und p_{K_2}

$$p_{K_\ell} \leq p_{K_1 \cup K_2} \qquad \ell = 1,2$$

gilt, und total, da jede von Null verschiedene Funktion mindestens in einem Punkt von Null verschieden sein muß. P erzeugt also eine lokalkonvexe Topologie auf $\mathcal{C}(\mathbb{K}^n)$; beschränkt man sich auf die Kompakta:

$$K_\ell = \{x \in \mathbb{K}^n \mid |x| \leq \ell\} \qquad \ell \in \mathbb{N} ,$$

so ist

$$p_{K_1} \leq p_{K_2} \leq \ldots ,$$

also $\mathscr{C}(\mathbb{K}^n)$ ein Prä-(F)-Raum. Seine Topologie nennt man Topologie der gleichmäßigen Konvergenz auf jedem Kompaktum. Aus dem Satz über den gleichmäßigen Limes stetiger Funktionen erhält man, daß $\mathscr{C}(\mathbb{K}^n)$ sogar ein (F)-Raum ist.

Er ist jedoch nicht normierbar.

Denn eine Norm $\|\ \|$ müßte stetig sein, also nach 1.2.(3) ein ρ und n existieren mit

$$\|f\| \leq \rho\, p_n(f) \quad \text{für alle } f \in \mathscr{C}(\mathbb{K}^n),$$

das führt jedoch für $f_o \neq 0$ mit $p_n(f_o) = 0$ (f_o z.B. so, daß sein Träger außerhalb von K_n liegt) zum Widerspruch. (Siehe dazu auch das Kriterium von Kolmogoroff in § 8,2.)

§ 5 Lineare Abbildungen und der Satz von Hahn-Banach

1. Lineare Abbildungen

1.1. Seien E und F zwei topologische lineare Räume über $\mathbb{K}$ ($\mathbb{K} = \mathbb{R}$ oder $\mathbb{C}$ gleich für E und F), dann bezeichne

$$L(E,F)$$

die Menge der stetigen, $\mathbb{K}$-linearen Abbildungen von E in F.

<u>SATZ:</u> In den lokalkonvexen Räumen (E,P) und (F,Q) sind für die lineare Abbildung $A : E \longrightarrow F$ die folgenden Aussagen gleichwertig:

(1) $A \in L(E,F)$

(2) A stetig in 0

(3) Für jedes $U \in \mathfrak{U}_F(0)$ existiert $V \in \mathfrak{U}_E(0)$ mit:

$$A(V) \subset U$$

(4) Für jedes $q \in Q$ und $\varepsilon > 0$ existiert $p \in P$ und $\delta > 0$ mit

$$q(Ax) \leq \varepsilon \text{ für jedes } x \in E \text{ mit } p(x) \leq \delta$$

(5) Für jedes $q \in Q$ existiert $p \in P$ und $C \geq 0$ mit:

$$q(Ax) \leq Cp(x) \text{ für alle } x \in E$$

(1) - (3) gilt in beliebigen topologischen linearen Räumen.

Beweis:

(1) $\rightarrow$ (2) $\leftrightarrow$ (3) $\rightarrow$ (4) ist sofort aus den Definitionen der Stetigkeit (§ 1, 1.2.) und der lokalkovexen Topologie (§ 4, 1.1.) ersichtlich.

(4) $\rightarrow$ (5): Sei $q \in Q$ gegeben, p und δ für $\varepsilon = 1$ nach (4) bestimmt: Dann gilt für x mit $p(x) \neq 0$

$$p\left(\frac{x}{\delta p(x)}\right) \leq \delta, \text{ also } q\left(A\left(\frac{x}{\delta p(x)}\right)\right) \leq 1$$

und somit

$$q(Ax) \leq \delta\, p(x) .$$

Für x mit $p(x) = 0$ gilt $p(\alpha x) = 0$ für jedes $\alpha \in \mathbb{K}$ also

$$q(A\alpha x) = |\alpha|\, q(Ax) \leq \varepsilon$$

woraus $q(Ax) = 0$ folgt.

(5) → (3): Eine Nullumgebung von F kann gewählt werden in der Form $\varepsilon\, U_1^q$; wenn nun

$$x \in \frac{\varepsilon}{c} U_1^p \text{ ist } (c,p \text{ nach } (5)), \text{ gilt}$$

$$A\left(\frac{\varepsilon}{c} U_1^p\right) \subset \varepsilon\, U_1^q .$$

(2) → (1): Sei $\lim x_\alpha = x$, dann ist $\lim (x_\alpha - x) = 0$, also wegen (2): $0 = \lim A(x_\alpha - x) = \lim (Ax_\alpha - Ax)$, d.h. $\lim Ax_\alpha = Ax$ (beachte $\mathfrak{U}(x) = x + \mathfrak{U}(0)$). //

(5) kombiniert mit § 4, 1.2.(3) ergibt den

ZUSATZ: A: E ⟶ F ist genau dann stetig, wenn für jedes $q \in Q$ die Halbnorm $q \circ A$ stetig ist.

1.2. Sei nun speziell E ein normierter, F ein Banachraum, $P = \{\| \ \|_E\}$, $Q = \{\| \ \|_F\}$; dann bezeichnet man für $A \in L(E,F)$ das Infimum der "c", für die (5) von 1.1. gilt, mit $\|A\|_{L(E,F)}$.

Man sieht sofort, daß

$$\|A\|_{L(E,F)} = \sup_{0 \neq x \in E} \frac{\|Ax\|_F}{\|x\|_E} = \sup_{\|x\|_E = 1} \|Ax\|_F = \sup_{\|x\|_E \leq 1} \|Ax\|_F \quad (*)$$

eine Norm auf L(E,F) ist.

BEMERKUNG: L(E,F) ist mit $\|A\|_{L(E,F)}$ ein Banachraum. (E normiert, F Banachsch)

Beweis: Sei $A_\alpha \in L(E,F)$ ein Cauchynetz, also gilt für jedes $\varepsilon > 0$

$$\|A_\alpha - A_\beta\|_{L(E,F)} < \varepsilon \text{ residual.}$$

Aus (*) folgt speziell

$$\|A_\alpha x - A_\beta x\|_F \leq \varepsilon \|x\|_E ,$$

$\{A_\alpha x\}$ ist also in F ein Cauchynetz und konvergiert infolgedessen gegen Ax (Definition von A).

Da $\| \ \|_F$ stetig ist, folgt also

$$\|A_\alpha x - Ax\|_F = \|(A_\alpha - A)x\|_F \leq \varepsilon \|x\|_E$$

für jedes $x \in E$. Die Linearität von A ist offensichtlich, also bedeutet die obige Abschätzung nach (5) aus 1.1. die Stetigkeit von $A_\alpha - A$ (und somit von A) und

$$\|A_\alpha - A\|_{L(E,F)} \leq \varepsilon$$

d.h. lim $A_\ast = A$ in $L(E,F)$. //

1.3. Der Dualraum E' eines topologischen Vektorraumes E ist $L(E, \mathbb{K})$; der Satz 1.1. gibt Kriterien an, wann ein lineares Funktional stetig ist. Über die Existenz nichttrivialer Elemente des Dualraumes sagt er nichts aus. Für den endlichdimensionalen $\mathbb{K}^n$ gilt:

$$(\mathbb{K}^n)' = \mathbb{K}^n$$

mit der Darstellung

$$u = (u_1, \ldots u_n) \in (\mathbb{K}^n)', \quad x = (x_1, \ldots x_n) \in \mathbb{K}^n$$

$$\langle u,x \rangle = \sum_{i=1}^{n} u_i x_i \ .$$

(Für $u(x)$ wird oft $\langle u,x \rangle$ geschrieben; $u \in E'$, $x \in E$.)

Die Frage ist nun naheliegend, ob man stetige lineare Funktionale auf Unterräumen eines topologischen Vektorraumes E auf ganz E stetig ausdehnen kann (eine einfach algebraische Fortsetzung ist natürlich unter Benutzung einer Hamelbasis für E stets möglich). Eine Antwort gibt

2. Der Satz von Hahn und Banach

2.1. SATZ:

E Vektorraum über $\mathbb{K}$ mit Halbnorm p

$M \subset E$ $\mathbb{K}$-linearer Raum

$f : M \longrightarrow \mathbb{K}$ $\mathbb{K}$-linear

$|f(x)| \leq p(x)$ für $x \in M$

Dann existiert $F : E \longrightarrow \mathbb{K}$ $\mathbb{K}$-linear mit:

$|F(x)| \leq p(x)$ für alle $x \in E$

$f = F|_M$ (die Einschränkung von F auf M)

Es sei ausdrücklich darauf hingewiesen, daß $\mathbb{K} = \mathbb{R}$ oder $\mathbb{C}$ fest gewählt ist; der Satz ist z.B. nicht richtig, wenn im komplexen Fall M nur ein reeller Teilraum ist.

Beweis: Die Fälle $\mathbb{K} = \mathbb{R}$ und $\mathbb{C}$ sind zu unterscheiden.

(1) $\mathbb{K} = \mathbb{R}$

Die Menge $\complement M$ liege wohlgeordnet vor, dann wird F durch transfinite Induktion definiert:

Es gelte $(x_\alpha, x_\beta \ldots \in \complement M)$

$$|F_\alpha(x)| \leq p(x) \text{ für } x \in [M, \{x_\beta | \beta < \alpha\}] = M_\alpha$$

(lineare Hülle) und $F_\alpha|_M = f$, F_α $\mathbb{R}$-linear.

1. Fall: $x_\alpha \in M_\alpha$, dann wird $F_{\alpha+1} = F_\alpha$ gesetzt.

2. Fall: $x_\alpha \notin M_\alpha$. Für $y', y'' \in M_\alpha$ gilt dann:

$$F_\alpha(y'') - F_\alpha(y') = F_\alpha(y''-y') \leq p(y''-y') \leq p(y''+x_\alpha) + p(-y'-x_\alpha).$$

Also

$$-F_\alpha(y') - p(y'+x_\alpha) \overset{(I)}{\leq} m \leq A \leq \overline{m} \overset{(II)}{\leq} p(y''+x_\alpha) - F_\alpha(y'')$$

Für $x = y + a\,x_\alpha \in M_\alpha \oplus [x_\alpha] = M_{\alpha+1}$ ($a \in \mathbb{R}$) wird dann $F_{\alpha+1}$ definiert

$F_{\alpha+1}(x) = F_\alpha(y) + aA.$

$F_{\alpha+1}$ ist $\mathbb{R}$-linear. Für $a \geq 0$ gilt wegen (II) und für $a \leq 0$ wegen (I) die Ungleichung

$$F_\alpha(y) + aA \leq p(y+ax_\alpha)$$

also

$$|F_{\alpha+1}(x)| \leq p(x) \text{ für } x \in M_{\alpha+1}$$

Natürlich gilt $F_{\alpha+1}|_{M_\alpha} = F_\alpha$, also kann man F definieren durch

$$F(x) = F_\beta(x) \quad \text{für} \quad x \in M_\beta.$$

(2) $\mathbb{K} = \mathbb{C}$

$f(x) = f_1(x) + if_2(x)$, wo die $f_j(x)$ reell und $\mathbb{R}$-linear sind.

Wegen $if(x) = f(ix)$ erhält man

$$f_1(ix) = -f_2(x); \quad f_1(x) = f_2(ix).$$

Wendet man (1) auf E - als reellen Vektorraum aufgefaßt - und f_1 an ($|f_1(x)| \leq |f(x)| \leq p(x)$), so erhält man F_1 mit

$$F_1: E \longrightarrow \mathbb{R} \qquad \mathbb{R}\text{-linear}$$

$$|F_1(x)| \leq p(x)$$

$$F_1|_M = f_1 .$$

Mit $F_2(x) = -F_1(ix)$ setzt man

$$F = F_1 + iF_2 \qquad (\text{also } F|_M = f)$$

und erhält durch leichte Rechnung dessen $\mathbb{C}$-Homogenität, also ist F $\mathbb{C}$-linear.

Sei $\theta = \arg F(x)$, dann gilt

$$|F(x)| = e^{-\theta i} F(x) = F(e^{-\theta i}x) = F_1(e^{-\theta i}x) \leq p(e^{-\theta i}x) = p(x)$$

und der Satz ist auch im komplexen Fall bewiesen. //

Es ist zu vermerken, daß die Fortsetzung eines Funktionals nach Hahn-Banach keineswegs eindeutig ist.

2.2. Speziell folgt in einem topologischen Vektorraum nach 1.1. das

KOROLLAR 1: Ist p stetig, so ist es F auch.

KOROLLAR 2: Ist (E,P) ein lokalkonvexer Raum, $p \in P$, $x_o \in E$, so existiert ein $u \in E'$ mit

$$u(x_o) = p(x_o)$$

$$|u(x)| \leq p(x) \quad \text{für alle } x \in E.$$

Speziell ist also $E' \neq \{0\}$.

Beweis: Für $x \in [x_o]$ wird $u(x) = u(\alpha x_o) = \alpha p(x_o)$ gesetzt, mit Hahn-Banach fortgesetzt und Korollar 1 angewendet. //

Da P total ist, existiert stets ein p: $p(x_o) \neq 0$.

Damit ergibt sich ein Kriterium für die Separiertheit eines nicht notwendig separierten lokalkonvexen Raumes E :

KOROLLAR 3: E ist separiert dann und nur dann, wenn für jedes $0 \neq x_o \in E$ ein $u \in E'$ mit $u(x_o) \neq 0$ existiert,

denn die Umgebungen $u^{-1}\{\alpha \in \mathbb{K} \mid |\alpha| < \frac{|u(x_o)|}{2}\}$ bzw. $u^{-1}\{\alpha \in \mathbb{K} \mid |\alpha - u(x_o)| < \frac{|u(x_o)|}{2}\}$ von 0 bzw. x_o trennen diese Punkte.

2.3. In normierten Räumen E gilt

KOROLLAR 4: Sei F ein linearer Unterraum von E

$u \in F'$.

Dann existiert $v \in E'$ mit

$$v|_F = u$$

$$||v||_{E'} = ||u||_{F'}$$

Beweis: $|u(x)| \leq ||u||_{F'}||x|| = p(x)$. Hahn-Banach liefert ein v mit

$$|v(x)| \leq p(x) = ||u||_{F'}||x||,$$

also $||v||_{E'} \leq ||u||_{F'}$. Gemäß der Charakterisierung in 1.2. gilt aber $||v||_{E'} \geq ||u||_{F'}$ immer. //

2.4. Der geometrische Inhalt des Satzes von Hahn und Banach drückt sich in dem folgenden Trennungssatz aus:

SATZ von MAZUR: Ist E ein lokalkonvexer Raum und M eine abgeschlossene, absolutkonvexe Teilmenge von E, so existiert für jedes $x_o \notin M$ ein $u \in E'$ mit

$$u(x_o) > 1$$

$$|u(x)| \leq 1 \quad \text{für } x \in M,$$

d.h. die Hyperebene $\{x \mid u(x) = 1+\varepsilon\}$ $(0<\varepsilon<1-u(x_o))$ trennt x_o von M.

Beweis: Da M abgeschlossen ist, existiert eine absolutkonvexe Nullumgebung V derart, daß $M \cap (x_o + V) = \emptyset$, also $(M+\frac{V}{2}) \cap (x_o+\frac{V}{2}) = \emptyset$.

$U = \overline{(M+\frac{V}{2})}$ ist eine absolutkonvexe, abgeschlossene Nullumgebung (M absolut konvex), so daß für das zugehörige Minkowski-Funktional p_U wegen $x_o \notin U$ gilt:

$$p_U(x_o) > 1$$

$$p_U(x) \leq 1 \quad \text{für} \quad x \in M.$$

Korollar 2 liefert die Behauptung. //

<u>KOROLLAR:</u> Ist M ein abgeschlossener Unterraum von E und $x_o \notin M$, so existiert ein $u \in E'$ mit

$$u(x_o) > 1$$

$$u(x) = 0 \quad \text{für } x \in M.$$

3. Darstellung von $(\mathcal{C}[a,b])'$ durch Stieljes-Integrale

Mit $\mathcal{C}\,[a,b]$ wird analog § 4, 5.5. die Menge der stetigen Funktionen $f : [a,b] \longrightarrow \mathbb{K}$ bezeichnet *). $\mathcal{C}\,[a,b]$ ist mit

$$||f|| = \sup_{x \in [a,b]} |f(x)| = \max_{x \in [a,b]} |f(x)|$$

ein Banachraum, ebenso $(\mathcal{C}\,[a,b])'$ nach 1.2.

Elemente des Dualraumes sind z.B. die Stieltjes-Integrale, und es gilt sogar der

<u>SATZ:</u> Jedes $u \in (\mathcal{C}\,[a,b])'$ läßt sich als Stieltjes-Integral

$$u(f) = \int_a^b f(x)dm(x) \qquad f \in \mathcal{C}\,[a,b]$$

darstellen. Es gilt weiter

$$||u|| = \bigvee_a^b (m)$$

wobei die totale Variation $\bigvee_a^b (m)$ durch

$$\sup_{a=x_o<x_1<\ldots x_n<b} \sum_{i=1}^{n} |m(x_i) - m(x_{i-1})|$$

definiert ist.

(Vgl. Natanson [1].)

Beweis: Die Menge F aller beschränkten Funktionen $f : [0,1] \longrightarrow \mathbb{K}$ wird wie $\mathcal{C}\,[0,1]$ mit der Supremumsnorm

$$||f|| = \sup_{x \in [0,1]} |f(x)|$$

ausgestattet und mit Korollar 4 (2.3.) u normgleich auf F fortgesetzt.

Mit $(0 \leq x \leq 1)$

$$g_x(y) = \begin{cases} 0 & x < y \leq 1 \\ 1 & 0 \leq y \leq x \end{cases} \qquad \text{und} \quad m(x) = u(g_x)$$

---

*) $[a,b]$ bezeichnet das abgeschlossene, $]a,b[$ das offene Intervall von a bis b.

gilt dann für $0 = x_o < x_1 \; \ldots < x_n < 1$ (ε_j entsprechend):

$$\sum_{j=1}^{n} |m(x_j) - m(x_{j-1})| = \sum_{j=1}^{n} \varepsilon_j (m(x_j) - m(x_{j-1})) \leq$$

$$\leq ||u|| \; ||\sum_j \varepsilon_j (g_{x_j} - g_{x_{j-1}})|| \leq ||u||,$$

also

$$\bigvee_0^1 (m) \leq ||u||.$$

Eine Funktion $f \in \mathscr{C}[0,1]$ läßt sich darstellen als

$$f = \lim_{n\to\infty} \sum_{k=1}^{n} f(\tfrac{k}{n})(g_{\frac{k}{n}} - g_{\frac{k-1}{n}}) \text{ in } F$$

(d.h. diese Treppenfunktionen approximieren f gleichmäßig), so daß wegen der Stetigkeit und Linearität von u gilt:

$$u(f) = \lim_{n\to\infty} \sum_{k=1}^{n} f(\tfrac{k}{n})(u(g_{\frac{k}{n}}) - u(g_{\frac{k-1}{n}})) = \lim_{n\to\infty} \sum_{k=1}^{n} f(\tfrac{k}{n})(m(\tfrac{k}{n}) - m(\tfrac{k-1}{n})) = \int_0^1 f(x)dm(x)$$

als Stieltjes-Integral.

Es gilt (siehe wieder Natanson [1]) für $f \in \mathscr{C}[0,1]$

$$|u(f)| = |\int_0^1 f(x)dm(x)| \leq ||f|| \bigvee_0^1 (m),$$

also

$$||u|| \leq \bigvee_0^1 (m)$$

und mit der bereits bewiesenen Ungleichung die Gleichheit. $[a,b] = [0,1]$ bedeutet keine Einschränkung. //

4. Der Dualraum des Folgenraumes $\ell^p(b)$

Gemäß § 4, 5.4. ist $\ell^p(b)$ die Menge aller Folgen $x = \{x_n\}$ mit

$$||x|| = (\sum_{n=1}^{\infty} |x_n|^p \, b_n^p)^{1/p} < \infty$$

für $1 \leq p < \infty$ und $b = \{b_n\}$ mit sämtlichen positiven Komponenten b_n.

<u>SATZ:</u> Ist $1 < p < \infty$, $\frac{1}{p} + \frac{1}{q} = 1$ und $\frac{1}{b} = \{\frac{1}{b_n}\}$, dann gilt

$$(\ell^p(b))' = \ell^q(\tfrac{1}{b})$$

mittels der Darstellung

$$u(x) = \sum_{n=1}^{\infty} u_n x_n \quad \text{für} \quad x \in \ell^p(b) \quad \text{und} \quad u \in \ell^q(\tfrac{1}{b}) .$$

Die Norm bleibt erhalten.

Beweis: In der Maßtheorie gilt

$$(L^p)' = L^q$$

mit

$$u(f) = \int f\, g\, d\mu \qquad (f \in L^p, g \in L^q) .$$

Die Zuordnung

$$(L^p)' \ni u \leftrightarrow g \in L^q$$

ist bijektiv und normerhaltend. (*)

Im vorliegenden Fall (beachte wie $\ell^p(b)$ in § 4, 5.5. konstruiert wurde) heißt das:

Zu $u \in (\ell^p(b))'$ (und jedes u entsteht so) existiert ein $y \in L^q$ zu dem Maßraum $\mathbb{N}$ mit dem Massenvektor $(b_1^p, b_2^p \ldots)$, d.h.

$$\|y\|_q = \left(\sum_{n=1}^{\infty} |y_n|^q\, b_n^p\right)^{1/q} < \infty,$$

so daß für $x \in \ell^p(b)$

$$u(x) = \int_N x(n)y(n)d\mu(n) = \sum_{n=1}^{\infty} x_n y_n b_n^p$$

gilt.

Mit $u_n = y_n b_n^p$ wird $(b_n^p > 0)$

$$\|y\|_q = \left(\sum_{n=1}^{\infty} \frac{|u_n|^q}{b_n^{pq}}\, b_n^p\right)^{1/q} = \left(\sum_{n=1}^{\infty} |u_n|^q \left(\frac{1}{b_n}\right)^q\right)^{1/q}$$

wegen $p - pq = -q$.

Also ist $u = \{u_n\} \in \ell^q(\frac{1}{b})$ und $\|y\|_q = \|u\|_{\ell^q(\frac{1}{b})}$, mit (*) sogar $= \|u\|_{(\ell^p(b))'}$

//

§ 6 Der projektive Limes

1. Projektive lokalkonvexe Topologien

1.1. Seien lokalkonvexe Räume (E_α, P_α), ein Vektorraum E und eine Familie linearer Abbildungen $A_\alpha : E \longrightarrow E_\alpha$ gegeben, die die Punkte von E trennt: Für alle $0 \neq x \in E$ gibt es ein α mit $A_\alpha(x) \neq 0$. Dann gilt der

SATZ: Auf E existiert genau eine gröbste Topologie $\mathcal{T}$, so daß alle A_α stetig sind. $\mathcal{T}$ gibt E eine (separierte) lokalkonvexe Topologie, die durch das Halbnormensystem

$$P = \{ \sum_{endl} p_\alpha \circ A_\alpha \mid p_\alpha \in P_\alpha \}$$

erzeugt wird.

Beweis: Die Abbildungen A_α sind nach § 5, 1.1. Zusatz genau dann stetig, wenn alle $p_\alpha \circ A_\alpha$ stetig sind; d.h. P muß aus stetigen Halbnormen bestehen. Da P aufgrund der Trennungseigenschaft der A_α total ist und filtriert, erzeugt es die gesuchte Topologie. //

$\mathcal{T}$ wird die projektive Topologie von E bezüglich E_α und A_α genannt.

1.2. Ist F ein weiterer lokalkonvexer Raum, so ergibt sich durch Anwendung des eben erwähnten Stetigkeitskriteriums auf P der

SATZ: Eine lineare Abbildung $A : F \longrightarrow E$ ist genau dann stetig, wenn alle

$$A_\alpha \circ A : F \longrightarrow E_\alpha$$

stetig sind.

1.3. Ist $E = \prod_\alpha E_\alpha$, E_α lokalkonvex, so besitzt die Familie der Projektionen $\pi_\alpha : E \longrightarrow E_\alpha$ die Trennungseigenschaft und die in 1.1. konstruierte projektive, lokalkonvexe Topologie ist die Produkttopologie auf E (§ 1, 1.4.); E wird das lokalkonvexe Produkt der E_α genannt. Aus der Definition der Halbnormen folgt, daß ein Netz genau dann konvergiert (Cauchysch ist), wenn es komponentenweise konvergiert (Cauchysch ist), insbesondere ist $E = \prod_\alpha E_\alpha$ genau dann vollständig, wenn alle E_α es sind. Weiter folgt, daß ein abzählbares Produkt von Prä-(F)-Räumen wieder ein Prä-(F)-Raum ist.

2. Der projektive Limes

2.1. Ein System von lokalkonvexen Räumen $E_\alpha, \alpha \in A$ (A eine gerichtete Menge) zusammen mit einer Familie von linearen, stetigen Abbildungen

$$\pi_{\alpha\beta} : E_\beta \longrightarrow E_\alpha \qquad \text{für } \beta \geq \alpha$$

($\pi_{\alpha\alpha} = id_{E_\alpha}$) bildet ein projektives Spektrum $\{E_\alpha, \pi\}_{\alpha \in A}$, falls die Konjugiertheitsbedingung

$$\pi_{\alpha\gamma} = \pi_{\alpha\beta} \circ \pi_{\beta\gamma}$$

für alle $\alpha \leq \beta \leq \gamma$ erfüllt ist. Der projektive Limes

$$\operatorname{proj}_{\leftarrow \alpha \in A} E_\alpha = E$$

ist nun der lineare Teilraum des Produkts $\prod_{\alpha \in A} E_\alpha$, der aus allen $(x_\alpha)_{\alpha \in A}$ besteht, die der Bedingung

$$\pi_{\alpha\beta}\, x_\beta = x_\alpha$$

für alle $\alpha \leq \beta$ genügen, d.h. der Teilraum aus jenen Elementen, die stabil sind bei komponentenweiser Anwendung der Spektralabbildungen $\pi_{\alpha\beta}$; es gilt also

$$\pi_{\alpha\beta} \circ \pi_\beta = \pi_\alpha,$$

wenn π_α die Einschränkung der Projektion $\prod_\alpha E_\alpha \longrightarrow E_\alpha$ auf E bedeutet:
$\pi_\alpha : E \longrightarrow E_\alpha$.

2.2. Die Topologie auf $\operatorname{proj}_{\leftarrow\alpha} E_\alpha$ ist die projektive Topologie der π_α, d.h. genau die von der Produkttopologie induzierte. Aus der Konstruktion der Halbnormen in 1.1. liest man z.B. ab, daß der abzählbare projektive Limes von Prä-(F)-Räumen ein Prä-(F)-Raum ist.

SATZ: Die Topologie von $\operatorname{proj}_{\leftarrow\alpha} E_\alpha$ wird bereits von dem Halbnormensystem

$$Q = \{p_\alpha \circ \pi_\alpha \mid p_\alpha \in P_\alpha, \alpha \in A\}$$

erzeugt.

Beweis: Offensichtlich gilt $Q \subset P$. Sei andererseits $\sum_{i=1}^{n} p_{\alpha_i} \circ \pi_{\alpha_i} \in P$. Dann existiert $\beta \geq \alpha_i$ $i=1,\dots,n$ und, da alle $\pi_{\alpha_i\beta}$ stetig sind, $p_\beta \in P_\beta$ mit

$$p_\beta \geq \sum_{i=1}^{n} p_{\alpha_i} \circ \pi_{\alpha_i\beta} \quad .$$

also gilt

$$p_\beta \circ \pi_\beta \geq \sum_{i=1}^{n} p_{\alpha_i} \circ \pi_{\alpha_i\beta} \circ \pi_\beta = \sum_{i=1}^{n} p_{\alpha_i} \circ \pi_{\alpha_i}$$

und Q bildet eine konfinale Teilmenge von P. //

2.3. Sind die E_α Teilräume eines gegebenen Vektorraumes und die $\pi_{\alpha\beta}$ die Inklusionsabbildungen

$$E_\beta \xrightarrow{\subset} E_\alpha,$$

so ist der projektive Limes $\operatorname{proj}_{\leftarrow\alpha} E_\alpha$ auf natürliche Weise homöomorph dem Durchschnitt $\bigcap_\alpha E_\alpha$, versehen mit der projektiven Topologie der Abbildungen

$$\iota_\alpha : \bigcap_\alpha E_\alpha \xrightarrow{\subset} E_\alpha.$$

Zum Beweis muß man nur beachten, daß alle Komponenten eines Elements $(x_\alpha) \in \operatorname{proj}_{\leftarrow\alpha} E_\alpha$ gleich sind.

2.4. SATZ: Ein Netz $\{x_\iota\} \subset \operatorname{proj}_{\leftarrow\alpha} E_\alpha$ konvergiert genau dann gegen x (ist Cauchysch), wenn alle Netze $\{\pi_\alpha x_\iota\}$ gegen $\pi_\alpha x$ konvergieren (Cauchysch sind).

Beweis: Man beachte das definierende Halbnormensystem von 2.2. //

KOROLLAR: Sind alle E_α vollständig, so auch $\operatorname{proj}_{\leftarrow\alpha} E_\alpha$.

Beweis: Nach dem Satz und der Voraussetzung konvergieren für ein Cauchynetz $\{x_\iota\}$ in $\operatorname{proj}_{\leftarrow\alpha} E_\alpha$ alle $\pi_\alpha x_\iota$ gegen ein x_α. Aus der Stetigkeit der Abbildungen folgt $\pi_{\alpha\beta} x_\beta = x_\alpha$, also $(x_\alpha)_{\alpha \in A} \in \operatorname{proj}_{\leftarrow\alpha} E_\alpha$. //

2.5. <u>SATZ:</u> Ist $B \subset A$ konfinal, so erzeugen die projektiven Spektren $\{E_\alpha, \pi\}_{\alpha \in B}$ und $\{E_\alpha, \pi\}_{\alpha \in A}$ die gleichen projektiven Limites (bis auf natürliche Isomorphie).

Beweis: Seien $E_A = \underset{\leftarrow \alpha \in A}{\operatorname{proj}} E_\alpha$ und $E_B = \underset{\leftarrow \alpha \in B}{\operatorname{proj}} E_\alpha$, dann ist die Abbildung

$$T : \; E_A \longrightarrow E_B$$
$$(x_\alpha)_{\alpha \in A} \rightsquigarrow (x_\alpha)_{\alpha \in B}$$

wegen $\pi_\alpha \circ T = \pi_\alpha \quad (\alpha \in B)$ nach dem Kriterium von 1.2. sicher stetig. Sei umgekehrt

$$U : \; E_B \longrightarrow E_A$$
$$(x_\beta)_{\beta \in B} \rightsquigarrow (y_\alpha)_{\alpha \in A}$$

mit

$$y_\alpha = \begin{cases} x_\alpha & \text{für } \alpha \in B \\ \pi_{\alpha\beta} x_\beta & \text{für } \alpha \notin B, \alpha \leq \beta \in B \end{cases}$$

(β sei unabhängig von x fest für jedes $\alpha \in B$ gewählt). Die Konjugiertheitsbedingung von 2.1. zeigt, daß die Definition von U konsistent ist. Da

$$\pi_\alpha \circ U = \begin{cases} \pi_\alpha & \text{für } \alpha \in B \\ \pi_{\alpha\beta} \circ \pi_\beta & \text{für } \alpha \notin B \end{cases}$$

ist U ebenfalls stetig. Aus $U \circ T = id_{E_A}$ und $T \circ U = id_{E_B}$ folgt die Behauptung. //

2.6. <u>SATZ:</u> Es seien gegeben

(1) projektive Spektren $\{E_\alpha, \pi\}_{\alpha \in A}$ und $\{F_\beta, \rho\}_{\beta \in B}$,

(2) eine isotone ($\alpha \leq \beta \leftrightarrow \alpha' \leq \beta'$) Indexabbildung $A_0 \ni \alpha \rightsquigarrow \alpha' \in B$, wo A_0 und die Bildmenge konfinal in A bzw. B sind, und

(3) stetige, lineare Abbildungen $A_\alpha : E_\alpha \longrightarrow F_{\alpha'}$, für $\alpha \in A_0$, die vertauschbar mit den Spektralabbildungen sind, d.h. das Diagramm

$$\begin{array}{ccc} E_\beta & \xrightarrow{\pi_{\alpha\beta}} & E_\alpha \\ A_\beta \downarrow & & \downarrow A_\alpha \\ F_{\beta'} & \xrightarrow{\rho_{\alpha'\beta'}} & F_{\alpha'} \end{array} \qquad\qquad \alpha, \beta \in A_0 \qquad \beta \geq \alpha$$

ist kommutativ: $A_\alpha \circ \pi_{\alpha\beta} = \rho_{\alpha'\beta'} \circ A_\beta$. (*)

Dann wird eine stetige, lineare Abbildung

$$A : E = \underset{\leftarrow \alpha \in A}{\operatorname{proj}} E_\alpha \longrightarrow F = \underset{\leftarrow \beta \in B}{\operatorname{proj}} F_\beta$$

induziert, für die

$$\rho_{\alpha'} \circ A = A_\alpha \circ \pi_\alpha \qquad\qquad \alpha \in A_0 \qquad\qquad (**)$$

gilt.

Beweis: Wegen 2.5. kann man sich darauf beschränken, daß $A_0 = A$ und die Bildmenge der Indexabbildung $\alpha \rightsquigarrow \alpha'$ gleich B ist. Die Abbildung

$$A : \underset{\leftarrow \alpha \in A}{\text{proj}} E_\alpha \longrightarrow \underset{\leftarrow \beta \in B}{\text{proj}} F_\beta$$
$$(x_\alpha) \rightsquigarrow (A_\alpha x_\alpha)$$

ist wegen der Isotonie und (*) konsistent definiert, erfüllt (**) und ist deshalb wegen 1.2. stetig. //

2.7. Eine hinreichende Bedingung für die Gleichheit zweier projektiver Limites gibt damit der

<u>SATZ:</u> Es seien gegeben

(1) projektive Spektren $\{E_\alpha,\pi\}_{\alpha \in A}$ und $\{F_\beta,\rho\}_{\beta \in B}$,

(2) isotone Indexabbildungen $A_0 \ni \alpha \rightsquigarrow \alpha' \in B$, $B_0 \ni \beta \rightsquigarrow \tilde{\beta} \in A$, so daß $A_0 \cap \tilde{B}_0$, A_0' u. $B_0 \cap A_0'$, $\tilde{B}_0'$ konfinal in A bzw. B sind und die Zusammensetzungen kontrahieren: $\tilde{\alpha}' \leq \alpha$, $\tilde{\beta}' \leq \beta$ und

(3) stetige Abbildungen

$$S_\alpha : E_\alpha \longrightarrow F_{\alpha'}, \qquad \alpha \in A_0$$
$$T_\beta : F_\beta \longrightarrow E_{\tilde{\beta}} \qquad \beta \in B_0,$$

die die Bedingung (3) von 2.6. erfüllen und die Spektralabbildungen faktorisieren, d.h. die Diagramme ($\alpha \in A_0, \beta \in B_0$)

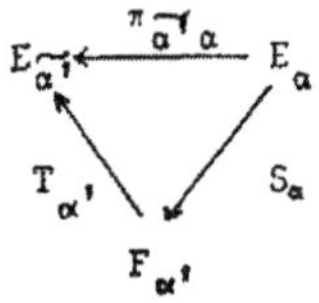

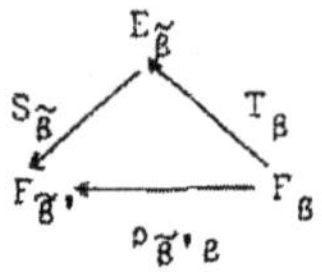

sind kommutativ: $T_{\alpha'} \circ S_\alpha = \pi_{\tilde{\alpha}'\alpha}$, $S_{\tilde{\beta}} \circ T_\beta = \rho_{\tilde{\beta}'\beta}$.

Dann gilt $\underset{\leftarrow \alpha \in A}{\text{proj}} E_\alpha = \underset{\leftarrow \beta \in B}{\text{proj}} F$.

Beweis: Nach 2.6. existieren stetige Abbildungen

$$S : E \longrightarrow F$$
$$T : F \longrightarrow E,$$

aus deren Definition ($(x_\alpha) \in E$)

$$TS(x_\alpha) = T(S_\alpha x_\alpha) = (T_{\alpha'} S_\alpha x_\alpha) = (\pi_{\tilde{\alpha}'\alpha} x_\alpha) = (x_\alpha)$$

folgt. Ebenso $S \circ T = id_F$, so daß S und T zueinander invers sind. //

Man beachte den Fall $A = B$, $\alpha' = \alpha$, $\tilde{\beta} = \beta$.

2.8. Als Spezialfall erhält man einen Faktorisierungssatz für abzählbare projektive Spektren:

<u>SATZ:</u> Ist $\{E_n,\pi\}_{n\in\mathbb{N}}$ ($\mathbb{N}$ mit der gewöhnlichen Ordnung) ein projektives Spektrum und existieren lokalkonvexe Räume H_n und stetige, lineare Abbildungen S_n und T_n, die die Spektralabbildungen faktorisieren

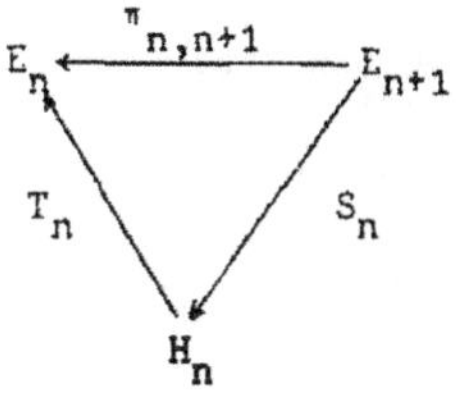

so bildet $\{H_n,\rho\}_{n\in\mathbb{N}}$ mit $\rho_{n,n+1} = S_n \circ T_{n+1}$ ein projektives Spektrum, und es gilt

$$\operatorname{proj}_{\leftarrow n} H_n = \operatorname{proj}_{\leftarrow n} E_n \,.$$

Dies ist natürlich auch ohne den vorherigen, allgemeinen Satz zu sehen, denn aufgrund von 2.6. existieren zueinander inverse, stetige Abbildungen:

$$\operatorname{proj}_{\leftarrow n} H_n \underset{S}{\overset{T}{\rightleftarrows}} \operatorname{proj}_{\leftarrow n} E_n \,.$$

§ 7 Offene und Graphen-abgeschlossene Abbildungen

1. Der Homomorphiesatz von Banach

1.1. Eine Abbildung $f : X \longrightarrow Y$ (X,Y topologische Räume) heißt <u>offen</u>, falls das Bild jeder offenen Menge offen ist. Stetige Abbildungen brauchen nicht offen zu sein, wie schon das einfache Beispiel der kanonischen Injektion I einer nicht offenen Teilmenge X des topologischen Raumes Y (§ 1, 1.3.) zeigt. Für lineare Abbildungen zwischen (F)-Räumen gilt aber der wichtige Homomorphiesatz von Banach (in der englischen Literatur meist open-mapping-theorem genannt):

1.2. <u>SATZ (Banach):</u>

E, F (F)-Räume
$A \in L(E,F)$ surjektiv
Dann ist A offen.

Beweis: Für lineare, stetige Abbildungen ist die Eigenschaft "offen" gleichbedeutend damit, daß das Bild jeder Nullumgebung aus E eine in F ist, wie man sofort nachweist.

Seien d_1, d_2 translationsinvariante Metriken (§ 4, 4.1. Zusatz) von E bzw. F, $K(s) = K_s(0)$ in E, $H(r) = K_r(0)$ in F (§ 2, 1.1.) und $K(r')$ vorgegeben; es ist also ein s zu finden mit

$$H(s) \subset A(K(r'))\ .$$

(a) Sei $0 < r$. Dann ist

$$E = \bigcup_{n=1}^{\infty} n\, K(r)$$

wegen der Absorbanz der Nullumgebung. Also

$$F = A(E) = A(\bigcup_{n=1}^{\infty} n\, K(r)) = \bigcup_{n=1}^{\infty} n\, A(K(r))$$

und es existiert nach dem Satz von Baire (beachte § 4, 4.2.) ein n_o mit

$$\overline{n_o A(K(r))}^{\,o} \neq \emptyset\ .$$

Division durch n_o ergibt: es existiert ein $s > 0$ und $y \in F$ mit

$$y + H(s) \subset \overline{A(K(r))},$$

also auch (siehe Konstruktion der Metriken)

$$-\, y \in \overline{A(K(r))}\ ;$$

folglich

$$H(s) \subset -\, y + \overline{A(K(r))} \subset \overline{A(K(r))} + \overline{A(K(r))} \subset \overline{A(K(2r))}\ ,$$

da

$$\overline{M} + \overline{N} \subset \overline{M + N}\ .$$

(b) Sei nun $r_n > 0$ und $\sum_{n=1}^{\infty} r_n = r'' < r'$.

Dann bestimmt (a) eine Nullfolge $s_n > 0$, die monoton fallend zu wählen ist, mit

$$H(s_n) \subset \overline{A(K(r_n))}$$

und es gilt:

$$H(s_1) \subset A(K(r')),$$

denn für $y_o \in H(s_1)$ existiert $x_1 \in K(r_1)$ mit

$$y_o - Ax_1 \in H(s_2) \subset H(s_1),$$

hierfür $x_2 \in K(r_2)$ mit

$$y_o - Ax_1 - Ax_2 \in H(s_3) \subset H(s_2) \quad \text{usw.}$$

Also gibt es $x_n \in K(r_n)$:

$$y_o - A(\sum_{\ell=1}^{n} x_\ell) \in H(s_{n+1}) \subset H(s_n) \quad \ldots \qquad (*)$$

Es ist aber

$$\sum_{n=\ell}^{m} x_\ell \in K(\sum_{n=\ell}^{m} r_\ell)$$

und da $\sum_n r_n$ konvergiert, wird $\sum_{\ell=1}^{m} x_\ell$ eine Cauchyfolge in E. E ist vollständig, so daß

$$\sum_{\ell=1}^{\infty} x_\ell = x \in \overline{K(r'')}\ .$$

Die Stetigkeit von A liefert

$$\lim_{n\to\infty} A\Big(\sum_{\ell=1}^{n} x_\ell\Big) = Ax.$$

Andererseits ist aber wegen (*) und $s_n \to 0$

$$\lim_{n\to\infty} A\Big(\sum_{\ell=1}^{n} x_\ell\Big) = y_o$$

Folglich ist

$$y_o = Ax \in A(\overline{K(r'')}) \subset A(K(r'))$$

und somit

$$H(s_1) \subset A(K(r')).$$

Der Satz ist bewiesen. //

1.3. Eine Analyse des Beweises zeigt:

(1) F braucht nur ein Prä-(F)-Raum und von 2. Kategorie zu sein.

(2) Eine lineare Abbildung A von E in F hat nur zwei Möglichkeiten: Entweder ist das Bild einer Nullumgebung V nirgends dicht in F oder seine abgeschlossene Hülle A(V) ist Nullumgebung in F.

Abbildungen mit der 2. Eigenschaft werden nach V. Pták <u>fast offen</u> genannt:

$$V \in \mathfrak{U}_E(0) \to \overline{A(V)} \in \mathfrak{U}_F(0).$$

Im Beweis wurde gezeigt, daß surjektive Abbildungen $A \in L(E,F)$ (E,F topologische Vektorräume, F von 2. Kategorie) fast offen sind.

Man kann - gemäß dem Beweis - den Homomorphiesatz auch so formulieren:

<u>SATZ:</u> E (F)-Raum

F Prä-(F)-Raum

$A \in L(E,F)$ fast offen

Dann ist A offen.

Eine gründlichere Untersuchung (u.a. der einzelnen Voraussetzungen) dieses - in der Funktionalanalysis entscheidenden - Satzes findet man bei Pták ([1] - [3]) und Husain ([1]).

1.4. <u>KOROLLAR:</u> E (F)-Raum

F Prä-(F)-Raum von 2. Kategorie

$A \in L(E,F)$ bijektiv

Dann ist A ein Homöomorphismus und F ein (F)-Raum,

denn für eine offene, bijektive Abbildung A ist A^{-1} stetig. Ein Cauchynetz $\{y_\alpha\}$ in F wird ein Cauchynetz $\{A^{-1}y_\alpha\}$ in E, konvergiert dort gegen x, wegen der Stetigkeit also:

$$\lim y_\alpha = Ax \ . \quad //$$

1.5. Dieses Ergebnis erlaubt es, die verschiedenen Topologien eines Vektorraumes E zu untersuchen, die ihn zu einem (F)-Raum machen:

SATZ: $(E, \mathcal{T}_1)$, $(E, \mathcal{T}_2)$ (F)-Räume

$\mathcal{T}_1$ feiner als $\mathcal{T}_2$ (§ 1, 1.2.)

Dann ist $\mathcal{T}_1 = \mathcal{T}_2$.

Denn auf die Identität $id : (E, \mathcal{T}_1) \longrightarrow (E, \mathcal{T}_2)$ ist obiges Korollar anzuwenden.

D.h., entweder sind die beiden Topologien nicht vergleichbar oder gleich. (Siehe auch 2.5.)

Sind $(E, \mathcal{T}_1)$, $(E, \mathcal{T}_2)$ Banachräume, bedeutet der Satz die Äquivalenz der Normen (§ 3, 2.3.).

2. Der Satz vom abgeschlossenen Graphen

2.1. Unter dem Graph einer Abbildung $A : E \longrightarrow F$ versteht man die Menge

$$G(A) = \{(x, Ax) \mid x \in E\} \subset E \times F \ .$$

Sind E und F topologische Räume, so heißt A Graphen-abgeschlossen, falls G(A) in $E \times F$ abgeschlossen ist.

(A heißt abgeschlossen, falls das Bild jeder abgeschlossenen Menge abgeschlossen ist. Die beiden Begriffe sind verschieden, wie folgendes Beispiel zeigt:

$$f : \mathbb{R} \longrightarrow \mathbb{R} \quad f(x) = \begin{cases} \frac{1}{x} & \text{für } x \neq 0 \\ 0 & \text{für } x = 0 \end{cases}$$

f ist Graphen-abgeschlossen, doch es ist

$$f([1,\infty[) =]0,1] \ .)$$

2.2. SATZ: $A : E \longrightarrow F$ ist genau dann Graphen-abgeschlossen, wenn aus

$$x_\alpha \longrightarrow x \text{ (in E)}$$

$$Ax_\alpha \longrightarrow y \text{ (in F)}$$

stets $Ax = y$ folgt.

Der Beweis ist klar, da ein Netz in $E \times F$ genau dann konvergiert, wenn es komponentenweise konvergiert.

In diesem Satz wird klar, wo der Unterschied zur Stetigkeit von A liegt. Die Konvergenz des Bildnetzes wird vorausgesetzt, damit $Ax = y$ folgt.

2.3. In (F)-Räumen gilt aber für lineare Abbildungen der

SATZ vom abgeschlossenen Graphen:

E,F (F)-Räume

$A : E \longrightarrow F$ linear, Graphen-abgeschlossen,

dann ist A stetig.

Beweis: $E \times F$ ist nach § 6, 1.3. ein (F)-Raum, also auch der abgeschlossene, lineare Unterraum G(A). Die Projektion $u : E \times F \longrightarrow E$ ist stetig und surjektiv, $\tilde{u} = u|_{G(A)}$ sogar bijektiv, also $\tilde{u}^{-1}$ nach 1.4. stetig.
$\tilde{u}^{-1}$ und die Projektion $v : E \times F \longrightarrow F$ faktorisieren jedoch A

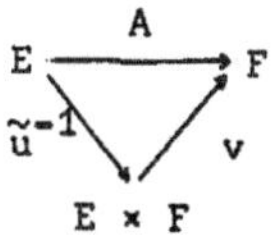

,

so daß A stetig ist. //

2.4. Da aus der Stetigkeit natürlich stets die Graphen-Abgeschlossenheit folgt, kann man den Satz vom abgeschlossenen Graphen auch formulieren:

SATZ: Eine lineare Abbildung zwischen (F)-Räumen ist genau dann stetig, wenn ihr Graph abgeschlossen ist.

2.5. Damit kann man 1.5. noch etwas verschärfen:

SATZ: (E,P), (E,Q) (F)-Räume

$id : (E,P) \longrightarrow (E,Q)$ Graphen-abgeschlossen.

Dann ist $(E,P) = (E,Q)$.

§ 8 Beschränkte Mengen

1. Einfache Eigenschaften

1.1. Eine Teilmenge A des topologischen Vektorraumes E heißt beschränkt, wenn sie von jeder Nullumgebung absorbiert wird, d.h. für jedes $U \in \mathfrak{U}(0)$ gibt es ein $\lambda > 0$ mit

$$A \subset \lambda U;$$

man kann sich natürlich auf eine Nullumgebungsbasis beschränken.

1.2. SATZ: $A \subset E$ ist genau dann beschränkt, wenn für jede Folge $x_n \in A$ gilt:

$$\lim_{n\to\infty} \frac{x_n}{n} = 0.$$

Beweis: Sei nämlich eine kreisförmige Nullumgebung U gegeben und $A \subset \lambda U$, so ist

$$\frac{x_n}{n} \subset U \quad \text{für} \quad n \geq \lambda.$$

Andererseits sei beispielsweise $A \not\subset nU$ $n=1,2,\ldots$ Dann konstruiert man eine Folge $x_n \in A$ mit

$$\frac{x_n}{n} \notin U ,$$

was jedoch wegen der Konvergenz von $\frac{x_n}{n}$ unmöglich ist. //

Aus dem Beweis ersieht man, daß n durch jede gegen ∞ strebende Folge zu ersetzen ist.

1.3. In lokalkonvexen Räumen liest man aus der Definition eine noch einfachere Charakterisierung ab:

SATZ: $A \subset E$ - E lokalkonvex mit Halbnormensystem P - ist genau dann beschränkt, wenn für jedes $p \in P$ ein M_p existiert mit

$$p(A) = \sup_{x \in A} p(x) \leq M_p.$$

1.4. Wegen der Absorbanz der Nullumgebungen erhält man:

(1) Jede endliche Menge ist beschränkt

wegen der Kreisförmigkeit

(2) Mit A und B sind λA, $A \cup B$, $A \cap B$, sowie kreisförmige Hülle beschränkt.

Da zu jedem $U \in \mathfrak{U}(0)$ ein $V \in \mathfrak{U}(0)$ mit $V + V \subset U$ existiert, gilt auch

(2a) $A + B$, $\lambda A + \mu B$ sind beschränkt, speziell also $x_o + A$.

Für Folgen gilt

(3) Jede konvergente Folge ist beschränkt.

Denn sei $\lim x_n = 0$ (genügt nach (2a)); dann ist für gegebenes kreisförmiges $U \in \mathfrak{U}(0)$

$$\{x_n\}_{n \geq n_o} \subset U,$$

nach (1) für ein λ

$$\{x_n\}_{n < n_o} \subset \lambda\, U,$$

also

$$\{x_n\}_{n \in \mathbb{N}} \subset (\lambda+1)U \quad . //$$

Für Netze ist diese Bemerkung natürlich nicht richtig, denn "entgegen der Konvergenzrichtung" kann ein Netz sich beliebig verhalten, ohne die Konvergenz zu beeinträchtigen.

(4) Mit A ist $\overline{A}$ beschränkt,

denn ein topologischer Vektorraum ist regulär (§ 3, 1.2.(8)).

Ist T eine stetige, lineare Abbildung, so folgt nach § 5, 1.1.(3) sofort

(5) Mit A ist auch T(A) beschränkt.

In lokalkonvexen Räumen gilt, wie man unmittelbar aus 1.3. abliest

(6) Jede Cauchyfolge ist beschränkt.

(7) Die absolutkonvexe Hülle ΓA einer beschränkten Menge A ist beschränkt.

1.5. Ist $\{E_\alpha, \pi\}$ ein projektives Spektrum, so gilt der

SATZ: $A \subset \underset{\leftarrow\alpha}{\text{proj}}\, E_\alpha$ ist genau dann beschränkt, wenn zumindest konfinal viele der $\pi_\alpha(A) \subset E_\alpha$ beschränkt sind.

Dazu muß man nur 1.3. und die Definition der Halbnormen im projektiven Limes (§ 6, 2.3.) beachten.

1.6. SATZ: E, F topologische Vektorräume

$A : E \longrightarrow F$ linear

Falls eine Nullumgebung $U_o \in \mathfrak{U}(0)$ von E existiert, für die $A(U_o)$ beschränkt ist, ist A stetig.

Beweis: Nach § 5, 1.1. genügt es, die Stetigkeit in 0 nachzuweisen. Sei also $V \in \mathfrak{U}_F(0)$, dann ist

$$A(\lambda U_o) = \lambda A(U_o) \subset V$$

für ein $\lambda > 0$; $\lambda U_o \in \mathfrak{U}_E(0)$. //

Die Umkehrung dieses Satzes ist nicht richtig.

2. Ein Kriterium für die Normierbarkeit lokalkonvexer Räume

SATZ von KOLMOGOROFF: Ein lokalkonvexer Raum ist genau dann normierbar, wenn er eine beschränkte Nullumgebung besitzt.

Beweis: Die Einheitskugel in normierten Räumen ist natürlich beschränkt (1.3.); sei andererseits eine beschränkte Nullumgebung U gegeben, die als absolutkonvex vorausgesetzt werden kann. Die Beschränktheit von U bedeutet dann gerade, daß das System

$$\{\lambda U\}_{\lambda > 0}$$

eine Nullumgebungsbasis bildet, so daß das zugehörige Minkowski-Funktional p_U wegen der Separiertheit von E eine die Topologie erzeugende Norm ist. //

3. Beschränkte Mengen in echten lokalkonvexen Räumen

3.1. Ein lokalkonvexer Raum soll echt genannt werden, wenn er nicht normierbar ist.

SATZ: Eine beschränkte Menge in einem echten lokalkonvexen Raum ist nirgends dicht.

Beweis: Sei A beschränkt, dann auch $\overline{A}$. Falls $\overline{A}^{\circ} \neq \emptyset$, existiert x_o und $U \in \mathfrak{U}(0)$ mit $x_o + U \in \overline{A}$; also ist $U \subset \overline{A} - x_o$ beschränkt. D.i. nach Kolmogoroff ein Widerspruch zur Voraussetzung. //

3.2. Dieser Satz ist natürlich in normierten Räumen nicht richtig (Einheitskugel) und es gilt sogar das Kriterium

SATZ: Ein lokalkonvexer Raum von 2. Kategorie ist genau dann normierbar, wenn er Vereinigung abzählbar vieler beschränkter Mengen ist.

Beweis: Ein normierter Raum erfüllt mit den ganzzahligen Vielfachen der Einheitskugel die Bedingung. Ist umgekehrt

$$E = \bigcup_{n=1}^{\infty} A_n, \quad A_n \text{ beschränkt},$$

so muß mindestens ein A_{n_o} nicht nirgends dicht sein, da E von 2. Kategorie vorausgesetzt ist. Nach 3.1. ist E aber dann normierbar. //

3.3. Speziell ist dieses Kriterium nach dem Satz von Baire auf (F)-Räume anzuwenden, die im Falle der Normierbarkeit dann sogar (B)-Räume sind.

§ 9 Gelfandräume

1. Definition und Vollständigkeit

1.1. Ein lokalkonvexer Raum E heißt (FG)-Raum (Gelfandraum), wenn er sich mittels einer absteigenden Folge von Banachräumen

$$B_1 \supset B_2 \supset B_3 \supset \dots ,$$

für die die kanonischen Einbettungen

$$B_{n+1} \xrightarrow{\subset} B_n \tag{$*$}$$

stetig sind, als

$$E = \bigcap_{n=1}^{\infty} B_n$$

darstellen läßt.

(*) bedeutet nach § 5, 1.1.(5), daß C_n existieren mit

$$\|x\|_{n-1} \leq C_n \|x\|_n \quad \text{für} \quad x \in B_n,$$

d.h. man kann o.E.d.A. (Umnormierung)

$$\|x\|_{n-1} \leq \|x\|_n \leq \|x\|_{n+1} \cdots$$

voraussetzen. Die auf E eingeschränkten Normen $\| \ \|_n$ bilden die erzeugenden Halbnormen von E, insbesondere ist ein (FG)-Raum also ein Prä-(F)-Raum nach § 4, 4.1.(3).

Räume dieses Typs sind nach I. M. Gelfand benannt, sie werden z.B. in Gelfand-Schilow ([1] , Band 2) behandelt und tragen dort den Namen "abzählbar normierte Räume".

1.2. Aus den Bemerkungen in § 6, 2.3. ersieht man, daß ein (FG)-Raum der projektive Limes des Spektrums $\{B_n, \pi\}_{n \in \mathbb{N}}$ mit den natürlichen Einbettungen

$$\pi_{n,n+1} : B_{n+1} \xrightarrow{\subset} B_n$$

als Spektralabbildungen ist: $E = \operatorname{proj}_{\leftarrow n} B_n$.

Das Korollar in § 6, 2.4. ergibt dann den

SATZ: Ein (FG)-Raum ist ein (F)-Raum.

2. Strikte (FG)-Räume

2.1. Ein (FG)-Raum heißt strikt, falls für die erzeugenden (B)-Räume B_n gilt: B_{n+1} ist bezüglich der von B_n induzierten Topologie in B_n dicht (n=1,2,...).

BEMERKUNG: B_{n+m} ist dann in B_n dicht (m=1,2,...).

Beweis: B_{n+2} ist in B_{n+1} dicht bezüglich der Topologie von B_{n+1}, wegen der Stetigkeit der Einbettung aber auch bezüglich der von B_n:

$$B_n \supset \overline{B_{n+2}}^n \supset B_{n+1} .$$

Da aber $\overline{B_{n+1}}^n = B_n$ gilt, folgt $\overline{B_{n+2}}^n = B_n$. //

2.2. SATZ: Jeder (FG)-Raum ist strikt darstellbar.

Beweis: Sei

$$E = \bigcap_{n=1}^{\infty} B_n \quad \text{und} \quad \tilde{B}_n = \overline{E}^n \subset B_n .$$

$\tilde{B}_n$ ist dann als abgeschlossener Unterraum eines (B)-Raums mit $\| \ \|_n$ ebenfalls ein (B)-Raum.

Aus der Stetigkeit der Einbettung (betrachte z.B. Netze) folgt dann:

$$\tilde{B}_n = \overline{E}^n \supset \overline{E}^{n+1} = \tilde{B}_{n+1}$$

und aus $\|x\|_n \leq \|x\|_{n+1}$ für $x \in \tilde{B}_{n+1} \subset \tilde{B}_n$ erhält man die Stetigkeit der Einbettung

$$\tilde{B}_{n+1} \xrightarrow{\subset} \tilde{B}_n . \quad //$$

Aus der Konstruktion ersieht man sogar:

ZUSATZ: Die erzeugenden Banachräume B_n eines (FG)-Raumes E können so gewählt werden, daß E dicht in jedem B_n liegt.

3. Normierbarkeit von (FG)-Räumen

SATZ: Sei E ein (FG)-Raum mit erzeugenden Banachräumen so, daß E dicht in jedem B_n ist (insbesondere ist E dann strikt dargestellt).

Dann gilt:

E ist genau dann normierbar (also ein (B)-Raum nach 1.3.), wenn residual viele der B_n als Mengen gleich sind.

Beweis:

(1) Sei $B_{n_o} = B_{n_o+p}$ $p=1,2,\ldots$. Aus $\|\ \|_{n_o} \leq \|\ \|_{n_o+p}$ folgt dann nach § 7, 1.5. (Vergleichbarkeit von Topologien auf einem (F)-Raum), daß (evtl. nach Umnormierung)

$$\|x\|_{n_o} = \|x\|_{n_o+p} \qquad p=1,2,\ldots$$

Da man sich jedoch stets auf eine konfinale Teilmenge von erzeugenden Halbnormen (§ 4, 1.1. Zusatz) beschränken kann, ist E normierbar.

(2) Ist umgekehrt E normierbar, dann existiert eine beschränkte Nullumgebung (Kolmogoroff), d.h. es gibt $\varepsilon > 0$, n_o und C_n $(n=1,2,\ldots)$ mit

$$\{x\in E \mid \|x\|_{n_o} \leq \varepsilon\} \subset C_n\{x\in E \mid \|x\|_n \leq 1\}$$

d.h.

$$\|x\|_n \leq \frac{C_n}{\varepsilon}\|x\|_{n_o} \quad n\in\mathbb{N},\ x\in E.$$

Somit ist aber ein bezüglich $\|\ \|_{n_o}$ Cauchysches Netz von Elementen aus E Cauchysch für jede Halbnorm $\|\ \|_n$, d.h. Cauchysch in E mit der (FG)-Topologie, folglich nach 1.2. konvergent gegen ein Element von E, speziell bezüglich der Norm $\|\ \|_{n_o}$. Das bedeutet, daß E in B_{n_o} abgeschlossen ist; E ist aber auch dicht in B_{n_o}, also

$$E = B_{n_o} .$$

Aus

$$E \subset \ldots \subset B_{n_o+1} \subset B_{n_o} = E$$

folgt die Behauptung. //

4. Köthesche Stufenräume

4.1. Für die in § 4, 5.4. eingeführten Folgenräume $\ell^p(b_n), b_n = (b_{1,n}, b_{2,n}, \dots)$, gilt für

$$b_{i,n} \leq b_{i,n+1} \qquad n,i \in \mathbb{N}$$

die Ungleichung

$$||x||_n = (\sum_{i=1}^{\infty} |x_i|^p \, b_{i,n}^p)^{1/p} \leq (\sum_{i=1}^{\infty} |x_i|^p \, b_{i,n+1}^p)^{1/p} = ||x||_{n+1}$$

(für $1 \leq p < \infty$ und ebenso für $p = \infty$).

Das hat

$$\ell^p(b_{n+1}) \subset \ell^p(b_n)$$

zur Folge und die Einbettung ist sogar stetig.

In jedem Folgenraum $\ell^p(b)$ ist die Menge N der Folgen, die residual null sind, dicht (das ergibt sich aus der Konvergenz der Reihen), so daß $\ell^p(b_{n+1})$ in $\ell^p(b_n)$ sogar dicht ist.

Damit ist der Köthesche Stufenraum $(b = (b_1, b_2, \dots))$

$$K_p(b) = \bigcap_{n=1}^{\infty} \ell^p(b_n)$$

ein (FG)-Raum, der strikt dargestellt ist und der sogar dicht in jedem seiner Erzeugenden ist $(N \subset K_p(b);\ 1 \leq p < \infty)$

4.2. Als Beispiel eines lokalkonvexen Raumes, der ein (F)- aber kein (FG)-Raum ist, sei der Raum $\mathfrak{C}(\mathbb{K}^n)$ aus § 4, 5.6. angegeben. Dort wurde bewiesen, daß auf ihm keine stetige Norm existiert. Da aber ein (FG)-Raum durch Normen erzeugt wird, kann $\mathfrak{C}(\mathbb{K}^n)$ keiner sein.

§ 10 Tonnelierte Räume

1. Normierbarkeit und Beispiele

1.1. Nach Bourbaki ([2] , [3]) nennt man eine absolutkonvexe, abgeschlossene und absorbante Teilmenge T des lokalkonvexen Raumes E eine Tonne.

Nach § 4, 2.2. gibt es stets eine Nullumgebungsbasis aus Tonnen. Ist umgekehrt jede Tonne eine Nullumgebung, so heißt der Raum tonneliert (engl. barreled).

1.2. SATZ: Ein tonnelierter Raum ist genau dann normierbar, wenn er eine beschränkte, absorbante Teilmenge besitzt.

Beweis: Sei A diese Menge, so hat $\overline{\Gamma A}$ dieselben Eigenschaften, ist also eine beschränkte Nullumgebung. Damit ist der Raum nach Kolmogoroff normierbar. //

1.2. Eine große Klasse von Beispielen liefert der

SATZ: Jeder lokalkonvexe Raum von 2. Kategorie (z.B. (F)-Räume) ist tonneliert.

Beweis: Ist T eine Tonne, so gilt wegen der Definitionseigenschaften

$$E = \bigcup_{n=1}^{\infty} n\,T .$$

Also ist ein $n_o T$ nicht nirgends dicht, folglich auch T selbst nicht. T ist abgeschlossen; somit gibt es $U \in \mathfrak{U}(0)$ und x_o mit

$$x_o + U \subset T .$$

Damit ist aber auch $\Gamma\{x_o + U\} \subset T$, also insbesondere für $y \in U$:

$$y = \tfrac{1}{2}(x_o+y) - \tfrac{1}{2}(x_o-y) \in T$$

d.h. $U \subset T \in \mathfrak{U}(0)$. //

1.3. Ein Beispiel eines nichttonnelierten Raumes: Sei E die Menge aller summierbaren Folgen $x = \{x_n\} \subset \mathbb{K}$:

$$\sum_{n=1}^{\infty} |x_n| < \infty$$

(also $\ell^1(e)$, $e = (1,1,\dots)$, als Menge) mit den Halbnormen

$$p_N(x) = \sum_{n=1}^{N} |x_n| \qquad N \in \mathbb{N}$$

Dann ist die Menge

$$T = \{x \in E \mid \sum_{n=1}^{\infty} |x_n| \leq 1\}$$

(die Einheitskugel in $\ell^1(e)$) keine Nullumgebung, denn für kein ε und N gilt, daß aus $p_N(x) < \varepsilon$ folgt $\sum_{n=1}^{\infty} |x_n| \leq 1$, aber eine Tonne: Absorbanz und Absolutkonvexheit sind klar, es bleibt die Abgeschlossenheit:

Sei $x_o \notin T$, dann ist

$$\sum_{n=1}^{\infty} |x_n^o| > 1$$

also für ein N

$$a = \sum_{n=1}^{N} |x_n^o| = p_N(x_o) > d > 1 .$$

Für $x \in x_o + U_{a-d}^{p_N}$ gilt dann:

$$\sum_{n=1}^{\infty} |x_n| \geq p_N(x) \geq |p_N(x_o) - p_N(x-x_o)| \geq d > 1.$$

Also ist $\complement T$ offen und T abgeschlossen.

1.4. Es sei erwähnt, daß die Eigenschaft "tonneliert" nicht alle Permanenzeigenschaften besitzt; so ist zwar der Quotientenraum, das topologische Produkt und der induktive Limes tonnelierter Räume tonneliert, doch braucht es der projektive Limes oder ein abgeschlossener Teilraum nicht zu sein (Köthe [1], Bourbaki [2], [3], Kantorowitsch-Akilow [1]).

Ihre Bedeutung erhalten die tonnelierten Räume E durch die Tatsache, daß für lineare stetige Abbildungen von E nach einem beliebigen lokalkonvexen Raum F der Satz von Banach gilt, dessen Gültigkeit sogar charakteristisch für sie ist:

2. Der Satz von Banach

2.1. Eine Familie von Operatoren $A_\iota \in L(E,F)$ $(\iota \in I)$ heißt punktweise beschränkt, falls für jedes $x \in E$ die Menge $\{A_\iota x\}_{\iota \in I}$ in F beschränkt ist; man nennt sie gleichstetig, falls für jedes $V \in \mathfrak{U}_F(0)$ ein $U \in \mathfrak{U}_E(0)$ existiert mit $A_\iota(U) \subset V$ für alle $\iota \in I$ (U unabhängig von ι). Mit diesen Bezeichnungen gilt der

SATZ von BANACH: Ist E tonneliert und F lokalkonvex, so ist jede punktweise beschränkte Familie in L(E,F) gleichstetig.

Beweis: Ist $V \in \mathfrak{U}_F(0)$ abgeschlossen und absolutkonvex, so auch $A_\iota^{-1}(V)$ und

$$U = \bigcap_{\iota \in I} A_\iota^{-1}(V) .$$

Für $x \in E$ existiert wegen der punktweisen Beschränktheit ein $\lambda > 0$ mit $\{A_\iota x\}_{\iota \in I} \subset \lambda V$, also $x \in \lambda U$: U ist absorbant und somit eine Tonne. E ist tonneliert, so daß U eine Nullumgebung wird, für die nach Definition

$$A_\iota(U) \subset V$$

für alle $\iota \in I$ gilt. //

2.2. SATZ von BANACH-STEINHAUS: (siehe auch 3.4.)

Ist E tonneliert, F lokalkonvex und $A_n \in L(E,F)$ derart, daß alle Folgen $\{A_n x\}$ $(x \in E)$ in F konvergieren, so ist $Ax = \lim_{n\to\infty} A_n x$ linear und stetig.

Beweis: Die Linearität von A ist offensichtlich. Da eine konvergente Folge beschränkt ist (§ 8, 1.6.(3)), ist $\{A_n\}$ punktweise beschränkt, also gleichstetig, so daß für gegebenes $V = \overline{V} \in \mathfrak{U}_F(0)$ ein $U \in \mathfrak{U}_E(0)$ existiert mit

$$A_n(U) \subset V \qquad n=1,2,\ldots$$

Also ist $A(U) \subset \overline{\bigcup_n A_n(U)} \subset \overline{V} = V$. //

Insbesondere gelten diese beiden Sätze nach 1.2. für (B)- und (F)-Räume.

2.3. SATZ: Ist E lokalkonvex, so sind äquivalent:

(1) E ist tonneliert.

(2) Für einen beliebigen lokalkonvexen Raum F ist jede punktweise beschränkte Familie in L(E,F) gleichstetig.

(3) Jede punktweise beschränkte Familie in E' ist gleichstetig.

Zum Beweis bleibt nach 2.1. nur noch (3) → (1) zu zeigen, was in § 14, 4.3. mit Hilfe des Bipolarensatzes geschehen soll.

3. Topologien auf L(E,F)

3.1. Um z.B. die Konvergenz im Satz von Banach-Steinhaus genauer zu untersuchen, sollen auf der Menge L(E,F) der linearen, stetigen Abbildungen von E in F ((E,P) und (F,Q) lokalkonvexe Räume) lokalkonvexe Topologien studiert werden.

Mit $\mathcal{L}$ sei die Menge aller beschränkten Mengen von E bezeichnet; $\mathcal{L}$ ist durch Inklusion halbgeordnet und filtrierend.

SATZ: Eine Teilmenge $\gamma \subset \mathcal{L}$, die filtrierend und total (d.h. $\bigcup_{A\in\gamma} A = E$) ist, definiert durch die Halbnormen

$$P_\gamma = \{\sup_{x\in A} q(Tx) \;\Big|\; q\in Q,\ A\in\gamma\} \qquad (T\in L(E,F))$$

auf L(E,F) eine lokalkonvexe (separierte) Topologie.

Beweis: Für $T\in L(E,F)$ und $q\in Q$ existiert $p\in P$ mit

$$q(Tx) \leq p(x),$$

so daß für $A\in\gamma\subset\mathcal{L}$ $p(A) < \infty$, also

$$\sup_{x\in A} q(Tx) \leq p(A) < \infty$$

gilt.

Dreiecksungleichung und positive Homogenität von

$$\sup_{x\in A} q(Tx)$$

ergeben sich unmittelbar aus der Definition. Es bleibt also nach § 4, 1. zu zeigen, daß P_γ ein filtrierendes und totales System von Halbnormen ist. Für $A_1, A_2\in\gamma$, $A_1\subset A_2$; $q_1, q_2\in Q$, $q_1\leq q_2$ gilt

$$\sup_{x\in A_1} q_1(Tx) \leq \sup_{x\in A_2} q_2(Tx),$$

so daß mit γ und Q auch P_γ filtriert. Ist $T \neq 0$, so existiert $x\in E$ mit $Tx \neq 0$, also (γ ist total) $A\in\gamma$ mit $x\in A$ und $q\in Q$ (Q ist total) mit $q(Tx) \neq 0$:

$$\sup_{x\in A} q(Tx) > 0 \quad . \quad //$$

3.2. Die so erzeugte Topologie ist die der gleichmäßigen Konvergenz auf allen Mengen $A\in\gamma$. Verschiedene Spezialfälle sind von Bedeutung:

(1) $L_s(E,F)$: $\gamma = \{A\subset E \mid A \text{ endlich}\}$ (schwache Topologie)

D.i. die Topologie der punktweisen Konvergenz. Punktweise beschränkt (2.1.) heißt beschränkt in $L_s(E,F)$.

(2) $L_c(E,F)$: $\gamma = \{A\subset E \mid A \text{ relativ kompakt}\}$

(3) $L_b(E,F)$: $\mathfrak{J} = \mathfrak{L}$ (starke Topologie)

Sind E und F normiert, so trägt, da die Einheitskugel von E beschränkt ist, $L_b(E,F)$ die durch die Norm von § 5, 1.2. erzeugte Topologie. Es ist offensichtlich, daß $L_s(E,F)$ die gröbste und $L_b(E,F)$ die feinste aller wie oben gewonnenen lokalkonvexen Topologien besitzt.

3.3. <u>SATZ:</u> Auf einer gleichstetigen (2.1.) Teilmenge $H \subset L(E,F)$ induzieren $L_s(E,F)$ und $L_c(E,F)$ dieselbe Topologie.

Beweis: Es genügt nach der obigen Bemerkung zu zeigen, daß ein Netz $\{T_\alpha\} \subset H$, das in $L_s(E,F)$ gegen $T \in H$ konvergiert, auch in $L_c(E,F)$ gegen T konvergiert.*) Sei also $A \subset E$ relativ kompakt, $q \in Q$ und $\varepsilon > 0$ vorgegeben. Für $p \in P$ mit

$$q(Sx) \leq p(x) \tag{*}$$

für alle $S \in H - H$ (mit H ist auch $H - H$ gleichstetig) folgt dann aus der relativen Kompaktheit von A

$$A \subset \bigcup_{i=1}^{n} \{x_i + U_\varepsilon^p\}, \qquad x_i \in E,$$

also

$$\sup_{x \in A} q(Sx) \leq \left(\max_{i=1,\dots,n} q(Sx_i)\right) + q(SU_\varepsilon^p) \leq \left(\max_{i=1,\dots,n} q(Sx_i)\right) + \varepsilon$$

wegen (*) für alle $S \in H - H$. Für α_0 mit

$$\max_{i=1,\dots,n} q((T_\alpha - T)(x_i)) \leq \varepsilon \qquad \alpha \geq \alpha_0$$

gilt dann

$$\sup_{x \in A} q((T_\alpha - T)(x)) \leq 2\varepsilon$$

für $\alpha \geq \alpha_0$. //

3.4. Damit hat man eine Konvergenzaussage in der Behauptung des Satzes von Banach-Steinhaus (2.2.):

<u>SATZ:</u> Ist E tonneliert, F lokalkonvex und $A_n \in L(E,F)$ derart, daß alle Folgen $\{A_n x\}$ $(x \in E)$ in F konvergieren, so konvergiert A_n gegen $Ax = \lim_{n\to\infty} A_n x$ in $L_c(E,F)$.

Beweis: 2.2. sagte aus, daß $A_n \longrightarrow A$ in $L_s(E,F)$ (nach Definition von A) und der Beweis benutzte, daß

$$H = \{A_n, A\} \subset L(E,F)$$

gleichstetig ist. 3.3. ergibt somit die Behauptung. //

---

*) Es wird die Tatsache benutzt, daß zwei Topologien, die den gleichen Konvergenzbegriff erzeugen, gleich sind. Dies ist eine unmittelbare Folgerung aus § 1, 2.2.(1).

Man hat (nach den Beweisen) die gleiche Aussage für Netze, die punktweise konvergieren und punktweise beschränkt sind.

§ 11 Beschränkte Abbildungen und bornologische Räume

1. Beschränkte Abbildungen

1.1. Eine Abbildung $T : E \longrightarrow F$ (E,F topologische Vektorräume) nennt man beschränkt, wenn das Bild jeder beschränkten Menge beschränkt ist.

SATZ: Eine homogene ($T(\alpha x) = \alpha T(x)$) oder positiv homogene ($T(\alpha x) = |\alpha| T(x)$), in 0 stetige Abbildung ist beschränkt.

Beweis: Sei $B \subset E$ beschränkt und $U \in \mathfrak{U}_F(0)$. Dann existiert $V \in \mathfrak{U}_E(0)$ mit $T(V) \subset U$ und $\lambda > 0$, so daß $B \subset \lambda V$.

$$T(B) \subset T(\lambda V) = \lambda T(V) \subset \lambda U$$

liefert die Behauptung. //

KOROLLAR: Stetige Halbnormen und stetige lineare Abbildungen sind beschränkt.

1.2. Ist E normiert, dann gilt - da die Einheitskugel beschränkt ist - die Umkehrung dieses Korollars: Aus der Beschränktheit einer linearen Abbildung (Halbnorm) folgt ihre Stetigkeit. Es stellt sich die Frage, in welcher allgemeineren Raumklasse dies noch gilt.

2. Bornologische Räume

2.1. Die gesuchte Klasse von lokalkonvexen Räumen sind die bornologischen (siehe 2.3.); sie sollen jedoch zunächst anders charakterisiert werden.

Eine Teilmenge B des lokalkonvexen Raumes E heißt Bornolog (frz. ensemble bornivore), wenn sie absolutkonvex ist und alle beschränkten Mengen absorbiert, d.h. für jedes beschränkte $A \subset E$ gibt es ein $\lambda > 0$ mit $A \subset \lambda B$.

Speziell sind also die absolutkonvexen Nullumgebungen Bornologe (es gibt somit eine Nullumgebungsbasis aus Bornologen). Ist sogar jeder Bornolog eine Nullumgebung, wird der Raum bornologisch genannt.

2.2. Der zu dem lokalkonvexen Raum $(E, \mathfrak{T})$ assoziierte bornologische Raum $(E, \mathfrak{T}^\times)$ ist E, ausgestattet mit der von sämtlichen Bornologen bezüglich $\mathfrak{T}$ als Nullumgebungsbasis erzeugten Topologie $\mathfrak{T}^\times$. $(E, \mathfrak{T}^\times)$ ist damit lokalkonvex (§ 4, 2.2.) und feiner als $\mathfrak{T}$ (s.o.). Die $\mathfrak{T}^\times$-beschränkten Mengen sind dieselben wie die $\mathfrak{T}$-beschränkten (beachte die Definition der beschränkten Mengen), so daß die $\mathfrak{T}^\times$-Bornologe mit den $\mathfrak{T}$-Bornologen zusammenfallen: $(E, \mathfrak{T}^\times)$ ist folglich bornologisch.

2.3. Damit kann die in 1.2. aufgeworfene Frage beantwortet werden:

SATZ: In einem lokalkonvexen Raum E sind folgende Aussagen äquivalent:

(1) E ist bornologisch
(2) Jede beschränkte Halbnorm ist stetig
(3) Jede beschränkte lineare Abbildung in einen beliebigen lokalkonvexen Raum ist stetig
(4) Die Identität von E in den assoziierten bornologischen Raum ist stetig.

Beweis:

(1) → (2): Sei p eine beschränkte Halbnorm und

$$M = \{x \in E \mid p(x) \leq 1\} ;$$

M ist absolutkonvex und für eine beschränkte Menge $A \subset E$ ist p(A) beschränkt, also $p(A) \leq \alpha$, d.h. $A \subset \alpha M$. Somit ist M ein Bornolog, nach (1) dann sogar eine Nullumgebung in E. Also ist p auf einer Nullumgebung beschränkt, damit in 0 stetig und folglich überhaupt stetig (§ 4, 1.2.).

(2) → (3): Ist $A : (E,P) \longrightarrow (F,Q)$ linear und beschränkt - P bzw. Q sämtliche stetige Halbnormen auf E bzw. F (§ 4, 1.2.(4)) -, dann ist zur Stetigkeit von A (§ 5, 1.1.(5)) zu jedem $q \in Q$ ein $p \in P$ zu finden mit

$$q(Ax) \leq p(x) \quad \text{für alle} \quad x \in E.$$

Sei also $q \in Q$ gegeben. Dann ist

$$p(x) = q(Ax)$$

eine beschränkte, folglich ((2)) stetige Halbnorm auf E, die die geforderte Ungleichung erfüllt.

(3) → (4) ist trivial, da die beschränkten Mengen dieselben sind.

(4) → (1): Die Stetigkeit von

$$id : (E,\mathfrak{T}) \longrightarrow (E, \mathfrak{T}^{\times})$$

bedeutet, daß in jedem Bornolog B eine $\mathfrak{T}$-Nullumgebung U enthalten ist: $U \subset B$, d.h. B ist selbst eine Nullumgebung. //

3. Folgenstetige Abbildungen

3.1. Die bornologischen Räume lassen noch eine andere einfache Charakterisierung der stetigen, linearen Abbildungen zu.

Eine Abbildung $A : E \longrightarrow F$ (E,F topologische Räume) heißt folgenstetig, falls aus

$$\lim_{n\to\infty} x_n = x$$

stets

$$\lim_{n\to\infty} Ax_n = Ax$$

folgt.

3.2. In Räumen mit 1. Abzählbarkeitsaxiom, speziell also in (F)- und Prä-(F)-Räumen, ist Folgenstetigkeit gleichbedeutend mit Stetigkeit (§ 1, 2.2. Zusatz). Für bornologische Räume gilt ebenfalls:

SATZ: E bornologisch, F lokalkonvex

$A : E \longrightarrow F$ linear

Dann sind gleichwertig:

(1) A stetig

(2) A beschränkt

(3) A folgenstetig

Ebenso für Halbnormen.

Beweis: (1) $\to$ (3) ist trivial, (2) $\to$ (1) gilt nach 2.3. (3) $\to$ (2) folgt aus dem

LEMMA: E,F topologische Vektorräume

$A : E \longrightarrow F$ positiv homogen und folgenstetig.

Dann ist A beschränkt.

Beweis: Sei B in E beschränkt, dann ist zu zeigen, daß A(B) beschränkt ist. Sei also nach § 8, 1.2. eine Folge $\{y_n\} \subset A(B)$ gegeben. Dann existieren $x_n \in B$ mit $A(x_n) = y_n$.

Da B beschränkt ist, gilt

$$\lim \frac{x_n}{n} = 0 ,$$

also auch (A ist folgenstetig)

$$0 = \lim \frac{A(x_n)}{n} = \lim \frac{y_n}{n} .$$

Nach dem erwähnten Satz ist dann A(B) beschränkt. //

4. Zusammenhänge mit anderen Raumklassen

4.1. SATZ: Prä-(F)-Räume sind bornologisch.

Beweis:

a. Sei $\lim x_n = 0$ und $U_1 \supset U_2$ ... eine Nullumgebungsbasis des Prä-(F)-Raumes E. Dann existiert zu jedem k ein n_k mit

$$x_n \in \frac{1}{k} U_k \qquad n \geq n_k (n_{k+1} > n_k).$$

Für $\rho_n = k$ für $n_k < n \leq n_{k+1}$ konvergiert dann auch noch

$$\rho_n x_n \longrightarrow 0 \qquad (\rho_n \to \infty) .$$

b. Sei nun (Kriterium (2) von 2.3.) p eine beschränkte Halbnorm. Es genügt ihre Stetigkeit, also Folgenstetigkeit (1. Abzählbarkeitsaxiom) in 0 nachzuweisen. Ist $\lim x_n = 0$, dann ist mit ρ_n nach a. $\{\rho_n x_n\}$ beschränkt, also $p(\rho_n x_n) \leq \alpha$, das bedeutet jedoch $p(x_n) \leq \frac{a}{\rho_n} \longrightarrow 0$. //

4.2. Damit sind also normierte, Banach-, (F)- und (FG)-Räume bornologisch.

Das Beispiel in § 10, 1.3. ist ein Prä-(F)-Raum, also bornologisch, aber nicht tonneliert; folgenvollständige (jede Cauchyfolge konvergiert) bornologische Räume sind jedoch tonneliert (Beweis mit § 23,5.1.). Tonnelierte Räume müssen nicht bornologisch sein (Nachbin [1]).

§ 12 Der Dualraum

1. Eine Darstellung lokalkonvexer Räume

1.1. Für eine Halbnorm p des lokalkonvexen Raumes (E,P) ist die Menge

$$N_p = \{x \in E \mid p(x) = 0\}$$

ein linearer Raum. Der Quotientenraum E/N_p wird mit

$$\|\hat{x}_p\|_p = p(x) \qquad x \in \hat{x}_p \in E/N_p$$

ein normierter Raum. B_p bezeichnet die Vervollständigung von E/N_p gemäß § 4, 3.3. Ist $p \leq q$ (siehe § 4, 1.1.), so gilt $N_q \subset N_p$ und die kanonische Abbildung

$$K_{pq} : E/N_q \longrightarrow E/N_p$$

ist wegen $\| \; \|_p = p \leq q = \| \; \|_q$ stetig, und es gilt für $p \leq q \leq r$: $K_{pr} = K_{pq} \circ K_{qr}$. K_{pq} setzt sich linear und stetig zu

$$\tilde{K}_{pq} : B_q \longrightarrow B_p$$

fort, die Konjugiertheitsbedingung bleibt erhalten. $\{B_p, \tilde{K}\}_{p \in P}$ bildet also ein projektives Spektrum (§ 6, 2.).

1.2. SATZ:

(1) E ist topologisch isomomorph einem dichten Teilraum eines projektiven Limes von (B)-Räumen ($\operatorname{proj}_{\leftarrow p} B_p$).

(2) Jeder vollständige lokalkonvexe Raum ist topologisch isomorph einem projektiven Limes von (B)-Räumen ($\operatorname{proj}_{\leftarrow p} B_p$).

Beweis: Wegen der Konstruktion der Halbnormen auf $B = \operatorname{proj}_{\leftarrow p} B_p$ in § 6, 2.2. (die definierenden Halbnormen von E entsprechen genau denjenigen von B) ist die Abbildung

$$E \ni x \rightsquigarrow (\hat{x}_p) \in B$$

ein topologischer Isomorphismus von E auf einen linearen Teilraum $\hat{E} \subset B$. Für ein festes $p \in P$ liegen - nach Konstruktion - die $\hat{x}_p$'s $(x \in E)$ dicht in B_p, so daß $\hat{E}$ dicht in B ist.

Da ein vollständiger Unterraum abgeschlossen ist, folgt (2) aus (1).//

KOROLLAR: Jeder (F)-Raum ist topologisch isomorph einem projektiven Limes einer Folge von (B)-Räumen.

2. Eine Darstellung des Dualraumes

2.1. Der Dualraum E' eines lokalkonvexen Raume (E,P) wurde in § 5, 1.3. definiert als die Menge aller stetigen linearen Abbildungen von E in den Grundkörper $\mathbb{K}$. Mit den obigen Bezeichnungen gilt der

SATZ:

(1) $E' = \bigcup_{p \in P} B'_p$ (Darstellung im Beweis)

(2) Für $p \leq q$ ist die kanonische Abbildung

$$K'_{pq} : B'_p \longrightarrow B'_q$$
$$u \rightsquigarrow u \circ K_{pq}$$

stetig (sie ist dual zu K_{pq} bzw. $\tilde{K}_{pq}$, siehe auch § 18).

Beweis: § 5, 1.1. gibt das Kriterium, daß eine lineare Abbildung $u : E \longrightarrow \mathbb{K}$ (also aus dem algebraischen Dualraum) genau dann stetig ist, falls $p \in P$ und $C \geq 0$ existieren mit

$$|\langle u,x \rangle| \leq C\, p(x) \qquad (*)$$

Ist $x \in N_p$, so gilt $\langle u,x \rangle = 0$, d.h. mit

$$\langle u,\hat{x}_p \rangle = \langle u,x \rangle \qquad x \in \hat{x}_p \in E/N_p$$

ist u auf E/N_p aufzufassen. Wegen (*) ist

$$|\langle u,\hat{x}_p \rangle| \leq C\|\hat{x}_p\|_p$$

und u somit nach Hahn-Banach eindeutig und stetig auf B_p fortsetzbar:

$$u \in (E/N_p)' = B'_p .$$

Andererseits wirkt $u \in B'_p$ mit

$$\langle u,x \rangle = \langle u,\hat{x}_p \rangle \qquad x \in \hat{x}_p \in E/N_p ,\ x \in E$$

auf E.

Die Stetigkeit

$$|\langle u,\hat{x}_p \rangle| \leq C\|\hat{x}_p\|_p$$

hat $|\langle u,x \rangle| \leq C\, p(x)$ zur Folge, d.h. $u \in E'$, so daß (1) bewiesen ist.

Der zu K_{pq} duale Operator K'_{pq} ist wegen $(u \in B'_p)$

$$||K'_{pq}(u)||_q = ||u \circ K_{pq}||_q = \sup_{||\hat{x}_q||_q=1} |\langle u \circ K_{pq}, \hat{x}_q\rangle| =$$

$$= \sup_{||\hat{x}_q||_q=1} |\langle u, K_{pq}(\hat{x}_q)\rangle| \leq ||u||_p \cdot \sup_{||\hat{x}_q||_q=1} ||K_{pq}(\hat{x}_q)||_p =$$

$$= ||u||_p \; ||K_{pq}|| < \infty$$

(beachte die Definition der Normen in § 5, 1.2.) stetig. //

2.2. Mit diesem Satz erhält man z.B. eine einfache Darstellung des Dualraums von $\mathcal{C}(\mathbb{R})$ mit den Halbnormen

$$p_n(f) = \sup_{x \in [-n,n]} |f(x)|$$

(§ 4, 5.5.). Wie man sofort einsieht, ist

$$B_{p_n} = \mathcal{C}[-n,n] \; .$$

$(\mathcal{C}[-n,n])'$ wurde aber in § 5, 3. behandelt und als die Menge der Stieltjes-Integrale auf $[-n,n]$ erkannt. Für $u \in (\mathcal{C}(\mathbb{R}))'$ gilt dann

$$u(f) = \int_{-n}^{+n} f(x)\, dm(x)$$

für alle $f \in \mathcal{C}(\mathbb{R})$.

3. Der Dualraum eines (FG)-Raumes

3.1. Der (FG)-Raum $E = \bigcap_{n=1}^{\infty} B_n$ sei so dargestellt, daß E dicht in jedem B_n ist (§ 9, 2.2., speziell also eine strikte Darstellung), dann gilt der

SATZ: (1) $E' = \bigcup_{n=1}^{\infty} B'_n$

(Für $u \in B'_n$ ist $u|_E \in E'$)

(2) $B'_n \longrightarrow B'_{n+1}$ stetig und injektiv .

Beweis: Die Mengen $N_n = \{x \in E \mid ||x||_n = 0\}$ bestehen nur aus $\{0\}$, da $||\;||_n$ eine Norm ist; also

$$E/N_n = E$$

und die in 1.2. konstruierten Banachräume sind (da E in B_n dicht ist) gerade die erzeugenden Banachräume B_n.

Damit folgt der Satz direkt aus 2.1.; die Injektion in (2) ergibt sich daraus, daß B_{n+1} dicht in B_n ist (siehe auch § 18, 2.4.). //

3.2. Für einen Kötheschen Stufenraum $(1 < p < \infty)$

$$K_p(b) = \bigcap_{n=1}^{\infty} \ell^p(b_n) \qquad b_1 \leq b_2 \leq \dots$$

(siehe § 9, 4.1.) ergibt sich dann wegen § 5, 4. der Dualraum

$$(K_p(b))' = \bigcup_{n=1}^{\infty} \ell^q(\tfrac{1}{b_n}), \qquad \frac{1}{q} + \frac{1}{p} = 1 .$$

D.h. für $u = \{u_m\}$ ist das Funktional

$$\langle u,x \rangle = \sum_{m=1}^{\infty} u_m x_m \qquad x = \{x_m\} \in K_p(b)$$

genau dann stetig, wenn zumindest für ein n

$$\sum_{m=1}^{\infty} |u_m|^q \frac{1}{b_{m,n}^q} < +\infty$$

gilt, und so erhält man alle stetigen Funktionale.

4. Der Dualraum eines Produkts lokalkonvexer Räume

In § 6, 1.3. wurde das Produkt lokalkonvexer Räume definiert. Der Dualraum erlaubt eine einfache Darstellung:

SATZ: $(\prod_\alpha E_\alpha)' = \bigoplus_\alpha E'_\alpha$ (algebraische direkte Summe)
mittels

$$\langle (u_\alpha),(x_\alpha)\rangle = \sum_\alpha \langle u_\alpha, x_\alpha\rangle$$

$((u_\alpha) \in \bigoplus_\alpha E'_\alpha,\ (x_\alpha) \in \prod_\alpha E_\alpha)$.

Beweis: π_α seien die Projektionen $\prod_\alpha E_\alpha \longrightarrow E_\alpha$. Ist $u \in (\prod_\alpha E_\alpha)'$, so existieren nach § 5, 1.1. und § 6, 1.1. $\alpha_1,\dots,\alpha_n$, Halbnormen $p_{\alpha_i} \in P_{\alpha_i}$ und $C \geq 0$ mit

$$|\langle u,(x_\alpha)\rangle| \leq C \sum_{i=1}^{n} p_{\alpha_i}(x_{\alpha_i}) ,$$

so daß für $x_{\alpha_i} = 0$ $i = 1,\dots,n$ $\langle u,(x_\alpha)\rangle = 0$.

Bezeichnet ρ_β die stetige Abbildung

$$\begin{array}{ccc} E_\beta & \longrightarrow & \prod_\alpha E_\alpha \\ \ni & & \ni \\ x & \rightsquigarrow & (x_\alpha) \end{array} \qquad x_\alpha = \begin{cases} x & \alpha = \beta \\ 0 & \text{sonst} \end{cases},$$

so ist mit $u_{\alpha_i} = u \circ \rho_{\alpha_i} \in E'_{\alpha_i}$

$$u = \sum_{i=1}^{n} u_{\alpha_i} \in \bigoplus_\alpha E'_\alpha .$$

Ist umgekehrt $u = (u_\alpha) \in \bigoplus_\alpha E'_\alpha$, also $u_\alpha = 0$ bis auf endlich viele α, so definiert

$$\langle (u_\alpha),(x_\alpha)\rangle = \sum_\alpha \langle u_\alpha, x_\alpha\rangle = \Big(\sum_\alpha u_\alpha \circ \pi_\alpha\Big)((x_\alpha))$$

ein stetiges Funktional auf $\prod_\alpha E_\alpha$. //

5. Der Satz von Riesz

5.1. In einem Hilbertraum H definiert jedes $y \in H$ ein wegen der Schwarzschen Unglei chung stetiges lineares Funktional

$$x \rightsquigarrow (x,y) .$$

SATZ von RIESZ: Für jedes $u \in H'$ existiert genau ein $y \in H$ mit

$$u(x) = (x,y)$$

und

$$||u|| = ||y||.$$

Beweis: Für $u \neq 0$ ist die Codimension des Kernes kern $(u) = \{x \in H \mid u(x) = 0\}$ von u gleich 1 und abgeschlossen, so daß sich eine Orthonormalbasis des Hilbertraumes kern (u) durch ein $\tilde{y} \in H$ auf ganz H fortsetzen läßt (§ 3, 3.4.). Für $H \ni x =$ $= (x,\tilde{y})\tilde{y} + z$, $z \in$ kern (u) (Fourierentwicklung von x nach § 3, 3.5.) gilt dann

$$u(x) = (x,\tilde{y})\, u(\tilde{y}) + u(z) = (x,\overline{u(\tilde{y})}\tilde{y})$$

$(y = \overline{u(\tilde{y})}\tilde{y})$.

Wegen der Schwarzschen Ungleichung gilt $||u|| \leq ||y||$ und aus

$$||y||^2 = (y,y) = u(y) \leq ||u||\ ||y||$$

folgt $||y|| = ||u||$. Gilt zusätzlich $u(x) = (x,y')$, so gilt

$$||y-y'||^2 = (y-y',y-y') = u(y-y') - u(y-y') = 0$$

also $y = y'$. //

Die durch diesen Satz definierte Abbildung $J_H : H' \longrightarrow H$ ist also bijektiv, isometrisch und antilinear:

$$J_H(\alpha u+\beta v) = \overline{\alpha}\, J_H(u) + \overline{\beta}\, J_H(v) .$$

5.2. Eine weitere Untersuchung des Dualraumes erfordert jedoch die Einführung einer Topologie. Das soll in den nächsten Paragraphen geschehen.

§ 13 Die starke Topologie

1. Eine allgemeine Konstruktion von Topologien auf dem Dualraum

1.1. Mit $\mathcal{B}$ seien die beschränkten Teilmengen des lokalkonvexen Raumes (E,P) bezeichnet; durch Inklusion ist $\mathcal{B}$ halbgeordnet und sogar filtrierend.

Als Spezialfall von § 10, 3.1. ($E' = L(E,\mathbb{K})$) kann man nun verschiedene lokalkonvexe Topologien auf dem Dualraum E' von E konstruieren:

SATZ: Eine Teilmenge $\mathfrak{Y} \subset \mathcal{B}$, die filtrierend und total (d.h. $\bigcup_{A \in \mathfrak{Y}} A = E$) ist,

definiert durch die Halbnormen

$$p_A(u) = \sup_{x \in A} |\langle u,x\rangle| = |\langle u,A\rangle| \qquad u \in E',\ A \in \gamma$$

eine lokalkonvexe Topologie auf E' : (E', P'_γ).

1.2. Die Konvergenz von Funktionalen ergibt sich genau wie in § 4, 3. Aus der Definition der Halbnormen ersieht man, daß man genau die gleichmäßige Konvergenz auf allen Mengen $A \in \gamma$ erhalten hat. Es stellt sich die Frage, wie sie zusammenhängt mit derjenigen in den Banachräumen B'_p aus der in § 12, 2. konstruierten Darstellung

$$E' = \bigcup_{p \in P} B'_p \ .$$

Es gilt nur der

SATZ: Konvergiert das Netz $\{u_\alpha\}_{\alpha \in A}$ in B'_p gegen u, so auch in (E', P'_γ).

Beweis: Es ist für alle A

$$p_A(u_\alpha - u) \longrightarrow 0$$

zu zeigen:

Ist $A \subset \lambda \overline{U}_1^p$, dann gilt

$$p_A(u_\alpha - u) = |\langle u_\alpha - u, A\rangle| \leq \lambda |\langle u_\alpha - u, \overline{U}_1^p\rangle| =$$

$$= \lambda \sup_{\|\hat{x}\|_p \leq 1} |\langle u_\alpha - u, \hat{x}\rangle| = \lambda \|u_\alpha - u\|_p \longrightarrow 0. \quad //$$

2. Die starke Topologie

2.1. Ein spezielles System γ ist $\mathcal{L}$ selbst, das selbstverständlich die geforderten Bedingungen erfüllt. Die nach Satz 1.1. erhaltene Topolologie auf E nennt man die starke Topologie; $(E', P'_{\mathcal{L}}) = E'_b$.

Ist der Grundraum E normiert, so erzeugt die in § 5, 1.2. definierte Norm auf dem Dualraum die starke Topologie, denn sie ist ja das Supremum auf der beschränkten Einheitskugel von E.

2.2. SATZ: Ist E bornologisch, so ist E'_b vollständig.

Beweis: Für ein Cauchynetz $\{u_\alpha\}$ gilt

$$p_A(u_\alpha - u_\beta) = \sup_{x \in A} |\langle u_\alpha - u_\beta, x\rangle| \longmapsto 0,$$

so daß $\{\langle u_\alpha, x\rangle\}$ für alle $x \in E$ ein Cauchynetz in $\mathbb{K}$ bildet:

$\lim_\alpha \langle u_\alpha, x\rangle = \langle u, x\rangle$. u ist linear.

Für $\varepsilon > 0$ und $A \in \mathcal{L}$ gilt

$$\sup_{x \in A} |\langle u_\alpha, x\rangle - \langle u_\beta, x\rangle| \leq \varepsilon \text{ residual},$$

speziell also

$$|\langle u_\alpha, x\rangle - \langle u_\beta, x\rangle| \leq \varepsilon$$

und somit $\quad |\langle u_\alpha, x\rangle - \langle u, x\rangle| \leq \varepsilon \qquad$ für $x \in A$, also auch $p_A(u_\alpha - u) \leq \varepsilon$ residual.

Es bleibt $u \in E'$ zu zeigen:

Wegen $| \langle u_\alpha, A \rangle - \langle u, A \rangle | \leq \varepsilon$, ist u beschränkt.

In bornologischen Räumen (§ 11, 2.3.) folgt daraus die Stetigkeit von u. //

Man hat damit insbesondere das Ergebnis erhalten, daß der starke Dualraum eines Prä-(F)-Raumes vollständig ist.

3. Stark beschränkte Mengen

3.1. Im Folgenden werden einige Charakterisierungen der in der starken Topologie des Dualraums beschränkten (= stark beschränkten) Mengen angegeben.

SATZ: $B \subset E'_b$ ist genau dann stark beschränkt, wenn für jede beschränkte Menge $A \subset E$

$$\sup_{\substack{u \in B \\ x \in A}} | \langle u, x \rangle | = | \langle B, A \rangle | = M_A < \infty$$

gilt.

Beweis: Ist $B \subset E'$ stark beschränkt, dann gilt nach § 8, 1.3. für jede in E beschränkte Menge A

$$p_A(B) = \sup_{u \in B} p_A(u) = \sup_{\substack{u \in B \\ x \in A}} | \langle u, x \rangle | = M_A < \infty ;$$

liest man diese Gleichung rückwärts, erhält man die Umkehrung des Satzes. //

3.2. SATZ: $B \subset E'$

(1) Existiert ein $U \in \mathfrak{U}_E(0)$ mit

$$| \langle B, U \rangle | = M < \infty$$

so ist B stark beschränkt.

(2) Ist E tonneliert oder ein Prä-(F)-Raum, so gilt die Umkehrung von (1).

Beweis:

(1) Für $A \in \mathcal{B}$ ist $A \subset \lambda U$, also

$$| \langle B, A \rangle | \leq | \langle B, \lambda U \rangle | = \lambda M < \infty ,$$

nach 3.1. folgt die Behauptung.

(2) Sei E tonneliert und $B \subset E'$ stark beschränkt, dann ist

$$T = \{ x \in E | \ | \langle B, x \rangle | \leq 1 \}$$

absolutkonvex, absorbierend und wegen der Stetigkeit der $u \in B$ auch abgeschlossen, also als Tonne eine Nullumgebung von E.

Definitionsgemäß ist

$$| \langle B, T \rangle | \leq 1 .$$

Sei E nun ein Prä-(F)-Raum und $U_1 \supset U_2 \supset \dots$ eine Nullumgebungsbasis. Würde kein U_n mit

$$|\langle B,U_n\rangle| < \infty$$

existieren, so gäbe es zu jedem n ein $x_n \in U_n$ mit

$$|\langle B,x_n\rangle| > n .$$

$x_n \in U_n$ bedeutet aber $x_n \longrightarrow 0$, insbesondere ist $\{x_n\}$ in E beschränkt. Nach 3.1. gilt dann aber im Widerspruch zur Definition

$$|\langle B,\{x_n\}\rangle| = M < \infty. \quad //$$

3.3. <u>SATZ:</u> Sei $E' = \bigcup_{p\in P} B'_p$ nach § 12, 2. dargestellt und $B \subset E'$, dann gilt:

(1) Ist $B \subset B'_{p_o}$ für ein $p_o \in P$ und dort hinsichtlich der Norm $\| \;\|_{p_o}$ beschränkt, so auch in E'_b.

(2) Ist E tonneliert oder ein Prä-(F)-Raum, so gilt die Umkehrung.

Die Aussage dieses Satzes ist genau diejenige von 3.2., wenn man die Darstellung $E' = \bigcup_{p\in P} B'_p$ in § 12, 2. und den Zusammenhang zwischen Nullumgebungen und erzeugenden Halbnormen in einem lokalkonvexen Raum beachtet.

<u>KOROLLAR 1:</u> Der Dualraum eines Prä-(F)-Raumes ist durch abzählbar viele stark beschränkte Mengen zu überdecken.

Denn die Banachräume B'_{p_n}, $\{p_n\}_{n\in\mathbb{N}}$ ein erzeugendes Halbnormsystem, haben diese Eigenschaft.

3.4. Der starke Dualraum E'_b eines Prä-(F)-Raumes ist nach 2.2. vollständig. Echte (d.h. nicht normierbare) (F)-Räume können aber nach § 8, 3.2. nicht von abzählbar vielen beschränkten Mengen überdeckt werden. So ergibt sich die Alternative:

<u>KORROLAR 2:</u> Entweder ist E'_b nicht metrisierbar oder bereits ein Banachraum. (E Prä-(F)-Raum)

3.5. Hinsichtlich der in 1.2. aufgeworfenen Frage erhält man aus 3.3. noch das

<u>KOROLLAR 3:</u>

(1) Konvergiert u_n in B'_p, so ist $\{u_n\}$ in E'_b beschränkt.

(2) Ist E tonneliert oder ein Prä-(F)-Raum und u_n konvergiert in E'_b, so existiert ein $p \in P$ so, daß $\{u_n\} \subset B'_p$ und dort beschränkt ist.

Die Beweise folgen aus der Tatsache, daß konvergente Folgen beschränkt sind und der Anwendung von 3.3.

<u>4. Die starke Topologie auf dem Grundraum</u>

4.1. Analog der Konstruktion in 1.1. kann man die Rollen von E' und E vertauschen und zu neuen Topologien auf dem Grundraum E gelangen. Die zu dem System aller stark beschränkten Mengen von E' gehörige Topologie ist dann die <u>starke Topologie</u> *) auf dem Grundraum E, die also durch die Halbnormen

$$p_B(x) = |\langle B,x\rangle| \qquad B \subset E' \text{ stark beschränkt}$$

erzeugt wird. $(E, \{p_B\}) = E_b$.

(Aus dem Satz von Hahn-Banach folgt (§ 5, 2.2. Korollar 2), daß zu jedem $x_o \neq 0$ ein $u \in E'$ existiert mit $\langle u,x_o\rangle \neq 0$. Daraus ergibt sich die Totalität des Systems $\{p_B\}$.)

4.2. <u>SATZ:</u> Die starke Topologie ist feiner als die Ausgangstopologie.

Beweis: Man kann sich darauf beschränken nachzuweisen, daß $\overline{U}_1^p \in \mathfrak{U}_{E_b}(0)$ für $p \in P$ (P definierendes System in der Ausgangstopologie).

Die Einheitskugel $B = \{u \in B_p' \mid \|u\|_p \leq 1\}$ ist nach 3.3.(1) stark beschränkt und es gilt wegen

$$|\langle B,\overline{U}_1^p\rangle| = \sup_{\substack{\|\hat{x}\|_p\leq 1\\ u\in B}} |\langle u,\hat{x}\rangle| = 1$$

die Inklusion

$$\overline{U}_1^p \subset \{x \in E \mid p_B(x) \leq 1\} = U_B \in \mathfrak{U}_{E_b}(0) .$$

Sei andererseits $x \notin \overline{U}_1^p$, dann ist $p(x) > 1$ und nach § 5, 2.2. Korollar 2 existiert $u_o \in B_p'$ mit $\langle u_o,x\rangle = p(x) > 1$ und $\|u_o\|_p = 1$, also $u_o \in B$, womit man $p_B(x) = |\langle B,x\rangle| \geq |\langle u_o,x\rangle| > 1$ und $x \notin U_B$ erhält.

Also ist

$$\overline{U}_1^p = U_B \in \mathfrak{U}_{E_b}(0) . \quad //$$

4.3. Ist E tonneliert oder ein Prä-(F)-Raum, so gilt sogar:

<u>SATZ:</u> $E = E_b$

Beweis: Es bleibt nach obigem Satz $\mathfrak{U}_{E_b}(0) \subset \mathfrak{U}_E(0)$ zu zeigen. Sei $B \in E'$ stark beschränkt und

$$U_B = \{x \in E \mid |\langle u,x\rangle| \leq 1 \text{ für alle } u \in B\}$$

die zugehörige Nullumgebung. Nach 3.2.(2) existiert ein $U \in \mathfrak{U}_E(0)$ mit

$$|\langle B,U\rangle| \leq M$$

also

$$|\langle B,\tfrac{U}{M}\rangle| \leq 1$$

d.h. $\frac{U}{M} \subset U_B$ und somit $U_B \in \mathfrak{U}_E(0)$. //

---

*) Die starke Topologie wird manchmal auch mit Hilfe der schwach beschränkten Mengen (§ 14) definiert (z.B. Köthe [1]). Man beachte den Satz von Mackey (§ 15).

5. Metrisierbarkeit des starken Dualraums

5.1. SATZ: Ist E_b' normiert, so auch E_b.

Beweis: Sei also nach Kolmogoroff (§ 8, 2.) $D \subset E_b'$ eine beschränkte Nullumgebung. Dann ist

$$U_D = \{x \in E \;\Big|\; |\langle D,x\rangle| \leq 1\} \text{ eine Nullumgebung in } E_b .$$

Sei $B \subset E_b'$ beschränkt, dann ist $B \subset \lambda D$.

Für $x \in U_D$ gilt nun

$$1 \geq |\langle D,x\rangle| \geq |\langle \tfrac{B}{\lambda},x\rangle|$$

also $U_D \subset \lambda U_B$. Da jede Nullumgebung aus E_b auf diese Art entsteht, ist U_D eine beschränkte Nullumgebung von E_b und (wiederum nach Kolmogoroff) E_b normiert. //

5.2. Damit ist die in 3.4. gestellte Alternative zu entscheiden.

SATZ: Der starke Dualraum eines echten Prä-(F)-Raumes ist nicht metrisierbar.

Beweis: Denn wäre er metrisierbar, könnte man ihn nach 3.4. normieren, so daß nach obigem Satz auch E_b normiert wäre. Für Prä-(F)-Räume gilt jedoch nach 4.3. $E = E_b$, so daß E normierbar wäre. Das widerspricht der Voraussetzung. //

§ 14 Die schwache Topologie und der Bipolarensatz

1. Die schwache Topologie

1.1. Die starke Topologie auf dem Dualraum war die feinste, die nach der Methode von § 13, 1.1. zu errichten war. Das andere Extrem ist die schwache Topologie auf E', die durch das System aller endlichen Teilmengen von E erzeugt wird. Die Halbnormen sind also definiert durch

$$p_{x_1 \dots x_n}(u) = \max_{i=1,..n} |\langle u,x_i\rangle| \qquad x_i \in E, \quad u \in E'$$

und E' mit dieser Topologie wird E_s' bezeichnet.

Die schwache Topologie ist gröber als die starke.

1.2. Mittels der injektiven Abbildung

$$\begin{array}{ccc} E' & \longrightarrow & \prod_{x \in E} \mathbb{K} \\ \cup\!\!\!\shortmid & & \cup\!\!\!\shortmid \\ u & \rightsquigarrow & \{\langle u,x\rangle\}_{x \in E} \end{array}$$

kann man E' in $\prod_{x \in E} \mathbb{K}$ einbetten, und es gilt offensichtlich der

SATZ: Die von $\prod_{x \in E} \mathbb{K}$ auf E' induzierte Topologie ist die schwache.

1.3. SATZ: $(E'_s)' = E$

Beweis: Für $x \in E$ ist $E'_s \ni u \rightsquigarrow \langle u,x \rangle$ stetig und verschiedene x erzeugen verschiedene Funktionale (Hahn-Banach): $E \subset (E'_s)'$.

Andererseits gibt es für $f \in (E'_s)'$ wegen der Stetigkeit $x_1,\ldots,x_n \in E \subset (E'_s)'$ mit

$$|\langle f,u \rangle| \leq \max_{i=1,\ldots,n} |\langle u,x_i \rangle| ,$$

also

$$f^{-1}(0) \supset \bigcap_{i=1}^{n} \{u| \langle u,x_i \rangle = 0 \}.$$

Hieraus folgt mit einem algebraischen Argument, daß f linear abhängig von $x_1,\ldots,x_n$ (in $(E'_s)'$) ist, also $f \in E$. //

1.4. Analog erhält man eine schwache Topologie auf dem Grundraum E mit den Halbnormen

$$p_{u_1 \ldots u_n}(x) = \max_{i=1,\ldots,n} | \langle u_i,x \rangle | \quad u_i \in E', x \in E,$$

die wiederum wegen des Satzes von Hahn-Banach separiert ist: E_s. Aus 1.3. sieht man

$$(E'_s)'_s = E_s,$$

und aus der Stetigkeit der Funktionale $u \in E'$ folgt, daß die Ausgangstopologie feiner als die schwache ist.

Für absolutkonvexe Mengen gilt sogar:

1.5. SATZ: Eine absolutkonvexe Menge $M \subset E$ ist genau dann abgeschlossen, wenn sie schwach abgeschlossen ist.

Beweis: Der Trennungssatz von Mazur (§ 5, 2.4.) liefert für $M \subset E$ abgeschlossen und absolutkonvex und $x_o \notin M$ ein $u \in E'$ mit

$$p_u(x_o) = u(x_o) > 1$$

$$p_u(x) = | \langle u,x \rangle | \leq 1 \quad \text{für } x \in M. \quad //$$

2. Der biduale Raum

2.1. Den Dualraum $(E'_b)'$ des (starken) Dualraums E'_b von E bezeichnet man als den bidualen Raum E" von E:

$$(E'_b)' = E'' .$$

Da die starke Topologie feiner als die schwache ist, gilt nach 1.3. auf natürliche Weise:

$$E = (E'_s)' \subset (E'_b)' = E'' .$$

Auf E" kann man - ausgehend von E'_b - gemäß § 13, 1. wieder verschiedene Topologien einführen. Die Injektion $E \xrightarrow{\subset} (E'_b)'_b$ werde mit J bezeichnet.

2.2. <u>SATZ:</u> Ist E normiert, dann ist J isometrisch:

$$||Jx|| = ||x||.$$

Beweis: Für $x_o \in E$ und $u \in E'$ gilt

$$|\langle Jx_o, u\rangle| = |\langle u, x_o\rangle| \leq ||u||\cdot||x_o||,$$

also $||Jx_o|| \leq ||x_o||$. Andererseits existiert nach § 5, 2.2. Korollar 2 ein $u_o \in E'$ mit $||u_o|| = 1$ und

$$|\langle Jx_o, u_o\rangle| = |\langle u_o, x_o\rangle| = ||x_o||,$$

also $||Jx_o|| \geq ||x_o||$. //

<u>ZUSATZ:</u> $||x|| = \sup\limits_{||u||\leq 1} |\langle u,x\rangle|$.

2.3. Ein lokalkonvexer Raum E heißt <u>semi-reflexiv</u>, falls

$$E = (E_b')'$$

(mengentheoretisch), d.h. jedes $f \in (E_b')'$ läßt sich mit einem $x \in E$ darstellen als

$$\langle f,x'\rangle = \langle x',x\rangle \qquad x' \in E'$$

E heißt <u>reflexiv</u>, falls

$$E = (E_b')_b'$$

als topologische Räume (E mit der Ausgangstopologie).

Aus 2.2. ersieht man, daß ein normierter, semi-reflexiver Raum reflexiv ist (insbesondere als Dualraum eines (B)-Raumes ein (B)-Raum), ein Ergebnis, das auch für tonnelierte und Prä-(F)-Räume gültig ist (siehe 4.5, Korollar).

3. Polare Mengen

3.1. Ist E lokalkonvex und $M \subset E$, so wird

$$M^o = \{u \in E' \mid \sup_{x\in M} |\langle u,x\rangle| \leq 1\} \subset E'$$

die (rechts-) <u>polare Menge</u> von M genannt.

Für $M' \subset E'$ wird die (links-)polare Menge ${}^oM'$ durch

$${}^oM' = \{x \in E \mid \sup_{u\in M'} |\langle u,x\rangle| \leq 1\} \subset E$$

definiert, für die - betrachtet man wieder $E \subset (E_b')'$ -

$${}^oM' = E \cap M'^o$$

gilt.

3.2. Mit dem Begriff der Polaren kann man einfach eine Nullumgebungsbasis der in § 13, 1. konstruierten Topologien auf dem Dualraum angeben ($\mathfrak{B}$ die beschränkten Teilmengen von E): Ist $\gamma \subset \mathfrak{B}$ filtrierend und total, so bildet das System

$$\{S^o \mid S \in \gamma\}$$

eine Nullumgebungsbasis von (E', P'_γ), speziell erzeugen also die Polaren beschränkter Mengen alle starken Nullumgebungen in E'. Ebenso auf dem Grundraum.

3.3. Unmittelbar aus der Definition (betrachte schwach konvergente Netze) folgt

SATZ: Polaren sind schwach abgeschlossen und absolutkonvex.

3.4. Wird für $U \in \mathfrak{U}_E(0)$ die Polare U^o gemäß 1.2. als Teilmenge von $\prod_{x \in E} \mathbb{K}$ aufgefaßt und konvergiert ein Netz $\{u_\alpha\} \subset U^o$ gegen $(u_x) \in \prod_{x \in E} \mathbb{K}$, so ist wegen der Linearität der u_α und der Eindeutigkeit der Limesbildung (punktweise in $\mathbb{K}$) die Abbildung

$$E \ni x \rightsquigarrow u_x \in \mathbb{K}$$

linear und, da mit $|\langle u_\alpha, x\rangle| \leq 1$ für alle $x \in U$ auch

$$|u_x| = |\langle u, x\rangle| \leq 1 \qquad x \in U$$

gilt, stetig und $u \in U^o$: U^o ist in $\prod_{x \in E} \mathbb{K}$ schwach abgeschlossen. Ist $U \supset V \in \mathfrak{U}_E(0)$ absolutkonvex und abgeschlossen, so gilt

$$U^o \subset \prod_{x \in E} \{\alpha \in \mathbb{K} \mid |\alpha| \leq p_V(x)\},$$

so daß nach dem Satz von Tychonoff (§ 1,3.6.) U^o kompakt in $\prod_{x \in E} \mathbb{K}$, also schwach kompakt in E' ist. D. i. der

SATZ von ALAOGLU-BOURBAKI: Die Polare U^o einer Nullumgebung $U \in \mathfrak{U}_E(0)$ ist schwach kompakt.

3.5. KOROLLAR: Die gleichstetigen Teilmengen von E' sind relativ schwach kompakt.

Denn $M \subset E'$ ist genau dann gleichstetig (§ 10, 2.1.), wenn $U \in \mathfrak{U}_E(0)$ existiert mit $M \subset U^o$.

4. Der Bipolarensatz

4.1. SATZ: Für $M \subset E$ ist

$$^o(M^o) = \overline{\Gamma M} \quad {}^{*)},$$

d.h. die Bipolare $^o(M^o)$ von M ist gleich der abgeschlossenen Hülle von ΓM; ist insbesondere M abgeschlossen und absolutkonvex, so gilt

$$^o(M^o) = M .$$

Man beachte, daß nach 1.2. die abgeschlossene und schwach abgeschlossene Hülle einer absolutkonvexen Menge zusammenfallen.

*) Für eine Teilmenge M eines lokalkonvexen Raumes bezeichnet ΓM die kleinste absolutkonvexe Obermenge von M.

Beweis: Da $^{o}(M^{o})$ nach 3.3. schwach abgeschlossen, also abgeschlossen und absolutkonvex ist, folgt aus

$$^{o}(M^{o}) \supset M$$

die Inklusion

$$^{o}(M^{o}) \supset \overline{\Gamma M} \ .$$

Sei $x_o \in {}^{o}(M^{o}) \setminus \overline{\Gamma M}$, dann existiert nach dem Satz von Mazur (§ 5, 2.4.) ein $u_o \in E'$ mit

$$\text{(a)} \quad \langle u_o, x_o \rangle > 1$$

und

$$\text{(b)} \quad |\langle u_o, x \rangle| \leq 1 \qquad \text{für} \quad x \in \overline{\Gamma M} \ .$$

(b) bedeutet $u_o \in M^{o}$, also, da $x_o \in {}^{o}(M^{o})$,

$$|\langle u_o, x_o \rangle| \leq 1$$

im Widerspruch zu (a). //

4.2. Ersetzt man E durch E'_s und berücksichtigt $(E'_s)' = E$ (1.3.), so gilt der Bipolarensatz auch auf dem schwachen Dualraum:

KOROLLAR 1: Für $M' \subset E'$ ist

$$({}^{o}M')^{o} = \overline{\Gamma M'}^{s}$$

(schwach abgeschlossene Hülle).

4.3. Da für eine Teilmenge $M \subset E'$ die Begriffe "schwach beschränkt" und "punktweise beschränkt" (§ 10, 2.1.) zusammenfallen, liefert das folgende Korollar die Vervollständigung des Beweises von § 10, 2.3.:

KOROLLAR 2: Ist in E' jede schwach beschränkte Menge gleichstetig, so ist E tonneliert.

(Die Umkehrung ist ein Spezialfall des Satzes von Banach § 10, 2.1.)

Beweis: Ist T eine Tonne (abgeschlossen, absolutkonvex, absorbant) in E, so ist T^{o} schwach beschränkt, denn für $x \in E$ existiert $\lambda > 0$ mit $\frac{x}{\lambda} \in T$, so daß $|\langle T^{o}, x \rangle| \leq \lambda$. Somit ist T^{o} gleichstetig, und (siehe 3.5.) es gibt eine absolutkonvexe und abgeschlossene Nullumgebung $U \in \mathfrak{U}_E(0)$ mit $T^{o} \subset U^{o}$. Also gilt

$$U = {}^{o}(U^{o}) \subset {}^{o}(T^{o}) = T \quad ,$$

und T ist eine Nullumgebung. //

4.4. KOROLLAR 3: E ist schwach dicht in $E'' = (E'_b)'$.

Beweis: Faßt man wieder E als Teilmenge von $(E'_b)'$ auf und bildet die Polaren bezüglich E'_b, so gilt: $E'_b \supset {}^{o}E = \{0\}$, also $(E'_b)' = \{0\}^{o} = ({}^{o}E)^{o} = \overline{E}^{s}$ nach Korollar 1. //

4.5. SATZ: Ist E tonneliert oder ein Prä-(F)-Raum, so induziert $(E'_b)'_b$ auf E die Ausgangstopologie.

Beweis: Ist $B \subset E'$ stark beschränkt, so existiert nach § 13, 3.2.(2) ein absolutkonvexes und abgeschlossenes $U \in \mathfrak{U}_E(0)$ mit $B \subset U^o$, also $B^o \supset U^{oo}$ (in $(E_b')'$). Umgekehrt ist jede Polare U^o einer Nullumgebung von E stark beschränkt, so daß die Bipolaren U^{oo} (in $(E_b')'$) der absolutkonvexen und abgeschlossenen Nullumgebungen $U \in \mathfrak{U}_E(0)$ die Topologie von $(E_b')_b'$ erzeugen. Nach dem Bipolarensatz gilt dann

$$U = {}^o(U^o) = U^{oo} \cap E,$$

so daß $(E_b')_b'$ die Ausgangstopologie von E induziert. //

<u>KOROLLAR:</u> Ist E tonneliert (oder ein Prä-(F)-Raum) und semi-reflexiv, so ist E reflexiv.

4.6. Mit Hilfe des Bipolarensatzes läßt sich ein Kriterium für die Semi-Reflexivität eines lokalkonvexen Raumes beweisen.

<u>SATZ:</u> Ein lokalkonvexer Raum E ist genau dann semi-reflexiv, wenn jede beschränkte und abgeschlossene Menge $B \subset E$ schwach kompakt ist.

Beweis:

(1) Um zu zeigen, daß die Bedingung hinreicht, wird folgendes Lemma benötigt:

Ist X ein topologischer Raum, $K \subset Y \subset X$ und K bezüglich der von X auf Y induzierten Topologie kompakt. Dann ist K kompakt in X.

(Man betrachte offene Überdeckungen.)

Sei nun $x'' \in (E_b')'$, so existiert wegen der Stetigkeit von x'' auf E_b' eine absolutkonvexe, beschränkte und abgeschlossene Menge $B \in E$, so daß

$$|\langle x'', u\rangle| \leq 1$$

für alle $u \in B^o$, d.h. für alle $u \in {}^oB$, wenn man $B \subset E \subset (E_b')'$ auffaßt. Also $x'' \in ({}^oB)^o$. Nach Voraussetzung ist B schwach kompakt in $E \subset (E_b')'$, nach dem Lemma also auch in $(E_b')_s'$, da $(E_b')_s'$ auf E die schwache Topologie induziert. Insbesondere ist B also abgeschlossen in $(E_b')_s'$, so daß nach dem Bipolarensatz auf dem Dualraum $(E_b')'$ von E_b' nach 4.2.

$$({}^oB)^o = \overline{\Gamma B} = B$$

gilt. Also ist $x'' \in B \subset E$ bewiesen: $(E_b')' = E$.

(2) Ist umgekehrt $(E_b')' = E$ und $B \subset E$ absolutkonvex, beschränkt und abgeschlossen gegeben. So ist B^o eine Nullumgebung in E_b', so daß nach dem Satz von Alaoglu-Bourbaki (3.4.) $(B^o)^o$ schwach kompakt in $(E_b')'$ ist. Aus der Semi-Reflexivität und dem Bipolarensatz folgt, daß $B = {}^o(B^o) = (B^o)^o$ schwach kompakt in E ist. //

4.7. Für die Reflexivität ergibt sich damit folgendes Kriterium:

<u>SATZ:</u> Ein lokalkonvexer Raum E ist genau dann reflexiv, wenn E tonneliert ist und jede beschränkte, abgeschlossene Menge $B \subset E$ schwach kompakt ist.

Beweis: Die Bedingung reicht wegen Satz 4.6. und dem Korollar von 4.5. aus. Ist umgekehrt E reflexiv, so bleibt, wieder nach 4.6., nur zu zeigen, daß E tonneliert ist. In § 15, 1.2. wird aber gezeigt werden, daß der starke Dualraum eines semi-reflexiven Raumes tonneliert ist. Mit E ist aber auch E'_b reflexiv, also $E = (E'_b)'_b$ tonneliert. //

§ 15 Der Satz von Mackey

1. auf dem Grundraum

1.1. SATZ von MACKEY: Jede schwach beschränkte Teilmenge B eines lokalkonvexen Raumes E ist beschränkt.

D.h. der Begriff "beschränkt" fällt für alle lokalkonvexen Topologien auf E, die E' als Dualraum erzeugen (man nennt solche Topologien zulässig bezüglich des Dualsystems $\langle E,E'\rangle$), zusammen mit "schwach beschränkt", denn offensichtlich ist jede beschränkte Menge schwach beschränkt.

Beweis:

(1) Sei zunächst E ein Banachraum. $B \subset E$ schwach beschränkt bedeutet dann, daß, $B \subset (E'_b)'$ aufgefasst, B punktweise beschränkt auf dem (B)-Raum E'_b ist nach dem Satz von Banach § 10, 2.1. also gleichstetig. Nach § 14, 2.2. ist E isometrisch in $(E'_b)'_b$ eingebettet, so daß also gilt

$$\sup_{x\in B} ||x||_E = \sup_{x\in B} ||x||_{E''} < \infty :$$

B ist beschränkt.

(2) Ist (E,P) beliebig lokalkonvex, so ist E topologisch isomorph einem dichten Teilraum von $\tilde{E} = \operatorname{proj}_{\leftarrow p\in P} B_p$ (§ 12, 1.2.(1)). Da $E' = \tilde{E}'$ gilt, ist eine in E schwach beschränkte Menge B auch in $\tilde{E}$ schwach beschränkt. Sind $\tilde{K}_p : \tilde{E} \longrightarrow B_p$ die Projektionen, so sieht man aus $\tilde{E}' = \bigcup_{p\in P} B'_p$ (§ 12, 2.1.(1)), daß $\tilde{K}_p(B)$ in B_p schwach beschränkt ist für alle p, nach (1) also stark beschränkt. Da aber in einem projektiven Limes eine Menge genau dann beschränkt ist, wenn alle ihre Projektionen beschränkt sind (§ 8, 1.5.), ist B auch in $\tilde{E}$, also in E beschränkt. //

1.2. Als erste Anwendung soll die starke Topologie auf dem Dualraum eines semi-reflexiven Raumes untersucht werden:

SATZ: Ist E semi-reflexiv, so ist E'_b tonneliert.

Beweis: Da $(E'_b)' = E$, ist nach § 14, 1.5. eine Tonne $T' \subset E'_b$ (absolutkonvex, absorbant und stark abgeschlossen) auch schwach abgeschlossen, so daß nach dem Bipolarensatz

$$({}^oT')^o = T'$$

gilt. Es genügt also zu zeigen, daß ${}^oT' \subset E$ beschränkt, nach dem Mackeyschen Satz, also schwach beschränkt in E ist. Für $u' \in E'$ existiert nun $\lambda > 0$ mit $u' \in \lambda T'$, also

$$|\langle u', {}^{o}T' \rangle| \leq \lambda \quad . //$$

2. auf dem Dualraum

2.1. Auf dem Dualraum E' existiert für jedes filtrierende, totale System γ von in E beschränkten Mengen (§ 13, 1.1.) ein Beschränktheitsbegriff (γ-beschränkt). Da die schwache Topologie gröber und die starke feiner als jede γ-Topologie ist, ist jede stark beschränkte Menge γ-beschränkt, jede γ-beschränkte schwach beschränkt.

SATZ von MACKEY: Im Dualraum E' eines tonnelierten, lokalkonvexen Raumes E sind die beschränkten Mengen bezüglich jedes Systems γ gleich; insbesondere ist eine Menge genau dann stark beschränkt, wenn sie schwach beschränkt ist.

Beweis: Beachtet man, daß $B \subset E'$ (E tonneliert) nach dem Kriterium von § 13, 3.2. genau dann gleichstetig ist, wenn B stark beschränkt ist, so ist die einzige noch zu beweisende letzte Behauptung genau der Inhalt des Satzes von Banach § 10, 2.1. .

Man kann dies auch direkt nachprüfen: Sei $B \subset E'$ schwach beschränkt. Dann ist ${}^{o}B$ zunächst abgeschlossen und absolutkonvex. Die Absorbanz folgt aus der schwachen Beschränktheit

$$|\langle B,x \rangle| = \lambda_x < \infty \quad \text{für jedes } x \in E \ ,$$

also $x \in \lambda_x {}^{o}B$, so daß ${}^{o}B$ eine Tonne und somit eine Nullumgebung ist: Für jedes $A \in \mathcal{L}$ existiert ein ρ mit $A \subset \rho\, {}^{o}B$, d.h. B wird von allen starken Nullumgebungen A^{o} absorbiert, ist also stark beschränkt in E'. //

Der Satz von Mackey gilt nicht für alle lokalkonvexen Räume auf dem Dualraum (Köthe [1] gibt ein Beispiel).

2.2. KOROLLAR: Der schwache Dualraum eines tonnelierten Raumes ist folgenvollständig.

Beweis: $\langle u_n - u_m \rangle \longrightarrow 0$ in E'_s heißt

$$\langle u_n,x \rangle - \langle u_m,x \rangle \longrightarrow 0$$

für jedes $x \in E$. $\{\langle u_n,x \rangle\}$ ist also eine Cauchyfolge in $\mathbb{K}$ mit dem Limes $\langle u,x \rangle$. u ist linear. Da $\{u_n\}$ als Cauchyfolge (§ 8, 1.4.(6)) schwach und damit stark beschränkt ist, existiert nach § 13, 3.2.(2) ein $U \in \mathfrak{U}_E(0)$ mit

$$|\langle u_n,U \rangle| \leq M \ ,$$

also auch (denn es gilt punktweise)

$$|\langle u,U\rangle| \leq M ,$$

und somit für jedes $\varepsilon > 0$

$$|\langle u, \tfrac{\varepsilon}{M} U\rangle| \leq \varepsilon ,$$

d.h. u ist stetig.

u_n konvergiert jedoch laut Definition schwach gegen u. //

2.3. Mit dem Satz von Mackey läßt sich auch die Metrisierbarkeit des schwachen Dualraums untersuchen.

SATZ: Der schwache Dualraum eines echten (F)-Raumes ist nicht metrisierbar.

Beweis: Ist E'_s metrisierbar, so ist er nach 2.2. ein (F)-Raum. E' ist durch abzählbar viele stark, also schwach beschränkte Mengen zu überdecken (§ 13, 3.3. Korollar 1), somit ist E'_s ein Banachraum (§ 8, 3.2.), hat also nach Kolmogoroff (§ 8, 2.) eine schwach = stark beschränkte, schwache Nullumgebung, die jedoch (da die schwache Topologie gröber als die starke ist) auch eine starke Nullumgebung ist. Damit wäre E'_b im Widerspruch zu § 13, 5.2. (Nichtmetrisierbarkeit des starken Dualraumes eines echten Prä-(F)-Raumes) normierbar. //

Es gilt sogar der Satz, daß der schwache Dualraum eines unendlich dimensionalen Banachraumes nicht metrisierbar ist.

§ 16 Kompaktheit

1. in topologischen Vektorräumen

1.1. Es wird auf die in § 1, 3. einleitend gemachten Definitionen und Eigenschaften kompakter Mengen verwiesen.

1.2. SATZ: Jede kompakte Menge K eines topologischen Vektorraumes ist beschränkt und abgeschlossen.

Beweis: Nach § 1, 3.2.(1) bleibt die Beschränktheit zu zeigen. Für eine offene, kreisförmige Nullumgebung U ist

$$\bigcup_{\lambda>0} \lambda U \supset K ,$$

also $\bigcup_{i=1}^{n} \lambda_i U = (\max_{i=1..n} \lambda_i) U \supset K$. //

Die Umkehrung dieses Satzes ist nicht allgemein richtig, sie ist vielmehr eine charakteristische Eigenschaft einer Klasse lokalkonvexer Räume, den Montelräumen, die später behandelt werden sollen.

1.3. SATZ: Jede kompakte Menge K eines lokalkonvexen Raumes (E,P) ist vollständig.

Beweis: Sei $\{x_\alpha\}$ ein Cauchynetz in K, das wegen der Kompaktheit einen Berührungspunkt x besitzt. Für $\varepsilon > 0$ und $p \in P$ ist also x_α konfinal in $x + U^p_{\varepsilon/2}$ und $x_\alpha - x_\beta$ für $\alpha,\beta \geq \alpha_o$ in $U^p_{\varepsilon/2}$ als Cauchynetz.

Es existiert somit ein $\alpha_1 \geq \alpha_o$ mit

$$x_{\alpha_1} \in x + U^p_{\varepsilon/2},\ x_\alpha - x_{\alpha_1} \in U^p_{\varepsilon/2} \qquad \text{für } \alpha \geq \alpha_1$$

also

$$x_\alpha = x_\alpha - x_{\alpha_1} + x_{\alpha_1} \in x + U^p_\varepsilon \qquad \text{für } \alpha \geq \alpha_1$$

d.h. $\lim_\alpha x_\alpha = x$. //

1.4. SATZ: Eine Teilmenge K eines vollständigen projektiven Limes $\text{proj}_{\leftarrow\alpha} E_\alpha$ ist genau dann relativ kompakt, wenn konfinal viele $\pi_\alpha(K)$ in E_α relativ kompakt sind.

Beweis: Da π_α stetig ist, ist $\pi_\alpha(K)$ relativ kompakt. Sind umgekehrt alle (o.E.d.A.) $\pi_\alpha(K)$ relativ kompakt, so ist $K \subset \prod_\alpha \pi_\alpha(K)$ nach dem Satz von Tychonoff in $\prod_\alpha E_\alpha$ relativ kompakt, also ($\text{proj}_{\leftarrow\alpha} E_\alpha$ abgeschlossen in $\prod_\alpha E_\alpha$) relativ kompakt in $\text{proj}_{\leftarrow\alpha} E_\alpha$.//

2. in metrischen Räumen

2.1. Der zu 1.3. analoge Satz gilt auch in metrischen Räumen.

SATZ: Eine kompakte Teilmenge K eines metrischen Raumes (X,d) ist vollständig. Speziell ist also ein kompakter metrischer Raum ein Bairescher Raum.

Im Beweis von 1.3. ist nur $x + U^p_{\varepsilon/2}$ durch $K_{\varepsilon/2}(x)$, $x_\alpha - x_\beta \in U^p_{\varepsilon/2}$ durch $d(x_\alpha, x_\beta) < \varepsilon/2$ zu ersetzen und eine Dreiecksungleichung anzuwenden.

2.2. Eine Teilmenge K eines metrischen Raumes X heißt ε-kompakt, falls es zu jedem $\varepsilon > 0$ ein endliches ε-Netz $x_1,\dots,x_n \in X$ gibt mit $K \subset \bigcup_{i=1}^n K_\varepsilon(x_i)$.

SATZ von HAUSDORFF: Für eine Teilmenge K des vollständigen metrischen Raumes (X,d) sind gleichwertig:

(1) K kompakt

(2) K ε-kompakt und abgeschlossen

(3) K abzählbar kompakt

(4) K folgenkompakt.

Beweis: (1) → (3) ↔ (4) folgt aus § 1, 3.5. und § 1, 3.3.(3).

(3) → (2): Da der Limes einer Folge wegen der Separiertheit des Raumes deren einziger Berührungspunkt ist, ist eine abzählbar kompakte Menge abgeschlossen (beachte § 1, 2.3.). Ist K nicht ε-kompakt, so existiert ein $\varepsilon > 0$, so daß nie $K \subset \bigcup_{i=1}^n K_\varepsilon(x_i)$ gilt. Sei $x_1 \in K$ und $x_2 \in K \cap \complement K_\varepsilon(x_1)$ usw.

$$x_n \in K \cap \complement \bigcup_{i=1}^{n-1} K_\varepsilon(x_i) \qquad n=1,2,\dots$$

d.h. $d(x_n,x_m) \geq \varepsilon$ für $n \neq m$. Diese Folge kann keinen Berührungspunkt haben.

(2) → (4): Sei $\{y_n\}$ eine gegebene Folge, dann liegen in einer Kugel $K_1(x_1)$ eines endlichen 1-Netzes unendlich viele Elemente der Folge $\{y_n\}$, also eine ganze Teilfolge $\{y_n^1\}$. Nach dem gleichen Argument ist in einer Kugel $K_{1/2}(x_2)$ eines endlichen 1/2-Netzes eine Teilfolge $\{y_n^2\}$ von $\{y_n^1\}, \dots$. Also existieren Teilfolgen $\{y_n^\ell\}$ mit

$$\{y_n^\ell\}_n \subset \{y_n^{\ell-1}\}_n$$

$$\{y_n^\ell\}_n \subset K_{1/\ell}(x_\ell) \quad \text{d.h.} \quad d(y_n^\ell,y_m^\ell) < \frac{2}{\ell}.$$

Die Diagonalfolge $\{y_n^n\}$ ist dann eine Cauchyfolge, sie konvergiert gegen $y \in K$, da X vollständig und K abgeschlossen ist.

(4) → (1): Sei $\{O_\lambda\}$ eine offene Überdeckung von K. Da bereits bewiesen ist, daß eine folgenkompakte Menge ε-kompakt ist, genügt es zu zeigen, daß ein $\varepsilon > 0$ existiert, so daß es für alle $x \in K$ ein λ_o gibt mit $K_\varepsilon(x) \subset O_{\lambda_o}$, denn ein endliches ε-Netz liefert dann die endliche offene Teilüberdeckung.

Indirekt schließend erhält man für jedes $\varepsilon = \frac{1}{n}$ ein $x_n \in K$ mit $K_{1/n}(x_n) \not\subset O_\lambda$ für alle λ $(n=1,2,\dots)$.

$\{x_n\}$ besitzt dann eine gegen x_o konvergente Teilfolge $\{x_n\}$. Da $\{O_\lambda\}$ überdeckt und alle O_λ offen sind, existiert ein λ_o und $\varepsilon > 0$ mit $x_o \in K_\varepsilon(x_o) \subset O_{\lambda_o}$. Sei n_o so, daß $\frac{1}{n_o} < \frac{\varepsilon}{2}$ und $x_{n_o} \in K_{\varepsilon/2}(x_o)$ ist; dann gilt für $y \in K_{1/n_o}(x_{n_o})$:

$$d(x_o,y) \leq d(x_o,x_{n_o}) + d(x_{n_o},y) \leq \frac{\varepsilon}{2} + \frac{1}{n_o} < \varepsilon,$$

also

$$K_{1/n_o}(x_{n_o}) \subset K_\varepsilon(x_o) \subset O_{\lambda_o}; \quad \text{Widerspruch zur Konstruktion.} \quad //$$

2.3. Aus (4) erhält man sofort das

<u>KOROLLAR 1:</u> Eine Teilmenge K eines vollständigen metrischen Raumes ist genau dann relativ kompakt, wenn jede Folge eine Cauchyteilfolge enthält.

<u>KOROLLAR 2:</u> (Heine-Borel-Bolzano-Weierstraß)

Eine Menge $K \subset \mathbb{K}^n$ ist genau dann kompakt, wenn sie beschränkt und abgeschlossen ist.

Beweis: Die Notwendigkeit wurde in 1.2. bewiesen; um zu zeigen, daß die Bedingung hinreicht, genügt es, sich nach § 1, 3.2.(2) auf Würfel der Form $\prod[-a,a]$ zu beschränken $(a>0)$ $(\mathbb{C}^n = \mathbb{R}^{2n})$, die jedoch offensichtlich ε-kompakt und abgeschlossen sind. //

In $\mathbb{K}^n$ fallen nach dem Satz von Hausdorff die Begriffe "kompakt" "ε-kompakt und abgeschlossen", "abzählbar kompakt" und "folgenkompakt" zusammen.

3. Lokalkompakte topologische Vektorräume

3.1. Ein separierter topologischer Raum heißt <u>lokalkompakt</u>, falls jeder Punkt eine kompakte Umgebung besitzt.

3.2. <u>SATZ:</u> Lokalkompakte topologische Vektorräume sind endlichdimensional.

Beweis: Die kompakte Nullumgebung K ist als kreisförmig vorauszusetzen; sie ist insbesondere beschränkt, so daß die Vielfachen $\{\lambda K \mid \lambda > 0\}$ eine Nullumgebungsbasis bilden.

Sei $0 < \varepsilon < \frac{1}{2}$ (also $\varepsilon(\varepsilon+1) < 1$), dann gilt

$$K \subset \bigcup_{x \in K} (x+\varepsilon K),$$

also

$$K \subset \bigcup_{i=1}^{n} (x_i+\varepsilon K).$$

$M = [x_1,\dots,x_n]$ (lineare Hülle) ist als endlichdimensionaler Unterraum von E abgeschlossen (§ 3, 3.1. Korollar), und es gilt

$$K \subset M + \varepsilon K.$$

Ist E = M, so folgt der Satz.

Andernfalls existiert $c \in \complement M$ (*).

Sei

$$L = \{\lambda > 0 \mid (c+\lambda K) \cap M \neq \emptyset\},$$

so ist L nicht leer, denn K absorbiert und

$$\inf L = d > 0,$$

da c nicht Element der abgeschlossenen Menge M ist, und die λK eine Nullumgebungsbasis bilden.

Für $d \leq \mu \leq (1+\varepsilon)\, d$ existiert dann $y \in M$ mit $c - y \in \mu K$; d.h.

$$\frac{c-y}{\mu} \in K \subset M + \varepsilon K,$$

also

$$\frac{c-y}{\mu} = m + \varepsilon k \qquad m \in M,\ k \in K,$$

$$c + \mu\varepsilon K \ni c - \mu\varepsilon k = \mu m + y \in M,$$

so daß

$$(c+\mu\varepsilon K) \cap M \neq \emptyset .$$

$$\mu\varepsilon \leq (1+\varepsilon)d\,\varepsilon < d$$

ist damit ein Widerspruch zur Definition von d. (*) ist folglich nicht möglich.//

§ 17 Spezielle Kompaktheitskriterien

1. Der Satz von Arzelà-Ascoli

1.1. Ist E ein topologischer Raum, so heißt eine Familie $\mathfrak{f}$ von Funktionen $f: E \longrightarrow \mathbb{K}$ gleichstetig in $x_o \in E$, falls für jedes $\varepsilon > 0$ eine Umgebung $V \in \mathfrak{U}(x_o)$ existiert mit

$$|f(y)-f(x_o)| < \varepsilon$$

für alle $y \in V$ und alle $f \in \mathfrak{f}$ (siehe auch § 10, 2.1.).

$\mathfrak{f}$ heißt gleichstetig, falls $\mathfrak{f}$ gleichstetig in allen Punkten von E ist.

1.2. Ist K kompakt, so bildet die Menge $\mathcal{C}(K)$ aller stetigen Funktionen $f: K \longrightarrow \mathbb{K}$, ausgestattet mit

$$||f|| = \sup_{x \in K} |f(x)|$$

(Topologie der gleichmäßigen Konvergenz auf K), einen (B)-Raum.

SATZ von ARZELA-ASCOLI: $G \subset \mathcal{C}(K)$ ist genau dann relativ kompakt, wenn G

(1) punktweise beschränkt, d.h. für alle $x \in E$ ist die Menge $G(x) = \{f(x) \mid f \in G\}$ in $\mathbb{K}$ beschränkt, und

(2) gleichstetig ist.

Beweis: Ist G relativ kompakt, so ist G nach § 16, 1.2. beschränkt in $\mathcal{C}(K)$, insbesondere punktweise beschränkt.

Nach dem Satz von Hausdorff § 16, 2.2. ist G ε-kompakt, so daß für gegebenes $\varepsilon > 0$ ein $\frac{\varepsilon}{3}$-Netz $\{f_1,\dots,f_n\} \subset G$ existiert, also gibt es für $x_o \in K$ ein $V \in \mathfrak{U}(x_o)$ mit

$$|f_m(x)-f_m(x_o)| < \frac{\varepsilon}{3} \qquad x \in V \quad m=1,2,\dots,n \quad .$$

Damit gibt es für $f \in G$ ein m mit

$$|f(x)-f(x_o)| \leq |f(x)-f_m(x)| + |f_m(x)-f_m(x_o)| + |f_m(x_o)-f(x_o)| < \varepsilon ,$$

d.h. G ist gleichstetig.

Erfüllt umgekehrt G (1) und (2), dann gibt es für alle $x \in K$ eine Umgebung $V_x \in \mathfrak{U}(x)$ mit

$$|f(y)-f(x)| < \frac{\varepsilon}{4} \qquad y \in V_x, \quad f \in G$$

Wegen der Kompaktheit von K ist

$$K = \bigcup_{i=1}^{m} V_{x_i}$$

$A = \bigcup_{i=1}^{m} G(x_i)$ ist ε-kompakt (in $\mathbb{K}$) nach (1), es gibt also $\alpha_1,\dots,\alpha_n \in \mathbb{K}$, so daß

$$\bigcup_{i=1}^{m} G(x_i) \subset \bigcup_{j=1}^{n} K_{\frac{\varepsilon}{4}}(\alpha_j)$$

gilt.

Ist Φ die endliche Menge aller Funktionen

$$\phi: \{1,\dots,m\} \longrightarrow \{1,\dots,n\}$$

und

$$G_\phi = \{f \in G \mid \max_{i=1,\dots,m} |f(x_i) - \alpha_{\phi(i)}| \le \tfrac{\varepsilon}{4}\} ,$$

so gilt

$$G = \bigcup_{\phi \in \Phi} G_\phi .$$

Ist also $\varepsilon > 0$ gegeben, dann gibt es ein G überdeckendes ε-Netz, wenn

$$\sup_{f,g \in G_\phi} ||f-g|| \le \varepsilon .$$

Für $y \in K$ und $f,g \in G_\phi \subset G$ gibt es ein i mit

$$|f(y) - g(y)| \le |f(y) - f(x_i)| + |f(x_i) - g(x_i)| + |g(x_i) - g(y)| \le \tfrac{\varepsilon}{4} +$$

$$+ |f(x_i) - \alpha_{\phi(i)}| + |\alpha_{\phi(i)} - g(x_i)| + \tfrac{\varepsilon}{4} \le \tfrac{\varepsilon}{4} + \tfrac{\varepsilon}{4} + \tfrac{\varepsilon}{4} + \tfrac{\varepsilon}{4} = \varepsilon$$

nach Konstruktion von G_ϕ . //

(1) kann man durch

(1') G ist beschränkt in $\mathscr{C}(K)$

ersetzen.

2. Zwei Sätze von Kolmogoroff

2.1. Von Kolmogoroff stammt folgendes, dem vorigen Satz ähnliches Kompaktheitskriterium für Teilmengen des in § 4, 5.4. definierten Folgenraumes $\ell^p(b)$.

Mit A_n sei die n-te Projektion

$$A_n(\{x_k\}) = x_n$$

von $\ell^p(b)$ in den Grundkörper bezeichnet.

<u>SATZ:</u> $K \subset \ell^p(b)$ ist genau dann relativ kompakt, wenn

(1) K beschränkt ist und

(2) die Reihen

$$\sum_{n=1}^{\infty} |A_n(x)|^p \, b_n^p \qquad (= ||x||^p)$$

gleichmäßig auf K konvergieren. $(1 \le p < \infty)$

Beweis: Die relativ kompakte Menge K ist wieder nach § 16, 1.2. beschränkt. Um die gleichmäßige Konvergenz von $||x||^p$ zu zeigen, wähle man zu gegebenem $\varepsilon > 0$ ein ε-Netz $x^{(1)},\dots,x^{(n)}$. Dann konvergieren die Reihen $||x^{(i)}||^p$ $i=1,\dots,n$ gleichmäßig, es existiert also ein Index ℓ mit

$$R_\ell(x^{(i)}) = \sum_{m=\ell}^{\infty} |A_m(x^{(i)})|^p \, b_m^p < \varepsilon^p \qquad i=1,\dots,n .$$

Dann ist für $x \in K$, $||x-x^{(i)}|| < \varepsilon$, nach der Dreiecksungleichung

$$(R_\ell(x))^{1/p} \leq (R_\ell(x-x^{(i)}))^{1/p} + (R_\ell(x^{(i)}))^{1/p} \leq ||x-x^{(i)}|| + \varepsilon \leq 2\varepsilon ,$$

also $R_\ell(x) \leq (2\varepsilon)^p$ für alle $x \in K$, d.h die aus nur positiven Gliedern bestehende Reihe $R_1(x)$ konvergiert auf K gleichmäßig.

Erfüllt nun K die Bedingungen des Satzes, so ist nach § 16, 2.3. aus einer gegebenen Folge $\{x^{(n)}\} \subset K$ eine Cauchyteilfolge auszusuchen.

Da K beschränkt ist, gilt

$$|A_k(x)|\ b_k \leq ||x|| \leq M \qquad \text{für } x \in K,$$

also liegt die Menge $A_k(K)$ in einem kompakten Teil des Grundkörpers ($b_k > 0$!).

Durch sukzessives Auswählen von Teilfolgen erhält man dann eine "Diagonalfolge" $\{x^{(\ell)}_{(\ell)}\} \subset \{x^{(n)}\}$ mit

$$\lim_{\ell\to\infty} A_k(\{x^{(\ell)}_{(\ell)}\}) = a_k \qquad k=1,2...$$

$\{x^{(\ell)}_{(\ell)}\}$ ist eine Cauchyfolge in $\ell^p(b)$:

Für $\varepsilon > 0$ wähle man nach Bedingung (2) ein L, so daß

$$R_L(x) < \varepsilon^p \quad \text{für alle } x \in K,$$

speziell also für $x = \{x^{(\ell)}_{(\ell)}\}$. Dann ist (Dreiecksungleichung)

$$||\{x^{(n)}_{(n)} - x^{(m)}_{(m)}\}|| \leq \left(\sum_{k=1}^{L-1} | A_k(\{x^{(n)}_{(n)} - x^{(m)}_{(m)}\})|^p b_k^p\right)^{1/p} + \left(R_L(\{x^{(n)}_{(n)}\})\right)^{1/p} +$$

$$+ \left(R_L(\{x^{(m)}_{(m)}\})\right)^{1/p} \leq \left(\sum_{k=1}^{L-1} | A_k(\{x^{(n)}_{(n)} - x^{(m)}_{(m)}\})|^p b_k^p\right)^{1/p} + 2\varepsilon \leq 3\varepsilon$$

für $n,m > N$, denn jeder Summand der endlichen Summe $\sum_{k=1}^{L-1}$ ist eine Cauchyfolge nach Konstruktion. //

2.2. Im Raume $\ell^\infty_e(b) = \overline{\{x \in \ell^\infty(b) \mid A_n(x) = 0 \text{ residual}\}}^{\ell^\infty(b)}$ ist (2) durch

(2') für alle $\varepsilon > 0$ existiert ein n mit

$$\sup_{m\geq n} |A_m(x) b_m| < \varepsilon$$

für alle $x \in K$.

zu ersetzen*). Zum Beweis schreibt man für "$\sum$" im obigen Beweis "sup" und wählt im ersten Teil ein ε-Netz, das aus Folgen mit residual vielen Gliedern gleich Null besteht. Dies ist möglich, da die Menge dieser Folgen dicht in $\ell^\infty_e(b)$ liegt.

2.3. Ist $T \subset \mathbb{R}^n$ relativ kompakt, dx das Lebesgue-Maß auf $\mathbb{R}^n$ und wird eine Funktion $f \in L^p(T)$ (§ 4, 5.2.) außerhalb T identisch Null gesetzt, so gilt der

SATZ (Kolmogoroff): $K \subset L^p(T)$ ist genau dann relativ kompakt, wenn

(1) K beschränkt

*) In $\ell^\infty(b)$ reichen damit (1) und (2') für die relative Kompaktheit einer Menge hin.

(2)

$$\int_{\mathbb{R}^n} |f(x+h) - f(x)|^p dx \longrightarrow 0$$

für $h \longrightarrow 0$ gleichmäßig für alle $f \in K$.

Zum Beweis sei z.B. auf Natanson ([1] , p. 444) verwiesen.

2.4. In $L^p(\mathbb{R}^n)$ kommt noch folgende Bedingung hinzu:

(3) Für alle $\varepsilon > 0$ existiert eine kompakte Menge $C \subset \mathbb{R}^n$ mit

$$\int_{R^n \setminus C} |f(x)|^p dx < \varepsilon$$

für alle $f \in K$.

(Analoge Formulierungen für $p = \infty$.)

Alle Kriterien dieser Nummer sind Spezialfälle eines Satzes von A. Weil ([1] , p. 53) über relativ kompakte Teilmengen in $L^p(G)$ für eine lokalkompakte Gruppe G mit ihrem Haarschen Maß ($1 \leq p \leq \infty$).

§ 18 Duale Abbildungen

1. Definition

1.1. Für eine lineare Abbildung T von $D(T) \subset E$ in F ($D(T)$ = Definitionsbereich von T) soll mit Hilfe des folgenden Satzes eine duale Abbildung mit der Eigenschaft

$$\langle T'y', x \rangle = \langle y', Tx \rangle \qquad y' \in F',$$

d.h. $T'(y') = y' \circ T \in E'$, definiert werden.

SATZ: Seien lokalkonvexe Räume E und F (E', F' ihre Dualräume), eine lineare Abbildung T von $D(T) \subset E$ in F, $y' \in F'$ und $x' \in E'$ mit

$$\langle y', Tx \rangle = \langle x', x \rangle \qquad \text{für alle } x \in D(T) \qquad (*)$$

gegeben:

x' ist durch y' genau dann eindeutig bestimmt, wenn $D(T)$ dicht in E liegt.

Beweis: Wegen der Linearität von (*) kann man sich auf

$$\langle x', x \rangle = 0 \qquad \text{für alle } x \in D(T)$$

beschränken. Ist $D(T)$ dicht in E, so folgt aus der Stetigkeit des Funktionals x' : $x' = 0$. Wäre umgekehrt $\overline{D(T)} \neq E$, so würde nach dem Trennungssatz von Mazur ein $0 \neq x'_0 \in E'$ existieren mit $\langle x'_0, x \rangle = 0$ für $x \in D(T)$ im Widerspruch zur Eindeutigkeit von x'. //

1.2. Ist also $\overline{D(T)} = E$, so ist mit $T'y' = x'$ eine <u>duale</u> Abbildung T' definiert für alle $y' \in F'$, für die überhaupt ein $x' \in E'$ mit (*) existiert. Es gilt also

$$\langle y', Tx \rangle = \langle T'y', x \rangle \quad \text{für alle } x \in D(T) \text{ und } y' \in D(T').$$

1.3. <u>SATZ:</u> Sei $\overline{D(T)} = E$ (Existenzvoraussetzung).

$D(T') = F'$ genau dann, wenn

$$T : D(T) \longrightarrow F_s$$

($D(T)$ mit der von E induzierten Topologie) stetig ist.

Beweis: Ist $D(T') = F'$, so muß für jedes $y' \in F'$ die Abbildung

$$D(T) \ni x \rightsquigarrow \langle y', Tx \rangle$$

stetig sein, d.h. für ein konvergentes Netz $\lim\limits_{\alpha} x_\alpha = x$ gilt

$$\lim_{\alpha} \langle y', Tx_\alpha \rangle = \langle y', Tx \rangle ,$$

d.h. $Tx_\alpha \longrightarrow Tx$ schwach in F.

Andererseits bedeutet diese Bedingung gerade die Stetigkeit von $\langle y', Tx \rangle$ in x für alle $y' \in F'$. Nach 1.1. folgt, daß $D(T') = F'$ ist. //

2. Eigenschaften

2.1. <u>SATZ:</u> Ist $T : E \longrightarrow F$ ($D(T) = E$) beschränkt (§ 11, 1.1.) und $D(T') = F'$, so ist

$$T' : F'_b \longrightarrow E'_b$$

stetig.

Beweis: Konvergiert $\{y'_\alpha\}$ stark in F' gegen y, dann gilt für alle beschränkten $B \subset F$

$$\langle y'_\alpha - y', B \rangle \longrightarrow 0.$$

Ist $D \subset E$ beschränkt, so ist

$$| \langle T'(y'_\alpha - y'), D \rangle | = | \langle y'_\alpha - y', T(D) \rangle | \longrightarrow 0,$$

da $T(D)$ in F beschränkt ist, $T'y'_\alpha$ konvergiert also in E'_b gegen $T'y'$. //

<u>ZUSATZ:</u> Ist $T : E \longrightarrow F$ ($D(T) = E$) stetig, so ist $D(T') = F'$ und T' stark stetig ($F'_b \longrightarrow E'_b$)

denn $T : E \longrightarrow F \longrightarrow F_s$ ist stetig, so daß nach 1.3. $D(T') = F'$ folgt.

2.2. <u>SATZ:</u> Ist $D(T) = E$ und $D(T') = F'$, so ist T' schwach stetig

$$T' : F'_s \longrightarrow E'_s \quad .$$

Beweis: Konvergiert $y'_\alpha \longrightarrow y'$ schwach in F', d.h. für alle $y \in F$

$$\langle y'_\alpha - y', y \rangle \longrightarrow 0,$$

so auch $\langle T'(y'_\alpha - y'), x \rangle = \langle y'_\alpha - y', Tx \rangle \longrightarrow 0$ für alle $x \in E$. //

2.3. Sind E und F normierte Räume, so sind L(E,F), E', F' und L(F',E') ebenfalls normiert; E' und F' sind mit ihrer Norm die starken Dualräume von E und F.

Für $T \in L(E,F)$ ist also nach 2.1. $T' \in L(F',E')$.

<u>SATZ:</u> Für $T \in L(E,F)$ ist

$$||T||_{L(E,F)} = ||T'||_{L(F',E')} .$$

Beweis: Wegen $||y||_F = \sup_{||y'||_{F'}=1} |\langle y',y\rangle|$ (§14, 2.2.) gilt:

$$||T||_{L(E,F)} = \sup_{||x||_E=1} ||Tx||_F = \sup_{||x||_E=1} \sup_{||y'||_{F'}=1} |\langle y',Tx\rangle| =$$

$$= \sup_{||y'||_{F'}=1} \sup_{||x||_E=1} |\langle T'y',x\rangle| = \sup_{||y'||_{F'}=1} ||T'y'||_{E'} = ||T'||_{L(F',E')} . //$$

2.4. <u>SATZ:</u> Sind $\overline{D(T)} = E$ und $\overline{R(T)} = F$ (R(T) = Wertebereich von T), so ist T' injektiv.

Beweis: Sei $T'y' = 0$. Dann ist $\langle y',Tx\rangle = \langle T'y',x\rangle = 0$, d.h. $y' = 0$ auf der dichten Untermenge R(T), also $y' = 0$ auf F. //

2.5. <u>SATZ:</u> Sind $D(T) = E$, $\overline{D(T')}^s = F'$ (schwach abgeschlossene Hülle) und T injektiv, so ist R(T') schwach dicht in E'.

Beweis: Indirekt schließend, gibt es wegen $(E_s')' = E$ (§ 14, 1.3.) nach Mazur ein $0 \neq x_o \in E$ mit $\langle T'y',x_o\rangle = 0$ für alle $y' \in D(T')$, also $\langle y',Tx_o\rangle = 0$. D(T') ist schwach dicht in F', so daß $Tx_o = 0$ und, da T injektiv ist, $x_o = 0$ folgt. //

2.6. Für zwei Abbildungen von E nach F bedeute

$$S \subseteq T$$

(T ist eine <u>Erweiterung</u> von S), daß

$$D(S) \subset D(T) \subset E$$

und

$$Sx = Tx \quad \text{für} \quad x \in D(S)$$

gelten.

<u>SATZ:</u>

(1) Sind $T,S \in L(E,F)$, so ist $(\alpha T+\beta S)' = \alpha T'+\beta S'$.

(2) Für $\overline{D(T)} = E$, $R(T) \subset F$ und $S \in L(F,G)$ gilt

$$(ST)' = T'S' .$$

(3) Ist $S \in L(E,F)$, $\overline{D(T)} = F$, $R(T) \subset G$ und $\overline{D(TS)} = E$, so ist

$$(TS)' \supseteq S'T'.$$

Beweis: Nach 1.2. und 2.1. ist (1) unmittelbar einsichtig.

(2) Es gilt $D(S') = G'$ und $\overline{D(ST)} = E$, so daß $(ST)'$ existiert.

$$\langle y', STx\rangle = \langle S'y', Tx\rangle = \langle T'S'y', x\rangle \quad \text{für} \quad x \in D(T) = D(ST)$$

d.h., ist $S'y' \in D(T')$, so gilt $T'S'y = (ST)'y$, also

$$T'S' \subseteq (ST)'.$$

Andererseits folgt für $y' \in D((ST)')$

$$\langle (ST)'y', x\rangle = \langle y', STx\rangle = \langle S'y', Tx\rangle \quad \text{für } x \in D(T)$$

so daß $S'y' \in D(T')$ nach Definition der dualen Abbildung.

(3) Wegen der Voraussetzung existiert $(TS)'$. Für $y' \in D(S'T')$ gilt dann

$$\langle S'T'y', x\rangle = \langle T'y', Sx\rangle = \langle y', TSx\rangle \quad \text{für } x \in D(TS),$$

also $y' \in D((TS)')$ und $(TS)'y' = S'T'y'$. //

<u>KOROLLAR:</u> Ist $T \in L(E,F)$ und existiert T^{-1} stetig, so existiert $(T')^{-1}$ und es gilt

$$(T')^{-1} = (T^{-1})' .$$

2.7. Bezüglich der Stetigkeit der Dualenbildung gilt der folgende (zu $L_b(E,F)$ siehe § 10, 3.1.)

<u>SATZ:</u> Ist F tonneliert oder ein Prä-(F)-Raum, so ist die Dualenbildung (beachte 2.1.)

$$' : \; L_b(E,F) \longrightarrow L_b(F'_b, E'_b)$$
$$T \rightsquigarrow T'$$

linear (2.6.(1)) und stetig, d.h. für ein Netz $\lim_\alpha T_\alpha = T$ in $L_b(E,F)$ gilt stets $\lim_\alpha T'_\alpha = T'$ in $L_b(F'_b, E'_b)$.

Beweis: Nach § 13, 4.3. ist $F = F_b$, so daß $T_\alpha \xrightarrow{\alpha} T$ in $L_b(E,F)$

$$\sup_{\substack{x \in B \\ y' \in B'}} |\langle y', (T_\alpha - T)x\rangle| \xrightarrow{\alpha} 0$$

für alle $B \in \mathcal{B}$ (=beschränkte Mengen von E) und stark beschränkten Mengen $B' \subset F'$ bedeutet. Da die Polaren B^o, $B \in \mathcal{B}$, aber gerade die starken Nullumgebungen in E' bilden, bedeutet dies wegen

$$\langle y', (T_\alpha - T)x\rangle = \langle (T'_\alpha - T')y', x\rangle$$

gerade, daß $\lim_\alpha T'_\alpha = T'$ in $L_b(F'_b, E'_b)$ ist. //

3. Adjungiertenbildung im Hilbertraum

3.1. Seien H_1 und H_2 Hilberträume mit Skalarprodukt $(\, , \,)_1$ bzw. $(\, , \,)_2$ und T eine lineare Abbildung von $D(T) \subset H_1$ in H_2. Die lineare Abbildung T^* von $D(T^*) \subset H_2$ in H_1 heißt adjungiert zu T, wenn

$$(Tx,y)_2 = (x,T^*y)_1$$

für alle $x \in D(T)$ und $y \in D(T^*)$ gilt. Es gilt der zu 1.1. analoge Satz.

3.2. Der Zusammenhang zwischen dualer und adjungierter Abbildung ist gegeben durch den

SATZ: Für eine lineare Abbildung T von $D(T) \subset H_1$ in H_2 gilt

$$T^* = J_{H_1} T' J_{H_2}^{-1} \quad \text{und} \quad D(T^*) = J_{H_2}(D(T')),$$

wenn $J_{H_i} : H_i' \longrightarrow H_i$ die durch den Satz von Riesz (§ 12, 5.1.) definierte bijektive, isometrische und antilineare Abbildung bedeutet.

Beweis: Für $x \in D(T)$ und $y \in J_{H_2}(D(T'))$ gilt

$$(x, J_{H_1} T' J_{H_2}^{-1} y)_1 = \langle T' J_{H_2}^{-1} y, x \rangle = \langle J_{H_2}^{-1} y, Tx \rangle = (Tx,y)_2 \,,$$

so daß $T^* \supseteq J_{H_1} T' J_{H_2}^{-1}$ folgt.

Umgekehrt ergibt sich für $x \in D(T)$ und $y \in D(T^*)$

$$\langle J_{H_1}^{-1} T^* y, x \rangle = (x, T^* y)_1 = (Tx,y)_2 = \langle J_{H_2}^{-1} y, Tx \rangle \,,$$

also $J_{H_2}^{-1} y \in D(T')$ und $J_{H_1}^{-1} T^* y = T' J_{H_2}^{-1} y$, somit

$$T^* y = J_{H_1} T' J_{H_2}^{-1} y$$

und

$$T^* \subseteq J_{H_1} T' J_{H_2}^{-1} \,. \quad //$$

3.3. Es gelten die für duale Abbildungen bewiesenen analogen Sätze.

§ 19 Kompakte Abbildungen

1. Eigenschaften

1.1. Eine lineare Abbildung $A : E \longrightarrow F$, E und F topologische Vektorräume, heißt kompakt (vollstetig), falls eine Nullumgebung $U \in \mathfrak{U}_E(0)$ existiert, so daß die Menge A(U) in F relativ kompakt ist. Unmittelbar aus dieser Definition folgt, daß eine kompakte Abbildung jede beschränkte Menge in eine relativ kompakte überführt.

1.2. BEMERKUNG: Kompakte Abbildungen sind stetig.

Beweis: Da $A(U)$ als relativ kompakte Teilmenge von F beschränkt ist (§ 16, 1.2.), existiert zu jedem $V \in \mathfrak{U}_F(0)$ ein λ mit

$$A(\lambda U) = \lambda A(U) \subset V,$$

d.h. A ist stetig. //

1.3. LEMMA: Das stetige Bild einer relativ kompakten Menge ist relativ kompakt.

Der Beweis folgt unmittelbar daraus, daß das stetige Bild kompakter Mengen kompakt ist (§ 1, 3.4.).

SATZ: E,F,G topologische lineare Räume $A : E \longrightarrow F$, $B : F \longrightarrow G$ lineare Abbildungen

(1) Ist A stetig und B kompakt, so ist $B \circ A$ kompakt.

(2) Ist A kompakt und B stetig, so ist $B \circ A$ kompakt.

Der Satz ist offensichtlich eine Folgerung aus dem Lemma und der Definition.

1.4. Für normierte Räume erhält man eine andere Charakterisierung der kompakten Abbildungen:

SATZ: Die Abbildung $A : E \longrightarrow F$ (E ein normierter, F ein topologischer Vektorraum) ist genau dann kompakt, wenn das Bild jeder beschränkten Menge aus E in F relativ kompakt ist.

Beweis: Daß die Bedingung hinreicht, folgt daraus, daß die Einheitskugel K in E eine beschränkte Nullumgebung ist. Die Umkehrung ist allgemein richtig (1.1). //

1.5. SATZ: Eine kompakte Abbildung $A : E \longrightarrow F$ (E,F normiert) führt schwach konvergente in konvergente Folgen über.

Beweis: Konvergiert $x_n \xrightarrow[s]{} x_o$ schwach, so ist $\{x_n\}$ schwach beschränkt, nach dem Satz von Mackey (§ 15, 1.) also auch beschränkt, so daß nach 1.1. $\{Ax_n\}$ in F relativ kompakt ist. Eine Teilfolge $\{Ax_m\} \subset \{Ax_n\}$, die - da eine stetige Abbildung insbesondere schwach stetig ist - schwach gegen Ax_o konvergiert, besitzt dann nach dem Korollar 1 des Satzes von Hausdorff (§ 16, 2.3.) eine gegen ein $y_o \in F$ konvergente Teilfolge $\{Ax_\ell\} \subset \{Ax_m\}$. Da eine konvergente Folge schwach konvergiert, folgt $y_o = Ax_o$.

Also besitzt jede Teilfolge von $\{Ax_n\}$ eine gegen Ax_o konvergente Teilfolge, d.h. $\{Ax_n\}$ konvergiert selbst gegen Ax_o. //

1.6. Ein Beispiel: Jede Abbildung $T : E \longrightarrow F$ der Form

$$Tx = \sum_{i=1}^{n} \alpha_i \langle x_i', x \rangle y_i \qquad x_i' \in E', \ y_i \in F, \ \alpha_i \in K$$

ist kompakt,

denn sie ist stetig und ihr Bildraum $T(E) \subset F$ ist endlichdimensional. In endlichdimensionalen topologischen Vektorräumen ist jedoch jede beschränkte Menge relativ kompakt (beachte § 3, 4.1. und das Lemma im Beweis von § 14, 4.6.).

1.7. SATZ: Seien E normiert, F ein (B)-Raum und $T_n \in L(E,F)$ kompakt. Konvergiert $T_n \longrightarrow T$ in $L_b(E,F)$ (§ 5,1.2. und § 10, 3.1.), d.h.

$$\|T_n - T\|_{L(E,F)} \longrightarrow 0,$$

so ist auch T kompakt.

Die Menge der kompakten Abbildungen bildet also einen abgeschlossenen Unterraum von L(E,F).

Beweis: Sei $\{x_k\}$ eine Folge in der Einheitskugel von E. Nach § 16, 2.3.(Satz von Hausdorff) ist zu zeigen, daß $\{Tx_k\}$ eine Cauchysche Teilfolge besitzt. Da alle T_n kompakt sind, findet man zunächst durch ein Diagonalverfahren eine Teilfolge $\{x_\ell\} \subset \{x_k\}$, daß alle

$$\lim_{\ell\to\infty} T_n x_\ell \qquad\qquad n = 1,2,\ldots$$

existieren. Folglich gilt

$$\|Tx_{\ell_1} - Tx_{\ell_2}\| \leq \|Tx_{\ell_1} - T_n x_{\ell_1}\| + \|T_n x_{\ell_1} - T_n x_{\ell_2}\| + \|T_n x_{\ell_2} - Tx_{\ell_2}\| \leq$$
$$\leq 2\|T - T_n\| + \|T_n x_{\ell_1} - T_n x_{\ell_2}\| \leq \varepsilon \qquad \ell_1, \ell_2 \geq \ell$$

Falls zunächst n und dann ℓ gewählt wird. //

1.8. KOROLLAR: Jede Abbildung $T : E \longrightarrow F$ der Form

$$Tx = \sum_{n=1}^{\infty} \alpha_n \langle x_n', x\rangle y_n$$

mit $\|x_n'\|_{E'} \leq 1$, $\|y_n\|_F \leq 1$ und $\sum_{n=1}^{\infty} |\alpha_n| < \infty$ ist kompakt (E normiert, F ein (B)-Raum).

Beweis: Die Abbildungen

$$T_m = \sum_{n=1}^{m} \alpha_n \langle x_n', x\rangle y_n$$

sind nach 1.6. kompakt, und es gilt

$$\|T - T_m\| \leq \sum_{n=m}^{\infty} |\alpha_n| \xrightarrow[m\to\infty]{} 0 . \quad //$$

Diese Abbildungen - es sind die nuklearen - werden Gegenstand eines späteren Paragraphen sein.

1.9. In Anlehnung an die russische Terminologie soll eine lineare Abbildung $T : E \longrightarrow F$ (E,F lokalkonvex) bikompakt genannt werden, wenn eine Nullumgebung $U \in \mathfrak{U}_E(0)$ existiert, so daß T(U) sogar kompakt ist.

Es gilt folgender Faktorisierungssatz (e Silva [1] , Raikov [2])

<u>SATZ:</u> Ist $T : E \longrightarrow F$ (E,F lokalkonvex) kompakt, so gibt es einen Banachraum B, $T(E) \subset B \subset F$, so daß $T \in L(E,B)$ und die Inklusion

$$J : B \xrightarrow{c} F$$

bikompakt ist:

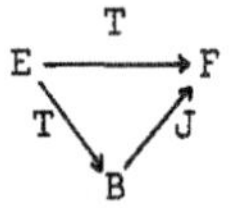

Beweis: Für $U \in \mathfrak{U}_E(0)$ absolutkonvex und $T(U)$ relativ kompakt ist $\overline{T(U)} = K$ kompakt in F. Es sei $B = [K]$ die lineare Hülle von K. Wegen der Absorbanz von U gilt $T(E) \subset K = \bigcup_{n=1} nK = B$.

Das Minkowski-Funktional

$$p_K(x) = \inf \{ \rho > 0 \mid x \in \rho K \}$$

bildet auf B eine Halbnorm, da K in $[K]$ absolutkonvex und absorbant ist. Da aber K aus jeder Ursprungsgeraden $[x]$ in F (speziell also in $[K]$) eine beschränkte und absolutkonvexe Teilmenge ausschneidet, existiert für jedes $x \in [K]$ ein $\rho > 0$ mit $x \notin \rho K$; d.h. p_K ist sogar eine Norm.

Sei nun $\{x_n\}$ eine Cauchyfolge in B; sie ist beschränkt, also o.E.d.A.: $\{x_n\} \subset K$. K ist in F kompakt, so daß $\{x_n\}$ einen Berührungspunkt $x \in K$ in der Topologie von F besitzt. Für $\varepsilon > 0$ existiert ein N mit

$$x_m \in x_n + \varepsilon K \qquad n,m \geq N$$

(Cauchyfolge). Die Menge $x_n + \varepsilon K$ ist in F abgeschlossen, so daß sie mit

$$\{x_m \mid m \geq N\}$$

auch den Berührungsp8nkt x enthält:

$$x \in x_n + \varepsilon K \qquad n \geq N,$$

d.h.

$$p_K(x - x_n) \leq \varepsilon$$

und x_n konvergiert in B gegen x; B ist somit ein Banachraum.*)

Nach Konstruktion gilt die angegebene Faktorisierung. //

<u>2. Duale kompakter Abbildungen</u>

2.1. <u>SATZ von SCHAUDER:</u> Ist $T : E \longrightarrow F$ (E und F normiert) kompakt, so auch

$$T' : F'_b \longrightarrow E'_b .$$

---

*) Ist K nur beschränkt, so ist also $[K]$ zumindest ein normierter Raum.

Beweis: Nach dem Satz von Hausdorff § 16,2.2. genügt es, aus einer Folge $\{y_n'\}$ in der Einheitskugel von F_b' eine Teilfolge $\{y_m'\} \subset \{y_n'\}$ so auszuwählen, daß $T'y_m'$ in E_b' konvergiert. $f_n(y) = \langle y_n', y \rangle$ ist eine stetige Funktion auf der kompakten Menge $\overline{T(U)} = K$ (U die Einheitskugel von E). Es gilt

$$\|f_n\|_{\mathcal{C}(K)} = \sup_{y \in K} |f_n(y)| = \sup_{x \in U} |\langle y_n', Tx \rangle| \leq \|y_n'\| \, \|T\| \leq \|T\|$$

und

$$|f_n(y) - f_n(z)| = |\langle y_n', y-z \rangle| \leq \|y-z\|,$$

so daß $\{f_n\}$ in $\mathcal{C}(K)$ beschränkt und gleichstetig ist; nach Arzelà-Ascoli (§ 17,1.2.) gibt es also eine Teilfolge $\{f_m\} \subset \{f_n\}$, die gleichmäßig auf T(U) konvergiert, d.h.

$$\langle T'y_m', x \rangle = f_m(Tx) \qquad x \in U$$

ist eine Cauchyfolge im Banachraum E_b'. //

2.2. Aus der isometrischen Einbettung $E \subset (E_b')_b'$ (§ 14, 2.2.) und

$$T''|_E = T$$

folgt der

ZUSATZ: Ist E normiert, F ein (B)-Raum, $T \in L(E, F_s)$ (dann existiert T' nach § 18,1.3. mit $D(T') = F'$) und

$$T' : F_b' \longrightarrow E_b'$$

kompakt, so ist $T : E \longrightarrow F$ kompakt.

2.3. SATZ: Ist $T \in L(E,F)$ kompakt (E,F lokalkonvex), so gilt

$$T''(E'') \subset F .$$

Beweis: Sei $U \in \mathfrak{U}_E(0)$ absolutkonvex, so daß $K = \overline{T(U)}$ in F kompakt und absolutkonvex ist. Insbesondere ist dann K schwach kompakt in E, also auch kompakt in $(F_b')_s'$ (beachte wieder das Lemma in § 14, 4.6.), speziell also schwach abgeschlossen. Nach dem Bipolarensatz folgt somit ($K \subset F''$ aufgefaßt)

$$({}^\circ K)^\circ = K .$$

U° ist stark beschränkt in E', $U^{\circ\circ}$ also eine Nullumgebung in $(E_b')_b'$, d.h. $E'' = \bigcup_{n=1}^{\infty} nU^{\circ\circ}$. Aus

$$T(U) \subset K$$

$$T'({}^\circ K) = T'(K^\circ) \subset U^\circ$$

$$K = ({}^\circ K)^\circ \supset T''(U^{\circ\circ})$$

folgt dann

$$T''(E'') = \bigcup_{n=1}^{\infty} nT''(U^{\circ\circ}) \subset \bigcup_{n=1}^{\infty} nK \subset F . \quad //$$

3. Kompakte Abbildungen zwischen Hilberträumen

SATZ: Sind H_1 und H_2 Hilberträume, so ist eine lineare Abbildung $T : H_1 \longrightarrow H_2$ genau dann kompakt, wenn es Orthonormalsysteme $\{x_n\}_{n\in\mathbb{N}} \subset H_1$ und $\{y_n\}_{n\in\mathbb{N}} \subset H_2$ sowie eine Folge $\alpha_n \longrightarrow 0$ gibt, so daß

$$Tx = \sum_{n=1}^{\infty} \alpha_n (x,x_n) y_n \qquad x \in H_1$$

gilt.

Beweis: Die Bedingung reicht wegen

$$\sup_{||x||\le 1} \left|\left| \sum_{n=m}^{\infty} \alpha_n (x,x_n) y_n \right|\right|^2 \le \sup_{n\ge m} |\alpha_n|^2 \sup_{||x||\le 1} \sum_{n=m}^{\infty} |(x,x_n)|^2 \le \sup_{n\ge m} |\alpha_n|^2 \longrightarrow 0$$

(Besselsche Ungleichung) aufgrund 1.6. und 1.7.

Die Umkehrung soll nur skizziert werden:

Eine kompakte Abbildung $T : H_1 \longrightarrow H_2$ läßt sich in eine positive, selbstadjungierte und kompakte Abbildung $T_1 : H_1 \longrightarrow H_1$ und eine isometrische Abbildung $W : T_1(H_1) \longrightarrow H_2$ zerlegen: $T = WT_1$ (siehe z.B. Gelfand-Wilenkin [1] , Bd. 4, p. 34). Nach dem Spektralsatz besitzt dann T_1 eine Darstellung

$$T_1 x = \sum_{n=1}^{\infty} \alpha_n (x,x_n) x_n ,$$

$\{x_n\}_{n\in\mathbb{N}}$ ein Orthonormalsystem und $\alpha_n \longrightarrow 0$, so daß

$$Tx = WT_1 x = \sum_{n=1}^{\infty} \alpha_n (x,x_n) Wx_n$$

folgt. $\{Wx_n\}_{n\in\mathbb{N}}$ bildet wegen der Isometrie wieder ein Orthonormalsystem. //

4. Einbettungen von Folgenräumen $\ell^p(b)$

4.1. In § 9, 4.1. wurden spezielle stetige Einbettungen

$$\ell^p(a) \overset{\subset}{\longrightarrow} \ell^p(b) \qquad a = (a_1,\dots) \qquad b = (b_1,\dots)$$

durch die Forderung $b_n \le a_n \quad n = 1,2,\dots$ gewonnen.

Etwas allgemeiner gilt der

SATZ: Die Einbettung $\ell^p(a) \overset{\subset}{\longrightarrow} \ell^p(b)$ ist genau dann stetig, wenn eine Konstante $C > 0$ existiert mit

$$b_n \le C a_n \qquad n = 1,2,\dots$$

Der Beweis ist unmittelbar klar.

4.2. Für kompakte Einbettungen gilt das Kriterium:

SATZ: Die Einbettung $\ell^p(a) \overset{\subset}{\longrightarrow} \ell^p(b)$ ist genau dann kompakt, wenn

$$\lim_{n\to\infty} \frac{b_n}{a_n} = 0$$

$(1 \leq p \leq \infty)$.

Beweis: Mit $||x||_a$ sei die Norm von $\ell^p(a)$ bezeichnet.

Ist die Bedingung erfüllt ($1 \leq p < \infty$ zunächst), so ist nach 4.1. die Einbettung stetig. Es genügt nachzuweisen, daß das Bild der Einheitskugel von $\ell^p(a)$ in $\ell^p(b)$ relativ kompakt ist; nach dem Satz von Kolmogoroff § 17, 2.1. reicht dann hin, die dortige Bedingung (2). (gleichmäßige Konvergenz der Reihen) nachzuweisen, da (1) (Beschränktheit) bereits aus der Stetigkeit folgt. Ist für $\varepsilon > 0$ N so bestimmt, daß

$$b_n \leq \varepsilon a_n \quad \text{für} \quad n \geq N$$

ist, so ist für $||x||_a \leq 1$ (A_k nach § 17, 2.1. die k-te Projektion)

$$\sum_{k=N}^{\infty} b_k^p |A_k(x)|^p \leq \varepsilon^p \sum_{k=N}^{\infty} |A_k(x)|^p a_k^p \leq \varepsilon^p ||x||_a^p \leq \varepsilon^p$$

und (2) ist nachgewiesen.

Ist andererseits die Einbettung kompakt, so ist nach Definition das Bild der Einheitskugel von $\ell^p(a)$ in $\ell^p(b)$ relativ kompakt. Wieder nach Bedingung (2) des Kolmogoroffschen Satzes existiert dann für gegebenes $\varepsilon > 0$ ein N derart, daß für $n \geq N, ||x||_a \leq 1$

$$\sum_{k=n}^{\infty} |A_k(x)|^p b_k^p \leq \varepsilon$$

gilt, speziell also für

$$x^{(\ell)} = (0,\ldots,0,\frac{1}{a_\ell},0,\ldots) \qquad (||x^{(\ell)}||_a = 1)$$

$$\left|\frac{1}{a_\ell}\right|^p b_\ell^p \leq \varepsilon \qquad \ell \geq N\,,$$

d.h.

$$\lim_{n\to\infty} \left(\frac{b_n}{a_n}\right)^p = 0\,,$$

also auch

$$\lim_{n\to\infty} \frac{b_n}{a_n} = 0\,.$$

Für $p = \infty$ verläuft der Beweis analog (schränke im 2. Teil auf $\ell_e^\infty(a)$ ein). //

5. Räume differenzierbarer Funktionen

5.1. Ist $\Omega \subset \mathbb{R}^n$ offen und beschränkt - $\overline{\Omega}$ ist also kompakt -, so bezeichnet $\mathcal{C}^\ell(\overline{\Omega})$ die Gesamtheit aller Funktionen

$$f : \overline{\Omega} \longrightarrow \mathbb{K},$$

Die in Ω bis zur Ordnung ℓ einschließlich differenzierbar sind und deren Ableitungen $D^\alpha f$ $(|\alpha|\leq \ell)$ stetige Funktionen auf $\overline{\Omega}$ sind. Dabei wird der Schwartzschen Schreibweise gefolgt

$$\alpha = (\alpha_1,\ldots,\alpha_n) \qquad \alpha_i \in \mathbb{N}\cup\{0\}$$

$$|\alpha| = \sum_{i=1}^{n} \alpha_i$$

$$D^\alpha = \frac{\partial^\alpha}{\partial x_1^{\alpha_1}\ldots\partial x_n^{\alpha_n}}$$

Mit

$$||f||_{\mathcal{C}^\ell(\overline{\Omega})} = \sup_{\substack{x\in\Omega\\ |\alpha|\leq \ell}} |D^\alpha f(x)|$$

wird $\mathcal{C}^\ell(\overline{\Omega})$ zunächst ein normierter Raum; die Konvergenz ist die gleichmäßige aller Ableitungen bis zur Ordnung ℓ auf Ω, so daß $\mathcal{C}^\ell(\overline{\Omega})$ sogar ein (B)-Raum ist. $(\mathcal{C}^0(\overline{\Omega}) = \mathcal{C}(\overline{\Omega}))$

5.2. Unmittelbar aus der Definition der Normen folgt der

SATZ: Für $\Omega_2 \subset \Omega_1$ und $\ell_2 \leq \ell_1$ ist die Einschränkungsabbildung

$$\begin{array}{ccc} \mathcal{C}^{\ell_1}(\overline{\Omega}_1) & \longrightarrow & \mathcal{C}^{\ell_2}(\overline{\Omega}_2) \\ \psi & & \psi \\ f & \rightsquigarrow & f|_{\overline{\Omega}_2} \end{array}$$

stetig.

5.3. SATZ: Ist Ω zuzüglich konvex, so ist für $\ell_2 < \ell_1$ die Einbettung

$$\mathcal{C}^{\ell_1}(\overline{\Omega}) \longrightarrow \mathcal{C}^{\ell_2}(\overline{\Omega})$$

kompakt.

Beweis: Ohne Mühe sieht man, daß es genügt, den Fall $\ell_1 = 1$, $\ell_2 = 0$ zu betrachten. Dann ist wegen der Stetigkeit der Einbettung nach Arzelà-Ascoli § 17, 1.2. nur noch zu zeigen, daß die Einheitskugel von $\mathcal{C}^1(\overline{\Omega})$ gleichstetig ist:

Sei $x,y \in \overline{\Omega}$ und $||f||_{\mathcal{C}^1(\overline{\Omega})} \leq 1$. Mit

$$x(s) = (1-s)x + sy \in \overline{\Omega} \quad \text{für } 0 \leq s \leq 1$$

gilt dann

$$|f(y)-f(x)| = \left|\int_0^1 \frac{d}{ds} f(x(s))\Big|_{s=t} dt\right| \leq \int_0^1 \sum_{j=1}^{n} \left|\frac{\partial f}{\partial x_j}(x(t))\right| |y_j-x_j|\,dt \leq$$

$$\leq n\cdot 1||x-y||_{\mathbb{R}^n},$$

wenn man $\mathbb{R}^n$ z.B. mit der euklidischen Norm ausstattet. //

5.4. <u>SATZ:</u> Ist $\ell_2 < \ell_1$, $\Omega_2 \subset \Omega_1$ und

$$d(\Omega_2, \complement\Omega_1) = \inf_{x\in\Omega_2, y\notin\Omega_1} ||x-y||_{\mathbb{R}^n} > 0$$

so ist die Einschränkungsabbildung

$$\mathcal{C}^{\ell_1}(\overline{\Omega}_1) \longrightarrow \mathcal{C}^{\ell_2}(\overline{\Omega}_2)$$

kompakt.

Beweis: Wegen ihrer Kompaktheit ist die Menge $\overline{\Omega}_2$ durch endlich viele (konvexe) Kugeln $\Delta_i \subset \Omega_1$ zu überdecken. Alle Abbildungen

$$\mathcal{C}^{\ell_1}(\overline{\Omega}_1) \longrightarrow \mathcal{C}^{\ell_2}(\overline{\Delta}_i)$$

sind jedoch nach den vorigen Sätzen kompakt, so daß man aus einer in $\mathcal{C}^{\ell_1}(\overline{\Omega}_1)$ beschränkten Folge durch endlich oft wiederholtes Auswählen eine in $\mathcal{C}^{\ell_2}(\overline{\Omega}_2)$ konvergente Teilfolge erhält. //

5.5. Der <u>Träger</u> supp f einer stetigen Funktion $f : \mathbb{R}^n \longrightarrow \mathbb{K}$ ist definiert durch

$$\text{supp } f = \overline{\{x \in \mathbb{R}^n \mid f(x) \neq 0\}}.$$

Ist nun Ω wieder offen und relativ kompakt, so bezeichnet $\mathcal{C}_0^{\ell}(\overline{\Omega})$ die Menge aller Funktionen $f : \mathbb{R}^n \longrightarrow \mathbb{K}$, deren Träger supp f in $\overline{\Omega}$ liegen und deren Ableitungen bis zur Ordnung ℓ einschließlich stetig sind. Ist $\Omega_1 \supset \Omega$, so bildet $\mathcal{C}_0^{\ell}(\overline{\Omega})$ (auf natürliche Weise eingebettet) einen abgeschlossenen Unterraum von $\mathcal{C}^{\ell}(\overline{\Omega}_1)$, ist also mit der induzierten Norm ein (B)-Raum.

Wählt man Ω_1 speziell konvex (offen und beschränkt), so gilt für $\ell_2 < \ell_1$ nach 5.3., daß die Abbildung

$$J : \mathcal{C}_0^{\ell_1}(\overline{\Omega}) \longrightarrow \mathcal{C}^{\ell_1}(\overline{\Omega}_1) \longrightarrow \mathcal{C}^{\ell_2}(\overline{\Omega}_1)$$

kompakt ist. Da aber $J(\mathcal{C}_0^{\ell_1}(\overline{\Omega})) \subset \mathcal{C}_0^{\ell_2}(\overline{\Omega})$ ist, folgt der

<u>SATZ:</u> Für $\ell_2 < \ell_1$ ist die Einbettung

$$\mathcal{C}_0^{\ell_1}(\overline{\Omega}) \longrightarrow \mathcal{C}_0^{\ell_2}(\overline{\Omega})$$

kompakt.

§ 20 Hilbert-Schmidt-Abbildungen

1. Definition und Eigenschaften

1.1. Eine lineare Abbildung

$$T : H_1 \longrightarrow H_2,$$

H_1 und H_2 Hilberträume mit Basen $\{x^1_\alpha\}_{\alpha\in A}$ und $\{x^2_\beta\}_{\beta\in B}$ (§ 3, 3.4.) heißt Hilbert-Schmidtsch, wenn

$$|T|^2 = \sum_{\alpha\in A} ||Tx^1_\alpha||_2^2 < \infty .$$

Es gilt, wegen der Parsevalschen Gleichung, der

SATZ:

$$|T|^2 = \sum_\alpha ||Tx^1_\alpha||_2^2 = \sum_{\alpha,\beta} |(Tx^1_\alpha,x^2_\beta)_2|^2 = \sum_\beta ||T^*x^2_\beta||_1^2 = |T^*|^2$$

D.h. T ist genau dann Hilbert-Schmidtsch, wenn seine Adjungierte T^* Hilbert-Schmidtsch ist. Ferner, da beide Basen beliebig waren und $T^{**} = T$ gilt, ist die Hilbert-Schmidt-Norm (HS-Norm) $|T|$ von T unabhängig von der gewählten Basis.

1.2. SATZ: Mit der HS-Norm ist die Menge $HS(H_1,H_2)\subset L(H_1,H_2)$ aller Hilbert-Schmidt-Abbildungen ein Banachraum, und es gilt

$$||T||_{L(H_1,H_2)} \leq |T|.$$

Beweis: Für $||x||_1 \leq 1$ gilt

$$||Tx||_2^2 = \sum_\beta |(Tx,x^2_\beta)_2|^2 = \sum_\beta |(x,T^*x^2_\beta)_1|^2 \leq$$
$$\leq ||x||_1^2 \sum_\beta ||T^*x^2_\beta||_1^2 \leq |T|^2 ,$$

also

$$||T|| \leq |T| . \qquad (*)$$

Aus der Definition der HS-Norm und der Dreiecksungleichung in $\ell^2(A)$ folgt sofort für $T_1,T_2 \in HS(H_1,H_2)$, daß $T_1 + T_2 \in HS(H_1,H_2)$ und

$$|T_1+T_2| \leq |T_1| + |T_2|,$$

die restlichen Normeigenschaften sind klar. Es bleibt die Vollständigkeit: Eine Cauchyfolge $\{T_n\}\subset HS(H_1,H_2)$ ist wegen (*) auch eine in $L(H_1,H_2)$, es existiert also $T\in L(H_1,H_2)$ mit

$$||T - T_n|| \longrightarrow 0 .$$

Ist $M = \sup_n |T_n|$, so gilt für jede endliche Teilmenge $A_o\subset A$

$$\sum_{\alpha\in A_o} ||(T-T_n)x^1_\alpha||_2^2 = \lim_{m\to\infty} \sum_{\alpha\in A_o} ||(T_m-T_n)x^1_\alpha||_2^2 \leq \lim_{m\to\infty} |T_m-T_n|^2 < \varepsilon$$

für $n \geq N(\varepsilon)$. D.h.

$$|T - T_n|^2 < \varepsilon,$$

insbesondere $T\in HS\,(H_1,H_2)$ und $|T| \leq M$. //

1.3. SATZ: Die Zusammensetzungen von stetigen, linearen und Hilbert-Schmidtschen Abbildungen sind Hilbert-Schmidtsch; es gilt

$$|A\circ T| \leq ||A||\ |T|$$
$$|T\circ A| \leq |T|\ ||A||.$$

Beweis: Für $T \in HS(H_1,H_2)$ und $A \in L(H_2,H_3)$ gilt

$$|A \circ T|^2 = \sum_\alpha ||ATx_\alpha^1||_3^2 \leq ||A||^2 \sum_\alpha ||Tx_\alpha^1||_2^2 = ||A||^2|T|^2 .$$

Die Aussage für $T \circ A$, $A \in L(H_o,H_1)$ folgt aus

$$(T \circ A)^* = A^* \circ T^*,$$

Satz 1.1. und $||A|| = ||A^*||$ (§ 18, 2.3. und 3.3.). //

1.4. Im Falle $H = H_1 = H_2$ bedeuten die vorherigen Sätze, daß HS(H,H) in der Algebra L(H,H) ein zweiseitiges Ideal und mit der HS-Norm eine Banachalgebra ist (ohne Einheit i.a.; die Identität ist in nicht endlich diemensionalen Hilberträumen offensichtlich nicht HS).

1.5. Lineare, stetige Abbildungen T_n mit endlichdimensionalem Bildraum sind kompakt, erlauben also aufgrund § 19, 3. eine Darstellung

$$T_n x = \sum_{\nu=1}^{n} \alpha_\nu (x,x_\nu) y_\nu$$

$\{x_\nu\}$, $\{y_\nu\}$ orthonormal, aus der man sofort abliest, daß T_n Hilbert-Schmidtsch ist: $|T_n|^2 = \sum_{\nu=1}^{n} |\alpha_\nu|^2$.

SATZ: Jede HS-Abbildung ist Grenzwert in der HS-Norm von Abbildungen mit endlichdimensionalem Bildraum, also auch in $L(H_1,H_2)$ (1.2.) und somit kompakt nach § 19, 1.7.

Beweis: Da $|T|^2 = \sum_{\alpha\in A} ||Tx_\alpha||^2 < \infty$, $\{x_\alpha\}$ eine Basis von H_1, gilt, sind höchstens abzählbar viele $Tx_\alpha \neq 0$: $\alpha \in \{\alpha_1,\alpha_2,...\}$. Für die Abbildungen T_n

$$T_n x_\alpha = \begin{cases} Tx_\alpha & \text{für } \alpha \in \{\alpha_1,...,\alpha_n\} \\ 0 & \text{sonst} \end{cases}$$

gilt dann

$$|T-T_n|^2 = \sum_{\alpha\in A} ||(T-T_n)x_\alpha||^2 = \sum_{k=n+1}^{\infty} ||Tx_{\alpha_k}||^2 \xrightarrow[k\to\infty]{} 0$$

wegen der Konvergenz der Reihe

$$|T|^2 = \sum_{\alpha\in A} ||Tx_\alpha||^2 = \sum_{k=1}^{\infty} ||Tx_{\alpha_k}||^2 \quad . \quad //$$

1.6. Noch eine einfache Charakterisierung der Hilbert-Schmidtschen Abbildungen: Nach § 19, 3. ist eine Abbildung T genau dann kompakt, wenn sie sich in der Form

$$Tx = \sum_{n=1}^{\infty} \alpha_n (x,x_n) y_n \qquad x \in H_1 \qquad \alpha_n \longrightarrow 0 \qquad (*)$$

$\{x_n\} \subset H_1$, $\{y_n\} \subset H_2$ Orthonormalsysteme schreiben läßt. HS-Abbildungen sind, wie eben bewiesen wurde, kompakt, also

SATZ: Eine lineare Abbildung $T : H_1 \longrightarrow H_2$ ist genau dann Hilbert-Schmidtsch, wenn sie sich in der Form (*) mit

$$\sum_{n=1}^{\infty} |\alpha_n|^2 < \infty$$

darstellen läßt.
Es gilt dann

$$|T|^2 = \sum_{n=1}^{\infty} |\alpha_n|^2 < \infty .$$

Beweis: Ist $\{x_\beta\}_{\beta \in B}$ eine Erweiterung von $\{x_n\}$ zu einer Basis von H_1, so folgt der Beweis wegen

$$Tx_\beta = \begin{cases} \alpha_n y_n & \text{für } \beta = n \\ 0 & \text{sonst} \end{cases}$$

aus der Beziehung

$$|T|^2 = \sum_{\beta \in B} ||Tx_\beta||_2^2 = \sum_{n=1}^{\infty} ||\alpha_n y_n||_2^2 = \sum_{n=1}^{\infty} |\alpha_n|^2 \quad . \quad //$$

2. Abbildungen mit Kern

2.1. Sei H ein Hilbertraum, X eine Punktmenge und $\mathbb{C}^X$ der Raum aller auf X definierten, komplexwertigen Funktionen, versehen mit der üblichen kartesischen (lokalkonvexen, § 6, 1.3.) Produkttopologie. Eine lineare, stetige Abbildung

$$A : H \longrightarrow \mathbb{C}^X$$

soll als Abbildung mit Kern bezeichnet werden. Stetigkeit bedeutet, daß für jedes $x \in X$ und alle $h \in H$

$$|(Ah)(x)| \leq B(x)||h|| \qquad B(x) < \infty \qquad (*)$$

gilt.

2.2. Für fixiertes $x \in X$ folgt hieraus, daß

$$h \rightsquigarrow (Ah)(x)$$

ein stetiges, lineares Funktional auf H ist; wegen des Satzes von Riesz (§ 12, 5.) gilt somit

$$(Ah)(x) = (h, K_A(x)) \qquad (**)$$

$K_A(x) \in H$ für jedes $x \in X$; $K_A(x)$ ist der Kern der Abbildung A.
Leicht sieht man, daß - falls A gemäß (**) durch einen gegebenen Kern $K_A(x) \in H$ definiert wird - A eine Abbildung mit Kern ist und daß für die Existenz eines Kerns die Bedingung (*) notwendig und hinreichend ist.

2.3. Ist $\{h_\alpha\}$ eine Basis von H, so gilt für die Norm von $K_A(x)$ in H nach der Parsevalschen Gleichung

$$||K_A(x)||^2 = \sum_\alpha |(K_A(x),h_\alpha)|^2 = \sum_\alpha |(Ah_\alpha)(x)|^2 .$$

2.4. Seien nun μ_n Maße auf X, $H_{(A)}$ ein Hilbertraum und

$$A_n : H_{(A)} \longrightarrow \mathcal{L}^2(X,\mu_n)$$

lineare, nicht notwendig stetige Abbildungen derart, daß die Norm in $H_{(A)}$ durch

$$||h||^2_{H_{(A)}} = \sum_{n=1}^{\infty} \int_X |(A_n h)(x)|^2 \mu_n(dx), \qquad h \in H_{(A)}$$

gegeben ist (das Skalarprodukt in $H_{(A)}$ schreibt sich dann entsprechend).
Ist H ein zweiter, separabler (d.h. es existiert eine abzählbare Basis $\{h_n\}_{n\in\mathbb{N}}$ von H) Hilbertraum, so soll untersucht werden, wann eine lineare Abbildung

$$T : H \longrightarrow H_{(A)}$$

(über die Stetigkeit wird wieder nichts vorausgesetzt) Hilbert-Schmidtsch ist:

<u>SATZ:</u> Besitzen die Abbildungen

$$A_n T : H \longrightarrow \mathcal{L}^2(X,\mu_n)$$

einen Kern $K_{A_nT}(x)$, so ist T genau dann Hilbert-Schmidtsch, wenn

$$\sum_{n=1}^{\infty} \int_X ||K_{A_nT}(x)||^2_H \ \mu_n(dx) < \infty .$$

Die HS-Norm $|T|$ ist dann gerade die Quadratwurzel dieser Zahl.

Beweis: Zunächst gilt nach 2.3.

$$||K_{A_nT}(x)||^2_H = \sum_{i=1}^{\infty} |(A_nTh_i)(x)|^2$$

(H ist separabel), daß $||K_{A_nT}(x)||^2_H$ eine meßbare Funktion von x ist, so daß die Integrale der Bedingung sinnvoll sind. Für die HS-Norm von T gilt dann wegen der speziellen Form der Norm in $H_{(A)}$

$$|T|^2 = \sum_{i=1}^{\infty} ||Th_i||^2_{H_{(A)}} = \sum_{i=1}^{\infty} \sum_{n=1}^{\infty} \int_X |(A_nTh_i)(x)|^2 \mu_n(dx) =$$

$$= \sum_{n=1}^{\infty} \int_X \sum_{i=1}^{\infty} |(A_nTh_i)(x)|^2 \mu_n(dx) = \sum_{n=1}^{\infty} \int_X ||K_{A_nT}(x)||^2_H \ \mu_n(dx) .$$

Dabei ist nach maßtheoretischen Sätzen (z.B. Halmos [1], p. 112) die Vertauschung von Summation und Integration legitim, da die Integranden nicht negativ sind. // (nach Wloka [2])

2.5. Klassische Beispiele für Hilbert-Schmidt-Abbildungen bilden Integraloperatoren mit quadratintegrierbarem Kern (Lebesguesches Maß):

Ist

$$T : L^2(\mathbb{R}^n) \longrightarrow L^2(\mathbb{R}^n)$$
$$f \rightsquigarrow (Tf)(x) = \int_{\mathbb{R}^n} f(y)\overline{k(x,y)}\, dy$$

wohldefiniert, so folgt mit

$$H = H_{(A)} = L^2(\mathbb{R}^n)$$
$$X = \mathbb{R}^n$$
$$A = id_{L^2(\mathbb{R}^n)} ,$$

daß der Kern von AT

$$K_{AT}(x) = k(x,\cdot) \in L^2(\mathbb{R}^n)$$

lautet. Mit dem obigen Satz folgt dann, daß T genau dann Hilbert-Schmidtsch ist, wenn

$$k \in L^2(\mathbb{R}^{2n}).$$

Für die HS-Norm gilt dann

$$|T|^2 = \int_{\mathbb{R}^n} \int_{\mathbb{R}^n} |k(x,y)|^2\, dxdy .$$

(An sich müßte man T zunächst als Abbildung im nicht-separierten Hilbertraum $\mathcal{L}^2(\mathbb{R}^n)$ betrachten.)

2.6. Auch Einbettungen von Hilbertschen Folgenräumen

$$I : \ell^2(a) \overset{c}{\longrightarrow} \ell^2(b) \quad ^{**)}$$

lassen sich mittels der obigen Methodik behandeln: In $H_{(A)} = \ell^2(b)$ ist die Norm durch die Abbildung

$$A = id : \ell^2(b) \overset{c}{\longrightarrow} \mathbb{C}^N$$

und das Maß $\mu(n) = b_n^2$ gegeben: $x = \{\xi_n\} \in \ell^2(b)$

$$||x||^2_{\ell^2(b)} = \int_{\mathbb{N}} |(Ax)(n)|^2 \mu(dn) = \sum_{n=1}^{\infty} |\xi_n|^2 b_n^2 .$$

Der Kern der Abbildung

$$AI : \ell^2(a) \overset{c}{\longrightarrow} \ell^2(b) \overset{c}{\longrightarrow} \mathbb{C}^N$$

ist

$$K_{AI}(n) = \{\delta_{nm} \cdot \frac{1}{a_n^2}\}_{m \in \mathbb{N}} \in \ell^2(a)$$

(δ_{nm} Kroneckers Symbol), so daß mit 2.4. folgt

**) Das Skalarprodukt in $\ell^2(a)$ ist durch $\langle\{\xi_n\},\{\eta_n\}\rangle = \sum_{n=1}^{\infty} \xi_n \overline{\eta}_n a_n^2$ gegeben.

SATZ: Die Einbettung

$$T : \ell^2(a) \xrightarrow{c} \ell^2(b)$$

ist dann und nur dann Hilbert-Schmidtsch, wenn

$$|I|^2 = \sum_{n=1}^{\infty} \left(\frac{b_n}{a_n}\right)^2 < \infty .$$

§ 21 Nukleare Abbildungen

1. Faktorisationssätze

1.1. DEFINITION: Eine lineare Abbildung $T : E \longrightarrow F$ (E,F lokalkonvexe Räume) heißt nuklear, falls existieren

(1) $\{a_n\} \subset E'$ gleichstetig (d.h. es gibt eine stetige Halbnorm p auf E mit $|\langle a_n, x\rangle| \leq p(x)$ für alle $x \in E$).

(2) $\{y_n\} \subset F$ beschränkt und

(3) $\{\lambda_n\} \subset \mathbb{C}$ $\sum_{n=1}^{\infty} |\lambda_n| < \infty$,

so daß

$$Tx = \sum_{n=1}^{\infty} \lambda_n \langle a_n, x\rangle y_n \qquad x \in E .$$

1.2. SATZ: Eine nukleare Abbildung ist stetig; Zusammensetzungen mit stetigen Abbildungen sind wieder nuklear.

Beweis: Für eine definierende Halbnorm q auf F gilt (p nach (1)) wegen (1) - (3)

$$q(Tx) \leq \sum_{n=1}^{\infty} |\lambda_n| \cdot \sup_n p(y_n) \cdot p(x) \leq C p(x) .$$

Ist $S : F \longrightarrow G$ stetig, so

$$STx = \sum_{n=1}^{\infty} \lambda_n \langle a_n, x\rangle \, Sy_n \qquad x \in E$$

und $\{Sy_n\}$ ist beschränkt in G.

Für $S : G \longrightarrow E$ stetig folgt

$$TSx = \sum_{n=1}^{\infty} \lambda_n \langle S'a_n, x\rangle \, y_n \qquad x \in G ,$$

und $\{S'a_n\}$ ist wegen

$$|\langle S'a_n, x\rangle| = |\langle a_n, Sx\rangle| \leq p(Sx) \leq q(x)$$

(q auf G aufgrund der Stetigkeit von S gewählt) gleichstetig. //

1.3. Es sei daran erinnert, daß eine stetige Halbnorm auf E einen normierten Quotientenraum (§ 12, 1.1.)

$$E_p = E / \{x \in E \mid p(x)=0\}$$

erzeugt, für den die natürliche Abbildung

$$K_p : E \longrightarrow E_p$$

stetig ist.

Für eine beschränkte, absolutkonvexe und abgeschlossene Teilmenge $B \subset F$ ist $[B] = \bigcup_{n=1}^{\infty} n\,B$ mit dem Minkowski-Funktional p_B ein normierter Raum (siehe dazu im Beweis von § 19, 1.9.); die Einbettung

$$[B] \overset{\subset}{\longrightarrow} F$$

ist wegen der Beschränktheit von B stetig und [B] ist sogar ein Banachraum, wenn F vollständig ist. (Dazu muß man nur ausnützen, daß, wieder wegen der Beschränktheit von B, eine Cauchyfolge in [B] ebenfalls eine in F ist und beachten, daß B abgeschlossen ist.)

1.4. <u>SATZ:</u> Ist $T : E \longrightarrow F$ nuklear, so faktorisiert sich T zu

$$\begin{array}{ccc} E & \xrightarrow{\quad T \quad} & F \\ {\scriptstyle K_p}\downarrow & & \uparrow \\ E_p & \xrightarrow[\quad \hat{T} \quad]{} & [B] \end{array}$$

mit einer nuklearen Abbildung

$$\hat{T}(\hat{x}) = \sum_{n=1}^{\infty} \lambda_n \langle a_n, x\rangle y_n \qquad x \in \hat{x} \in E_p,$$

wenn

$$|\langle a_n, x\rangle| \leq p(x) \quad \text{für alle} \quad x \in E$$

(Def. (1)) und $B = \overline{\Gamma\{y_n\}}$ die kleinste abgeschlossene und absolutkonvexe Obermenge von $\{y_n\}$ ist (a_n, y_n, λ_n nach Definition).

Zum Beweis muß man nur beachten, daß T nach (1) auf den Restklassen nach $\{x \in E \mid p(x) = 0\}$ konstant (a_n also auf E_p aufzufassen ist) und B mit $\{y_n\}$ ebenfalls beschränkt ist.

Dieser Satz verursacht, daß man sich bei der Untersuchung von Eigenschaften von nuklearen Abbildungen im wesentlichen auf nukleare Abbildungen zwischen normierten Räumen beschränken kann.

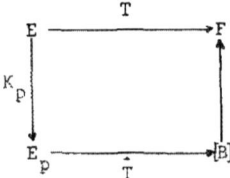

1.5. In § 19, 1.8. wurde bereits als Beispiel gezeigt, daß nukleare Abbildungen $T : E \longrightarrow F$ durch endlich-dimensionale gleichmäßig approximiert werden (E, F normiert) und damit - falls F vollständig ist - kompakt sind. Beachtet man für lokalkonvexe Räume E und F die Definition der Topologie in $L_b(E,F)$ (§ 10, 3.2.) und benutzt die Faktorisierung 1.4., so hat man den

SATZ: Eine nukleare Abbildung $T : E \longrightarrow F$ (E,F lokalkonvex) wird in $L_b(E,F)$ durch eine Folge endlichdimensionaler Abbildungen approximiert und ist - wenn F vollständig ist - kompakt. *)

1.6. SATZ: Ist $T : E \longrightarrow F$ (E,F lokalkonvex) nuklear, so ist

$$T' : F_b' \longrightarrow E_b'$$

nuklear.

Beweis: Für $b \in F_b'$ und $x \in E$ gilt

$$\langle T'b,x \rangle = \langle b,Tx \rangle = \langle b, \sum_n \lambda_n \langle a_n,x \rangle y_n \rangle = \langle \sum_n \lambda_n \langle b,y_n \rangle a_n,x \rangle ,$$

also

$$T'b = \sum_n \lambda_n \langle b,y_n \rangle a_n .$$

Da die Polare der in F beschränkten Menge $\{y_n\}$ eine Nullumgebung in F_b' ist, ist $\{y_n\} \subset (F_b')'$ gleichstetig. $\{a_n\} \subset E_b'$ ist als gleichstetige Menge enthalten in der Polaren einer Nullumgebung von E, also speziell stark beschränkt (§ 13, 3.2. (1)). Damit ist $T' : F_b' \longrightarrow E_b'$ nuklear. //

1.7. Für natürliche Einbettungen zwischen Folgenräumen gilt der einfache

SATZ: Für $(1 \leq p \leq \infty)$

$$\sum_{n=1}^{\infty} \frac{b_n}{a_n} < \infty$$

ist

$$T : \ell^p(a) \longrightarrow \ell^p(b)$$

nuklear. **)

Beweis: Ist A_n die n-te Projektion und $e_n = \{\delta_{nm}\}_{m \in \mathbb{N}}$, so gilt für $x \in \ell^p(a)$

$$Tx = \sum_{n=1}^{\infty} \frac{b_n}{a_n} \langle a_n A_n,x \rangle \frac{e_n}{b_n} \in \ell^p(b) .$$

---

*) Eine lineare Abbildung $T : E \longrightarrow F$, die betrachtet als Abbildung $T : E \longrightarrow \tilde{F}$ ($\tilde{F}$ die Vervollständigung von F) kompakt ist, heißt präkompakt. Damit ist jede nukleare Abbildung präkompakt.

**) Obige Bedingung ist auch notwendig für die Nuklearität der Einbettung, siehe z.B. Mitjagin [1] (p = 1).

Wegen

$$|\langle a_n A_n, x\rangle| \leq ||x||_{\ell^p(a)},$$

$$||\frac{e_n}{b_n}||_{\ell^p(b)} = 1$$

und der Voraussetzung ist damit die Einbettung nuklear. //

1.8. <u>SATZ:</u> Jede nukleare Abbildung $T : E \longrightarrow F$ (E,F lokalkonvex) läßt sich über den Hilbertraum $\ell^2(\mathbb{N})$ faktorisieren

$$\begin{array}{ccc} E & \xrightarrow{T} & F \\ & {\scriptstyle\alpha}\searrow \quad \nearrow{\scriptstyle\beta} & \\ & \ell^2(\mathbb{N}) & \end{array} \qquad \alpha,\beta \text{ stetig,}$$

wenn F folgenvollständig ist (es genügt, daß [B] von 1.4. vollständig ist).

Beweis: Ist T gemäß seiner Nuklearität durch

$$Tx = \sum_{n=1}^{\infty} \lambda_n \langle a_n, x\rangle y_n \qquad (\lambda_n > 0 \quad \text{o.E.d.A.})$$

dargestellt, dann seien

$$\begin{array}{rl} \alpha : & E \longrightarrow \ell^2(\mathbb{N}) \\ & \ \psi \qquad\quad \psi \\ & x \rightsquigarrow \{\lambda_n^{1/2} \langle a_n, x\rangle\} \end{array}$$

und

$$\begin{array}{rl} \beta : & \ell^2(\mathbb{N}) \longrightarrow F \\ & \quad \psi \qquad\qquad \psi \\ & \{\xi_n\} \rightsquigarrow \sum_{n=1}^{\infty} \lambda_n^{1/2} \xi_n y_n \end{array}$$

definiert. Offensichtlich ist $T = \beta \circ \alpha$; es bleibt die Stetigkeit nachzuweisen (insbesondere, daß beide Abbildungen wohldefiniert sind):

α :
$$||\alpha(x)||_{\ell^2}^2 = \sum_{n=1}^{\infty} |\lambda_n^{1/2} \langle a_n, x\rangle|^2 \leq \sup_n |\langle a_n, x\rangle|^2 \sum_{n=1}^{\infty} \lambda_n$$

$$\leq \sum_{n=1}^{\infty} \lambda_n \cdot (p(x))^2,$$

wenn man die Halbnorm p aufgrund der Gleichstetigkeit von $\{a_n\}$ wählt.

β : Für eine stetige Halbnorm q auf F gilt:

$$q(\beta\{\xi_n\}) \leq \sum_{n=1}^{\infty} \lambda_n^{1/2} |\xi_n| q(y_n) \leq c\left(\sum_{n=1}^{\infty} \lambda_n\right)^{1/2} \left(\sum_{n=1}^{\infty} |\xi_n|^2\right)^{1/2},$$

da $\{y_n\}$ in F beschränkt ist. //

1.9. Vergleicht man etwa 1.7. mit dem Kriterium § 20, 2.6. für Hilbert-Schmidtsche Einbettungen von Folgenräumen

$$\sum_{n=1}^{\infty} \left(\frac{b_n}{a_n}\right)^2 < \infty ,$$

oder betrachtet man die obige Faktorisation, deren Abbildungen HS-ähnlich sind, so deutet sich ein Zusammenhang zwischen Hilbert-Schmidtschen und nuklearen Abbildungen an, der im folgenden untersucht werden soll.

2. Nukleare Abbildungen zwischen Hilberträumen

2.1. Nukleare Abbildungen zwischen Hilberträumen H_1 und H_2 sind kompakt (1.5.), lassen sich also nach dem Spektralsatz § 19, 3. in der Form

$$Tx = \sum_{n=1}^{\infty} \alpha_n (x,e_n)_1 f_n$$

($\{e_n\} \subset H_1$ und $\{f_n\} \subset H_2$ Orthonormalsysteme, $\alpha_n \longrightarrow 0$) darstellen.

<u>SATZ:</u> Es gilt
$$\sum_{n=1}^{\infty} |\alpha_n| < \infty .$$

Beweis: Sei T gemäß Definition durch

$$Tx = \sum_{n=1}^{\infty} \lambda_n \langle a_n, x \rangle y_n =$$
$$= \sum_{n=1}^{\infty} \lambda_n (x, x_n)_1 y_n ; \qquad x_n = J_{H_1}(a_n)$$

(nach dem Satz von Riesz, § 12, 5.1.), so gilt wegen $\alpha_n = (Te_n, f_n)_2$ und der Besselschen Ungleichung

$$\sum_n |\alpha_n| = \sum_n \Big|\Big(\sum_i \lambda_i (e_n, x_i)_1 y_i, f_n\Big)_2\Big| \leq$$
$$\leq \sum_i |\lambda_i| \sum_n |(e_n,x_i)_1| \, |(y_i,f_n)_2| \leq$$
$$\leq \sum_i |\lambda_i| \underbrace{\Big(\sum_n |(e_n,x_i)_1|^2\Big)^{1/2}}_{\leq \|x_i\| \leq C_1} \underbrace{\Big(\sum_n |(y_i,f_n)_2|^2\Big)^{1/2}}_{\leq \|y_i\| \leq C_2} \leq C \sum_i |\lambda_i| < \infty \; . \; //$$

2.2. Die Umkehrung dieses Satzes

Eine kompakte Abbildung $T : H_1 \longrightarrow H_2$

$$Tx = \sum_{n=1}^{\infty} \alpha_n (x,e_n) f_n ,$$

$\{e_n\}$ und $\{f_n\}$ orthonormal, mit

$$\sum_{n=1}^{\infty} |\alpha_n| < \infty$$

ist nuklear.

ist trivial. Damit sind Hilbert-Schmidtsche ($\sum_{n=1}^{\infty} |\alpha_n|^2 < \infty$, § 20, 1.6.) und nukleare Abbildungen durch Summierbarkeitseigenschaften der Koeffizienten ihrer Spektraldarstellung klassifiziert. Sie ergeben sich als Spezialfälle (p = 2 bzw. p = 1) von <u>Abbildungen des Typs ℓ^p</u>, d.h. von kompakten Abbildungen

$$Tx = \sum_{n=1}^{\infty} \alpha_n (x, e_n) f_n$$

mit

$$\sum_{n=1}^{\infty} |\alpha_n|^p < \infty ,$$

die z.B. Pietsch ([1] , Kap. 8) behandelt. Wegen

$$\ell^1(\mathbb{N}) \subsetneq \ell^2(\mathbb{N})$$

gilt der

2.3. <u>SATZ:</u> Jede nukleare Abbildung zwischen Hilberträumen ist Hilbert-Schmidtsch, und es gibt Hilbert-Schmidt-Abbildungen, die nicht nuklear sind.

2.4. <u>SATZ:</u> 1. Das Produkt zweier Hilbert-Schmidt-Abbildungen ist nuklear.

2. Jede nukleare Abbildung läßt sich in zwei Hilbert-Schmidt-Abbildungen faktorisieren.

Beweis:

1. Seien

$$H_1 \xrightarrow{S} H_2 \xrightarrow{T} H_3$$

Hilbert-Schmidtsch und

$$Ty = \sum_{n=1}^{\infty} \beta_n (y, g_n) h_n \qquad y \in H_2$$

($\sum_{n=1}^{\infty} |\beta_n|^2 < \infty$, $\{g_n\} \subset H_2$ und $\{h_n\} \subset H_3$ orthonormal), dann gilt für $x \in H_1$

$$TSx = \sum_{n=1}^{\infty} \beta_n (Sx, g_n) h_n = \sum_{n=1}^{\infty} \beta_n (x, S^* g_n) h_n =$$

$$= \sum_{n=1}^{\infty} \beta_n ||S^* g_n|| (x, x_n) h_n$$

mit $x_n = ||S^* g_n||^{-1} S^* g_n$: $||x_n|| = 1$. Da mit S auch S^* Hilbert-Schmidtsch ist (§ 20, 1.1.)

$$\sum_{n=1}^{\infty} ||S^* g_n||^2 < \infty ,$$

folgt die Nuklearität aus der Schwarzschen Ungleichung

$$\sum_{n=1}^{\infty} \Big| \beta_n ||S^* g_n|| \Big| \leq (\sum_{n=1}^{\infty} |\beta_n|^2)^{1/2} (\sum_{n=1}^{\infty} ||S^* g_n||^2)^{1/2} < \infty .$$

2. Ist eine nukleare Abbildung $T : H_1 \longrightarrow H_2$ mit Orthonormalsystemen gemäß 2.1. dargestellt, so sieht man aus der Konstruktion der Faktorisierungen α und β nach $\ell^2(\mathbb{N})$ in 1.8., daß diese Hilbert-Schmidtsch sind. //

2.5. ZUSATZ: Eine Abbildung $T : H \longrightarrow H$ (H ein Hilbertraum) ist genau dann nuklear, wenn es zwei Hilbert-Schmidt-Abbildungen $S_i : H \longrightarrow H$ mit $T = S_2S_1$ gibt.

Beweis: Nach dem Satz bleibt nur zu zeigen, daß die Faktorisierung einer nuklearen Abbildung T in H gewählt werden kann. Ist

$$Tx = \sum \alpha_n(x,x_n)y_n, \qquad \alpha_n > 0$$

$\{x_n\}$, $\{y_n\}$ orthonormal, so sei $\{x_n\}$ zu einer Basis $\{x_n\}_{n\in\mathbb{N}} \cup \{e_\alpha\}_{\alpha\in A}$ von H verlängert. Mit dieser Basis ist $H = \ell^2(\mathbb{N} \dot{\cup} A)^{*)}$ (§ 3,3.6) und (α,β nach 1.8.)

$$\overline{\alpha} : H \xrightarrow{\alpha} \ell^2(\mathbb{N}) \xrightarrow{\subset} \ell^2(\mathbb{N} \dot{\cup} A) = H$$

$$\begin{array}{cccc} \overline{\beta} : & H = & \ell^2(\mathbb{N} \dot{\cup} A) \longrightarrow & H \\ & \Psi & & \Psi \\ & \{\xi_n\} \cup \{\xi_\alpha\} & \leadsto & \beta(\{\xi_n\}) \end{array}$$

sind Hilbert-Schmidtsch: $T = \overline{\beta} \circ \overline{\alpha}$. //

2.6. KOROLLAR: Für eine nukleare Selbstabbildung T eines Hilbertraumes H ist

$$Sp(T) = \sum_{\alpha\in A} (Tx_\alpha,x_\alpha)$$

($\{x_\alpha\}_{\alpha\in A}$ eine Basis von H) eine absolutkonvergente Reihe.

Sp(T) nennt man die Spur von T.

Beweis: Für $T = S_2S_1$ (S_i Hilbert-Schmidtsch) gilt

$$\sum_\alpha |(Tx_\alpha,x_\alpha)| = \sum_\alpha |(S_1x_\alpha,S_2^*x_\alpha)| \le \sum_\alpha ||S_1x_\alpha|| \; ||S_2^*x|| \le$$
$$\le (\sum_\alpha ||S_1x_\alpha||^2)^{1/2}(\sum_\alpha ||S_2^*x_\alpha||^2)^{1/2} = |S_1| \cdot |S_2| < \infty . \quad //$$

§ 22 ($\overline{S}$)-Räume

1. Projektive Spektren aus kompakten Abbildungen

1.1. Ein lokalkonvexer Raum E heißt ($\overline{S}$)-Raum, wenn es ein projektives Spektrum $\{E_\alpha,\pi\}_{\alpha\in A}$ gibt mit

---

*) $N \dot{\cup} A$ bedeute die disjunkte Vereinigung.

(1) $E = \underset{\leftarrow\alpha}{\mathrm{proj}}\, E_\alpha$

(2) Für alle $\alpha \in A$ existiert ein $\beta \geq \alpha$ mit

$$\pi_{\alpha\beta} : E_\beta \longrightarrow E_\alpha$$

ist kompakt.

Es genügt natürlich, daß (2) für konfinal viele α gilt. Wegen $\pi_\alpha = \pi_{\alpha\beta} \circ \pi_\beta$ (β nach (2) für gegebenes $\alpha \in A$) sind alle Projektionen π_α eines $(\overline{S})$-Raumes kompakt.

1.2. <u>SATZ:</u> Für einen $(\overline{S})$-Raum E gibt es ein projektives Spektrum aus Banachräumen mit sämtlich bikompakten (§ 19, 1.9.) Einbettungen $\pi_{\alpha\beta}$ $(\alpha \neq \beta)$.

Beweis: Sei $\{E_\alpha, \pi\}_{\alpha \in A}$ ein Spektrum aus der Definition. Die Menge

$$I = \{(\alpha,\beta) \in A \times A \mid \alpha \leq \beta,\ \pi_{\alpha\beta} \text{ kompakt oder } \alpha = \beta\}$$

ist mit

$$(\alpha,\beta) \underset{I}{\leq} (\gamma,\delta) \underset{\mathrm{Def}}{\longleftrightarrow} \beta \underset{A}{\leq} \gamma$$

ein filtrierender Indexbereich.

Ist $B_{(\alpha,\beta)}$ der in § 19, 1.9. konstruierte, die kompakte Abbildung $\pi_{\alpha\beta}$ faktorisierende Banachraum

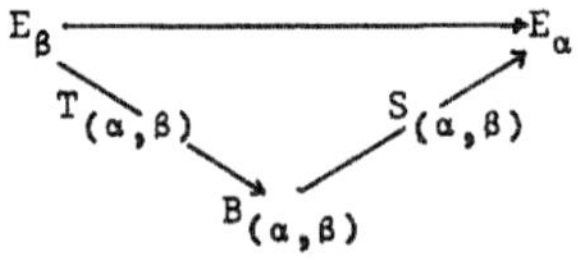

($S_{(\alpha,\beta)}$ bikompakt), so bildet mit den Spektralabbildungen

$$\rho_{(\alpha,\beta)(\gamma,\delta)} = T_{(\alpha,\beta)} \quad \pi_{\beta\gamma} \quad S_{(\gamma,\delta)}$$

$\{B_{(\alpha,\beta)}, \rho\}_{(\alpha,\beta) \in I}$ ein projektives Spektrum, wie man sofort aufgrund der faktorisierenden Eigenschaft nachweist. Mit $S_{(\gamma,\delta)}$ ist auch $\rho_{(\alpha,\beta)(\gamma,\delta)}$ bikompakt, und der Satz § 6, 2.7. über die Gleichheit projektiver Limiten liefert die Behauptung. //

Da der Limes eines projektiven Spektrums von vollständigen Räumen vollständig ist (§ 6, 2.4. Korollar), gilt das

<u>KOROLLAR:</u> Ein $(\overline{S})$-Raum ist vollständig.

1.3. In $(\overline{S})$-Räumen gilt der Satz von Heine-Borel:

<u>SATZ:</u> In einem $(\overline{S})$-Raum ist eine Menge genau dann relativ kompakt, wenn sie beschränkt ist.

Beweis: Die Bedingung ist in allen topologischen Vektorräumen notwendig. Sei umgekehrt B eine beschränkte Menge und $\{E_\alpha, \pi\}_{\alpha \in A}$ ein projektives Spektrum aus der Definition eines $(\overline{S})$-Raumes, so sind nach 1.1. alle Projektionen kompakt, also

(§ 19, 1.1.) alle $\pi_\alpha(B)$ relativ kompakt. Damit ist nach § 16, 1.4. B im vollständigen projektiven Limes E relativ kompakt. //

1.4. Da eine relativ kompakte Menge natürlich auch relativ schwach kompakt ist, liefert das Kriterium § 14, 4.6. über die Semi-Reflexivität eines Raumes (jede beschränkte Menge ist relativ schwach kompakt) den

<u>SATZ:</u> $(\overline{S})$-Räume sind semi-reflexiv.

1.5. Für normierte Räume ergibt sich der

<u>SATZ:</u> Ein normierter Raum ist genau dann $(\overline{S})$, wenn er endlichdimensional ist.

Beweis: In einem normierten, endlichdimensionalen Raum E (also K^n, § 3, 4.) ist die Identität kompakt, somit E als Limes des einelementigen projektiven Spektrums $\{E, id_E\}$ $(\overline{S})$. Umgekehrt ist die Einheitskugel eines normierten $(\overline{S})$-Raumes beschränkt, also relativ kompakt; lokalkompakte topologische Vektorräume sind jedoch endlichdimensional (§ 16, 3.2.). //

Seiner Bedeutung wegen sei dieses Kriterium (es ist rein algebraischer Natur) noch einmal anders formuliert:

> Ein $(\overline{S})$-Raum ist genau dann nicht normierbar, wenn er eine unendliche Folge linear unabhängiger Elemente enthält.

<u>2. Montelräume</u>

2.1. Tonnelierte Räume, in denen die beschränkten Mengen mit den relativ kompakten zusammenfallen, heißen <u>Montelräume</u> (<u>(M)-Räume</u>). Wie in 1.5. sieht man, daß normierte Montelräume endlichdimensional sind.

2.2. Die Montelräume tragen ihren Namen nach dem Satz von Montel aus der Funktionentheorie:

A sei eine offene und zusammenhängende (= nicht Vereinigung zweier offener, disjunkter Mengen) Teilmenge von $\mathbb{C}$, H(A) die Menge der auf A holomorphen Funktionen, die mit den Halbnormen

$$p_K(f) = \sup_{z \in K} |f(z)| \qquad K \text{ kompakt} \subset A$$

zu einem (F)-Raum wird (Satz von Weierstraß). Der Satz von Montel sagt nun aus, daß eine in dieser Topologie beschränkte Menge $G \subset H(A)$ relativ kompakt ist (G ist eine "normale" Familie holomorpher Funktionen auf A).

2.3. Ist E ein Montelraum (oder ein $(\overline{S})$-Raum, 1.3.) und F ein lokalkonvexer Raum, so fallen (siehe die Definitionen in § 10, 3.2.) die lokalkonvexen Räume $L_b(E,F)$ und $L_c(E,F)$ zusammen, da die beschränkten mit den relativ kompakten Mengen übereinstimmen. Da aber $L_c(E,F)$ und $L_s(E,F)$ auf gleichstetigen Teilmengen dieselbe Topologie induzieren (§ 10, 3.3.) folgt der

SATZ: Auf gleichstetigen Mengen $H \subset L(E,F)$ (E ein (M)- oder ($\overline{S}$)-Raum) ist die starke gleich der schwachen Topologie.

2.4. Ein (M)-Raum ist jedoch tonneliert, so daß nach dem Satz von Banach (§ 10, 2.3.) jede punktweise (d.h. in $L_s(E,F)$) beschränkte Menge gleichstetig ist. Jede gleichstetige Menge ist beschränkt in $L_b(E,F)$; Beschränktheit in $L_b(E,F)$ impliziert Beschränktheit in $L_s(E,F)$, d.h. alle Topologien P_γ (§ 10, 3.1.) erzeugen denselben Beschränktheitsbegriff in $L(E,F)$ (d.i. im Dualraum der Satz von Mackey). Mit 2.3. gilt

SATZ: Auf beschränkten Mengen $H \subset L(E,F)$ (E ein Montelraum, F lokalkonvex) induzieren $L_s(E,F)$ und $L_b(E,F)$ dieselbe Topologie.

2.5. Insbesondere

SATZ: Im Dualraum E' eines Montelraumes E fallen auf beschränkten Mengen die schwache und die starke Topologie zusammen, speziell ist eine Folge $\{u_n\} \subset E'$ genau dann stark konvergent, wenn sie schwach konvergiert.

2.6. Aus dem Kriterium § 14, 4.7. über die Reflexivität eines Raumes folgt wie in 1.4. der

SATZ: Montelräume sind reflexiv.

2.7. Damit ist der starke Dualraum E_b' eines Montelraumes ebenfalls reflexiv, nach dem eben erwähnten Kriterium also tonneliert und jede (stark) beschränkte Menge ist relativ schwach kompakt, nach 2.5. also relativ stark kompakt.

SATZ: Der starke Dualraum E_b' eines Montelraumes ist ebenfalls ein Montelraum.

2.8.Damit ist jeder Montelraum E nach 2.6. starker Dualraum eines Montelraumes, nämlich von E_b'. Somit gilt 2.5.:

SATZ: Die Topologie eines Montelraumes E fällt auf beschränkten Mengen mit der schwachen Topologie zusammen, insbesondere ist eine Folge $\{x_n\} \subset E$ genau dann konvergent, wenn sie schwach konvergent ist.

2.9. Da kompakte Teilmengen eines lokalkonvexen Raumes vollständig sind (§ 16, 1.3.), gilt aufgrund der Definition der

SATZ: In Montelräumen konvergiert jedes beschränkte Cauchynetz (man nennt Räume dieser Art quasivollständig); insbesondere sind (M)-Räume folgenvollständig.

Es gibt nichtvollständige Montelräume (Komura [1]).

2.10. Ein lokalkonvexer Raum, für den ein abzählbares Spektrum $\{E_n, \pi\}_{n \in \mathbb{N}}$ *) mit den Eigenschaften (1) und (2) von 1.1. existiert, heißt (F$\overline{S}$)-Raum. Aus 1.2. ersieht man, daß man sich auf ein abzählbares Spektrum aus Banachräumen beschränken kann, also (§ 6, 2.2.)

*) Es genügt, daß $\mathbb{N}$ (mit seiner natürlichen Ordnung) konfinal im Indexbereich enthalten ist.

BEMERKUNG: Ein (FS)-Raum ist ein (F)-Raum.

2.11. Damit ist er tonneliert. Als ($\overline{S}$)-Raum ist jede beschränkte Menge relativ kompakt (1.3.):

SATZ: Ein (F$\overline{S}$)-Raum ist ein Montelraum.

2.12. Spezielle (F$\overline{S}$)-Räume sind Gelfandräume

$$E = \bigcap_{n=1}^{\infty} B_n$$

bei denen die Einbettungen

$$B_{n+1} \xrightarrow{\subset} B_n$$

(zumindest konfinal viele) kompakt sind.

3. Eine innere Charakterisierung der ($\overline{S}$)-Räume, Schwartzsche Räume

3.1. SATZ: Ein lokalkonvexer Raum E ist genau dann ein ($\overline{S}$)-Raum, wenn er folgende Bedingungen erfüllt:

(1') E ist vollständig

(2') Zu jeder Nullumgebung $U \in \mathfrak{U}_E(0)$ gibt es eine Nullumgebung $V \in \mathfrak{U}_E(0)$, die vollständig beschränkt bzgl. U ist, d.h. (Raikov [2]) für jedes $\varepsilon > 0$ gibt es $x^1,\dots,x^n \in V$ mit

$$V \subset \bigcup_{i=1}^{n} (x^i + \varepsilon U) .$$

Beweis:

a) Sei E ein ($\overline{S}$)-Raum, dann ist (1') nach 1.2., Korollar, erfüllt. Zur Nachprüfung von (2') sei $E = \underset{\leftarrow \alpha}{\text{proj}}\, E_\alpha$ nach 1.1. dargestellt und (o.E.d.A. nach § 6, 2.2.)

$$U = \pi_\alpha^{-1}(U_\alpha) \in \mathfrak{U}_E(0), \qquad U_\alpha \in \mathfrak{U}_{E_\alpha}(0)$$

gegeben. Nach 1.1. (2) existiert dann ein β und $V_\beta \in \mathfrak{U}_{E_\beta}(0)$, so daß $\pi_{\alpha\beta}(V_\beta)$ in E_α relativ kompakt ist. Nach einem offensichtlichen Kompaktheitsargument gibt es dann für gegebenes $\varepsilon > 0$ $x_\alpha^1,\dots,x_\alpha^n \in \pi_{\alpha\beta}(V_\beta)$ mit

$$\pi_{\alpha\beta}(V_\beta) \subset \bigcup_{i=1}^{n} (x_\alpha^i + \varepsilon U_\alpha) .$$

Mit $V = \pi_\beta^{-1}(V_\beta) \in \mathfrak{U}_E(0)$ und $x^i \in \pi_\alpha^{-1}(x_\alpha^i)$ (fest gewählt) gilt dann

$$V \subset \bigcup_{n=1}^{n} (x^i + \varepsilon U) ;$$

denn für $x \in V$ ist

$$\pi_\alpha x \in \pi_\alpha(V) = (\pi_{\alpha\beta} \circ \pi_\beta)\pi_\beta^{-1}(V_\beta) = \pi_{\alpha\beta}(V_\beta) \subset \bigcup_{i=1}^{n} (x_\alpha^i + \varepsilon U_\alpha) ,$$

also

$$\pi_\alpha(x) - x_\alpha^i \in \varepsilon U_\alpha$$

für ein i. Deshalb gilt

$$\pi_\alpha^{-1}(\pi_\alpha(x) - x_\alpha^i) \subset \pi_\alpha^{-1}(\varepsilon U_\alpha) = \varepsilon U$$

speziell

$$x - x^i \in \varepsilon U.$$

b) Seien umgekehrt (1') und (2') erfüllt. Da E vollständig ist, stellt sich E kanonisch als

$$E = \operatorname*{proj}_{\leftarrow p \in P} B_p$$

(§ 12, 1.2., P ein System definierender Halbnormen) dar. Es genügt zu zeigen, daß für jedes $p \in P$ ein $q \geq p$ existiert, daß

$$\tilde{K}_{pq} : B_q \longrightarrow B_p$$

kompakt ist. Für $U = \{x \in E \mid p(x) \leq 1\} \in \mathfrak{U}_E(0)$ existiert nach (2') ein $V \in \mathfrak{U}_E(0)$ (o.E.d.A. $V \subset U$, V abgeschlossen und absolutkonvex), das vollständig beschränkt bzgl. U ist. Ist q das zu V gehörige Minkowski-Funktional, so gilt $q \geq p$.

Die vollständige Beschränktheit bedeutet nun genau, daß das Bild der Einheitskugel

$$\overline{K_q(V)}^{B_q}$$

von B_q (K_q die Projektion $E \longrightarrow B_q$) bei Anwendung von $\tilde{K}_{pq}$ in B_p ε-kompakt, nach dem Satz von Hausdorff (§ 16, 2.2.), also relativ kompakt ist, d.h. $\tilde{K}_{pq}$ ist eine kompakte Abbildung. //

3.2. Zugleich wurde bewiesen der

SATZ: Ein vollständiger lokalkonvexer Raum (E,P) ist genau dann $(\overline{S})$, wenn für jedes $p \in P$ ein $q \in P$, $q \geq p$ existiert, so daß die kanonische Abbildung

$$B_q \longrightarrow B_p$$

kompakt ist.

3.3. Wegen $E = \operatorname*{proj}_{\leftarrow p \in P} B_p$ erfüllt also bereits das natürliche projektive Spektrum eines $(\overline{S})$-Raumes die Bedingung (2) von 1.1. Speziell gilt die

BEMERKUNG: Ein (F)-Raum, der zugleich ein $(\overline{S})$-Raum ist, ist $(F\overline{S})$.

(Daher der Name "$(F\overline{S})$-Raum".)

3.4. Grothendieck ([3]) nennt einen lokalkonvexen Raum Schwartzsch, wenn er die Bedingung (2') erfüllt (siehe auch Raikov [2]). Aus 3.1. folgt der

SATZ: Ein vollständiger Raum ist genau dann Schwartzsch, wenn er $(\overline{S})$ ist.

Und, da aus der Definition unmittelbar folgt, daß ein Raum genau dann Schwartzsch ist, wenn seine Vervollständigung es ist, der

ZUSATZ: Ein Raum ist genau dann Schwartzsch, wenn seine Vervollständigung ($\overline{S}$) ist.

4. Ein Isomorphiesatz über Kötheräume

4.1. Ein Köthescher Stufenraum

$$K_p(b) = \bigcap_{n=1}^{\infty} \ell^p(b_n)$$

ist, da die Erzeugenden $\ell^p(b_n)$ genau die Räume des kanonischen projektiven Spektrums sind (siehe im Beweis von § 12, 3.1.), nach 3.3. genau dann (F$\overline{S}$), wenn zu jedem m ein $n \geq m$ existiert, so daß

$$\ell^p(b_n) \xrightarrow{\subset} \ell^p(b_m)$$

kompakt ist. Dies ist nach § 19, 4.2. genau dann der Fall, wenn

$$\lim_{k\to\infty} \frac{b_{k,m}}{b_{k,n}} = 0$$

$K_p(b)$ ist dann ein nicht endlichdimensionaler (alle endlichen Folgen sind enthalten), also nicht normierbarer (1.5.) (F$\overline{S}$)-Raum.

4.2. Ist die Konvergenz der Folge (n = m + 1 o.E.d.A.)

$$\frac{b_{k,m}}{b_{k,m+1}}$$

"schnell genug", erhält man den

SATZ: Ist

$$\sum_{k=1}^{\infty} \left(\frac{b_{k,m}}{b_{k,m+1}}\right)^p < \infty \qquad m = 1,2,\ldots ,$$

so gilt

$$K_p(b) = K_\infty(b)$$

als lokalkonvexe Räume.

Beweis: Die Räume sind stetig ineinander einzubetten.

$K_p(b) \xrightarrow{\subset} K_\infty(b)$:

Sei $\|\ \|_{\infty,n}$ die zu $\ell^\infty(b_n)$ gehörige Halbnorm; dann ist für $x \in K_p(b)$

$$\|x\|_{\infty,n} = \sup_k |x_k|\, b_{k,n} \leq \left(\sum_k |x_k|^p\, b_{k,n}^p\right)^{1/p} = \|x\|_{p,n} .$$

Nach § 5, 1.1.(5) ist damit die Stetigkeit der Einbettung bewiesen.

$K_\infty(b) \xrightarrow{c} K_p(b)$:

Für $\| \;\|_{p,n}$ auf $K_p(b)$ und $x \in K_\infty(b)$ gilt

$$|x_k|\, b_{k,n} = |x_k|\, b_{k,n+1}\left(\frac{b_{k,n}}{b_{k,n+1}}\right) \leq \|x\|_{\infty,n+1} \left(\frac{b_{k,n}}{b_{k,n+1}}\right),$$

also

$$\|x\|_{p,n} = \left(\sum_k |x_k|^p\, b_{k,n}^p\right)^{1/p} \leq \left(\sum_k \left(\frac{b_{k,n}}{b_{k,n+1}}\right)^p\right)^{1/p} \|x\|_{\infty,n+1},$$

so daß aufgrund der Voraussetzung auch diese Einbettung stetig ist. //

4.3. Fordert man

$$\sum_{k=1}^{\infty} \frac{b_{k,m}}{b_{k,m+1}} < \infty \qquad m = 1,2,\ldots$$

so erhält man

$$K_p(b) = K_\infty(b)$$

für alle $1 \leq p < \infty$ und die Einbettungen

$$\ell^p(b_{m+1}) \xrightarrow{c} \ell^p(b_m)$$

sind nach § 21, 1.7. sogar nuklear.

§ 23 Induktive Limiten

1. Nichtseparierte lokalkonvexe Räume

1.1. Die Konstruktion des projektiven Limes eines projektiven Spektrums war eine Verallgemeinerung der Durchschnittsbildung gegebener lokalkonvexer Räume, die sich z.B. im Falle der Gelfandräume auf den üblichen Durchschnitt reduzierte. Da sich bei dem umgekehrten Prozess, der im folgenden studiert werden soll, nicht notwendig separierte lokalkonvexe Räume ergeben, sollen zunächst einige Besonderheiten dieser Räume aufgeführt werden. Im weiteren wird die Eigenschaft "separiert" stets ausdrücklich erwähnt.

1.2. Die Topologie eines (evtl. nicht separierten) lokalkonvexen Raumes E wird durch ein filtrierendes Halbnormensystem P erzeugt, das nicht total (§ 4, 1.1.) zu sein braucht. Die Menge

$$N(E) = \bigcap_{p \in P} \{x \in E \mid p(x) = 0\} = \bigcap_{U \in \mathfrak{U}_E(0)} U$$

ist demzufolge ein vielleicht von {0} verschiedener, linearer Unterraum von E.

1.3. Der Grenzwert x eines konvergenten Netzes $\{x_\alpha\} \subset E$ ist nicht mehr eindeutig bestimmt, $\{x_\alpha\}$ konvergiert gegen jedes Element von $x + N(E)$ und nur gegen diese (betrachte z.B. die Konvergenzdefinition mit Halbnormen § 4, 3.). Insbesondere bedeutet dies, daß

$$N(E) = \overline{\{0\}} .$$

1.4. N(E) ist eine beschränkte Menge ($N(E) \subset U$ für alle $U \in \mathfrak{U}_E(0)$), so daß mit jeder beschränkten Menge $B \subset E$ auch $B + N(E)$ beschränkt ist.

1.5. Die Begriffe "tonneliert" und "bornologisch" sind wie im separierten Falle definiert.

1.6. Für stetige lineare Abbildungen $T : E \longrightarrow F$ (E,F lokalkonvexe Räume) bleiben die Kriterien von § 5, 1.1. gültig; es folgt insbesondere aus (3):

$$T(N(E)) \subset N(F) .$$

Bezeichnet sep E den separierten lokalkonvexen (ausgestattet mit den Halbnormen $p \in P$) Quotientenraum

$$E/N(E) ,$$

so induziert also eine stetige Abbildung $T : E \longrightarrow F$ eindeutig eine stetige Abbildung

$$T : \text{sep } E \longrightarrow \text{sep } F .$$

1.7. Für den Dualraum bedeutet dies:

$$E' = (\text{sep } E)' .$$

Somit bringt das Studium von E' keine Schwierigkeiten: Starke (beachte 1.4.) und schwache Topologie können bezüglich sep E betrachtet werden, für die Polaren ($\pi(N(E)) = \{0\}$) gilt

$$A^\circ = (A+N(E))^\circ = (\pi(A))^\circ$$

($\pi : E \longrightarrow \text{sep } E$), der Satz von Mackey bleibt gültig, Reflexivität und Semi-Reflexivität sind bezüglich sep E aufzufassen, usw.

2. Induktive lokalkonvexe Topologien

2.1. Wie bei der Behandlung von projektiven Limiten soll zunächst eine allgemeine Konstruktion von Topologien angegeben werden:

SATZ: Sind E_α, $\alpha \in A$, lokalkonvexe Räume, E ein Vektorraum und

$$A_\alpha : E_\alpha \longrightarrow E$$

lineare Abbildungen, so daß

$$E = \bigcup_\alpha [A_\alpha(E_\alpha)] \qquad (*)$$

gilt, so gibt es auf E eine feinste lokalkonvexe Topologie $\mathcal{T}$, so daß alle A_α stetig sind. Ein System definierender Halbnormen ist durch

$$P = \{p \mid p \circ A_\alpha \in P_\alpha \quad \text{für alle } \alpha \in A\}$$

(P_α alle stetigen Halbnormen auf E_α) und eine Nullumgebungsbasis durch

$$\mathfrak{U} = \{U \subset E \mid U \text{ absolutkonvex, } A_\alpha^{-1}(U) \in \mathfrak{U}_{E_\alpha}(0) \text{ für alle } \alpha\}$$

gegeben.

$\mathcal{T}$ heißt <u>induktive lokalkonvexe Topologie</u> bezüglich E_α und A_α. Man beachte, daß $\mathcal{T}$ die feinste <u>lokalkonvexe</u> Topologie und nicht eine feinste Topologie überhaupt (topologie finale nach Bourbaki [1]) ist, die alle A_α zu stetigen Abbildungen macht. Diese beiden Topologien sind im allgemeinen verschieden.

Beweis: Da P filtriert, definiert es nach § 5, 1.1., Zusatz (A_α ist genau dann stetig, wenn alle $p \circ A_\alpha$ stetige Halbnormen sind) die gesuchte Topologie. Jedes $U \in \mathfrak{U}$ ist absolutkonvex und absorbiert wegen (*), so daß wegen eines analogen Stetigkeitskriteriums (§ 5, 1.1.(3)) $\mathfrak{U}$ eine lokalkonvexe Topologie erzeugt, die ebenfalls die geforderten Eigenschaften besitzt. //

2.2. Unmittelbar folgt, daß auch die Mengen

$$\Gamma_\alpha A_\alpha(U_\alpha) \quad {}^{*)}$$

eine Nullumgebungsbasis bilden, wenn für alle α U_α eine Nullumgebungsbasis von E_α durchläuft.

2.3. Dieser Prozeß der Topologisierung (wie übrigens auch der der projektiven Topologie) ist transitiv, d.h.

<u>SATZ:</u> Sind lokalkonvexe Räume $E_{\alpha\beta}$, Vektorräume E_β und E ($\alpha \in A_\beta$, $\beta \in B$) und lineare Abbildungen

$$E_{\alpha\beta} \xrightarrow{T_{\alpha\beta}} E_\beta \xrightarrow{T_\beta} E$$

mit

$$E_\beta = \Big[\bigcup_{\alpha \in A_\beta} T_{\alpha\beta}(E_{\alpha\beta})\Big]$$

$$E = \Big[\bigcup_{\beta \in B} T_\beta(E_\beta)\Big]$$

gegeben, E_β mit der induktiven lokalkonvexen Topologie der $T_{\alpha\beta}$ ($\alpha \in A_\beta$) ausgestattet, so ist die induktive lokalkonvexe Topologie von E bezüglich E_β und T_β ($\beta \in B$) identisch mit derjenigen bezüglich $E_{\alpha\beta}$ und $T_\beta \circ T_{\alpha\beta}$ ($\alpha \in A_\beta$, $\beta \in B$).

Dies ist unmittelbar aus der Konstruktion der Halbnormen ersichtlich.

2.4. Für die Stetigkeit linearer Abbildungen ergibt sich das einfache Kriterium (A_α, E_α, E wie in 2.1.).

---

*) $\Gamma_\alpha X_\alpha = \Gamma({}_\alpha X_\alpha)$

SATZ: $T : E \longrightarrow F$ ((F,Q) lokalkonvex) ist genau dann stetig, wenn alle

$$T \circ A_\alpha : E_\alpha \longrightarrow F$$

stetig sind.

Beweis: Nach dem bereits erwähnten Stetigkeitskriterium ist T genau dann stetig, wenn $q \circ T \in P$ für alle $q \in Q$, d.h. nach 2.1. genau dann, wenn $q \circ T \circ A_\alpha \in P_\alpha$ für alle $q \in Q$ und $\alpha \in A$. Dies ist jedoch die Stetigkeit aller $T \circ A_\alpha$. //

2.5. Als erstes Beispiel soll die direkte Summe $\bigoplus_\alpha E_\alpha$ lokalkonvexer Räume (E_α, P_α) betrachtet werden, die durch die kanonischen Einbettungen

$$E_\alpha \longrightarrow \bigoplus_\alpha E_\alpha$$

auf natürliche Weise eine induktive lokalkonvexe Topologie erhält. Ein System definierender Halbnormen bilden alle

$$p(\{x_\alpha\}) = \sum_\alpha p_\alpha(x_\alpha) \qquad p_\alpha \in P_\alpha$$

(in jedem Punkt ist diese Summe endlich). Im endlichen Falle stimmt diese Topologie mit der lokalkonvexen Produkttopologie überein (§ 6, 1.3.). Sind alle E_α separiert, so auch $\bigoplus_\alpha E_\alpha$.

2.6. Ist (E,P) ein lokalkonvexer Raum, H ein linearer Unterraum von E, so wird der Quotientenraum E/H mit der induktiven lokalkonvexen Topologie bezüglich der kanonischen Abbildung

$$\pi : E \longrightarrow E/H$$

ausgestattet. Eine Nullumgebungsbasis ist gemäß 2.2. durch

$$\{\pi(U) \mid U \in \mathfrak{U}_E(0)\}$$

gegeben. Durch Betrachtung der zugehörigen Minkowski-Funktionale erkennt man leicht, daß sich die Halbnormen

$$p(\pi x) = \inf_{h \in H} p(x+h) \qquad p \in P$$

schreiben.

2.7. SATZ: E/H ist genau dann separiert, wenn H abgeschlossen ist.

Beweis: Wegen $H = \text{kern}\, \pi = \{x \in E \mid \pi x = 0\}$ ist die Bedingung aufgrund der Stetigkeit von π notwendig ($\{0\}$ ist abgeschlossen). Ist umgekehrt

$$\pi x \in N(E/H) = \bigcap_{U \in \mathfrak{U}_E(0)} \pi(U),$$

d.h. $(x+U) \cap H \neq \emptyset$ für alle $U \in \mathfrak{U}_E(0)$, also $x \in \overline{H} = H$. Somit gilt $\pi x = 0$, folglich $N(E/H) = \{0\}$; d.i. die Separiertheit von E/H. //

2.8. KOROLLAR: Ist E lokalkonvex, $A : E \longrightarrow F$ linear und surjektiv, so ist die induktive lokalkonvexe Topologie von F genau dann separiert, wenn kern A abgeschlossen ist.

Denn es gilt die Homöomorphie

$$F \cong E/_{\text{kern } A}.$$

2.9. <u>SATZ:</u> Die induktive lokalkonvexe Topologie tonnelierter (bornologischer) Räume ist tonneliert (bornologisch).

Beweis: Ist $T \subset E$ eine Tonne (Bornolog), so auch $A_\alpha^{-1}(T)$ in E_α für alle α, also eine Nullumgebung. Die Charakterisierung der Nullumgebungen in 2.1. liefert die Behauptung. //

3. Induktive Spektren

3.1. Ist A ein gerichteter Indexbereich, so nennt man eine Familie $E_\alpha, \alpha \in A$, von lokalkonvexen Räumen zusammen mit linearen, stetigen Abbildungen

$$\pi_{\alpha\beta}: E_\alpha \longrightarrow E_\beta \qquad \alpha \leq \beta$$

($\pi_{\alpha\alpha} = \mathrm{id}_{E_\alpha}$), die die Konjugiertheitsbedingung

$$\pi_{\beta\gamma} \circ \pi_{\alpha\beta} = \pi_{\alpha\gamma} \qquad \alpha \leq \beta \leq \gamma$$

erfüllen, ein <u>induktives Spektrum</u> $\{E_\alpha, \pi\}_{\alpha \in A}$.

3.2. Den (mengentheoretischen) induktiven Limes E eines solchen Spektrums erhält man z.B. auf folgende Weise: Auf der Menge $\hat{E}$ aller Paare

$$(x,\alpha) \qquad x \in E_\alpha$$

bildet die Relation

$$(x,\alpha) \sim (y,\beta) \leftrightarrow \text{ es gibt ein } \gamma \geq \alpha,\beta \text{ mit } \pi_{\alpha\gamma}x = \pi_{\beta\gamma}y$$

eine Äquivalenz (symmetrisch, reflexiv und transitiv), wie leicht nachzuprüfen ist. Der Quotient

$$E = \hat{E}/_\sim$$

(seine Elemente seien mit $\widetilde{(x,\alpha)}$ bezeichnet) wird mit

(1) $\widetilde{(0,\alpha)} = 0 \in E$

(2) $\lambda\widetilde{(x,\alpha)} = \widetilde{(\lambda x,\alpha)} \qquad \lambda \in \mathbb{K}$

(3) $\widetilde{(x,\alpha)} + \widetilde{(y,\beta)} = \widetilde{(\pi_{\alpha\gamma}x+\pi_{\beta\gamma}y,\gamma)} \qquad \alpha,\beta \leq \gamma$

ein Vektorraum (ebenfalls sofort nachzurechnen). Ein Element von E kann man sich als einen Strauß von Fäden

$$x, \pi_{\alpha\beta}x, \underbrace{\pi_{\beta\gamma} \circ \pi_{\alpha\beta}x}_{= \pi_{\alpha\gamma}x}, \ldots \qquad x \in E_\alpha \qquad \alpha \leq \beta \leq \gamma \leq \ldots$$

vorstellen, so daß je zwei ab irgendeinem E_δ übereinstimmen. Die Addition zweier solcher Sträuße z.B. (siehe (3)) wird dann einfach in einem E_α durchgeführt, das von beiden getroffen wird.

3.3. Durch

$$\begin{array}{rcl} \pi_\alpha : E_\alpha & \longrightarrow & E \\ \Psi & & \Psi \\ x & \rightsquigarrow & \widetilde{(x,\alpha)} \end{array}$$

sind lineare Abbildungen von den Erzeugenden in den induktiven Limes erklärt, die mit den Spektralabbildungen im folgenden Sinne verträglich sind:

$$\pi_\beta \circ \pi_{\alpha\beta} = \pi_\alpha \qquad \alpha \leq \beta,$$

denn für $x \in E_\alpha$ gilt

$$(\pi_\beta \circ \pi_{\alpha\beta})(x) = \pi_\beta(\pi_{\alpha\beta}x) = \widetilde{(\pi_{\alpha\beta}x,\beta)} = \widetilde{(x,\alpha)} = \pi_\alpha(x).$$

Insbesondere erhält man

$$\pi_\alpha(E_\alpha) \subset \pi_\beta(E_\beta)$$

für $\alpha \leq \beta$.

3.4. Weiter gilt für $\pi_\alpha x = 0 = \widetilde{(x,\alpha)}$, daß ein $\beta \geq \alpha$ existiert mit $\pi_{\alpha\beta}x = 0$. Dies bedeutet

$$\text{kern } \pi_\alpha = \bigcup_{\beta \geq \alpha} \text{kern } \pi_{\alpha\beta} .$$

3.5. Wegen

$$E = \bigcup_\alpha \pi_\alpha(E_\alpha)$$

kann man E mit der induktiven lokalkonvexen Topologie (1.2.) bezüglich E_α und π_α ausstatten: E mit dieser Topologie heißt der <u>induktive Limes</u>

$$\underset{\alpha \to}{\text{ind}}\ E_\alpha$$

des induktiven Spektrums $\{E_\alpha,\pi\}_{\alpha\in A}$. Wie man sofort sieht, kann man sich immer auch auf eine konfinale Teilmenge von A beschränken.

3.6. Damit gelten alle Sätze, die in 1. für induktive Topologien abgeleitet wurden, insbesondere sei vermerkt das Stetigkeitskriterium.

<u>SATZ:</u> Eine lineare Abbildung

$$T : \underset{\alpha \to}{\text{ind}}\ E_\alpha \longrightarrow F$$

(F lokalkonvex) ist genau dann stetig, wenn alle

$$T \circ \pi_\alpha : E_\alpha \longrightarrow F$$

stetig sind.

3.7. Eine mit den Spektralabbildungen verträgliche Familie von Abbildungen $S_\alpha : E_\alpha \longrightarrow F$ kann man "liften" zu einer Abbildung $\underset{\alpha \to}{\text{ind}}\ E_\alpha \longrightarrow F$:

<u>SATZ:</u> Für ein induktives Spektrum $\{E_\alpha,\pi\}$, einen lokalkonvexen Raum F und lineare, stetige Abbildungen

$$S_\alpha : E_\alpha \longrightarrow F$$

mit

$$S_\alpha = S_\beta \circ \pi_{\alpha\beta} \qquad \text{für } \alpha \leq \beta \qquad (*)$$

existiert eine stetige, lineare Abbildung

$$S : \operatorname*{ind}_{\alpha \to} E_\alpha \longrightarrow F$$

mit

$$S_\alpha = S \circ \pi_\alpha .$$

Beweis: Die Abbildung

$$S(\widetilde{(x,\alpha)}) = S_\alpha x$$

ist wegen (*) eindeutig definiert, linear, erfüllt

$$S_\alpha = S \circ \pi_\alpha$$

und ist so wegen 3.6. stetig. //

3.8. Damit kann man untersuchen, ob ein lokalkonvexer Raum homöomorph einem gegebenen induktiven Limes ist:

<u>SATZ:</u> Ein Vektorraum F, für den für ein induktives Spektrum $\{E_\alpha, \pi\}$ lineare Abbildungen

$$\rho_\alpha : E_\alpha \longrightarrow F$$

mit

(1) $F = \left[\bigcup_\alpha \rho_\alpha(E_\alpha)\right]$

(2) $\rho_\beta \circ \pi_{\alpha\beta} = \rho_\alpha$

(3) $\rho_\alpha(x) = 0 \rightarrow$ es gibt $\beta \geq \alpha$ mit $\pi_{\alpha\beta}(x) = 0$

existieren, und der mit der induktiven lokalkonvexen Topologie bezüglich E_α und ρ_α ausgestattet ist, ist homöomorph $\operatorname*{ind}_{\alpha \to} E_\alpha$.

Bezeichnet $\rho : \operatorname*{ind}_{\alpha \to} E_\alpha \longrightarrow F$ diese Homöomorphie, so gilt

$$\rho \circ \pi_\alpha = \rho_\alpha, \qquad \rho^{-1} \circ \rho_\alpha = \pi_\alpha$$

In § 27, 2.7. wird $\operatorname*{ind}_{\alpha \to} E_\alpha$ als Quotient von $\bigoplus_\alpha E_\alpha$ angegeben.

Beweis: Nach 3.7. existiert eine stetige, lineare Abbildung

$$\rho : \operatorname*{ind}_{\alpha \to} E_\alpha \longrightarrow F, \qquad \widetilde{(x,\alpha)} \rightsquigarrow \rho_\alpha(x)$$

die wegen

$$\rho_\alpha(E_\alpha) \subset \rho_\beta(E_\beta) \qquad \text{(nach (2))},$$

also

$$F = \bigcup_\alpha \rho_\alpha(E_\alpha) \qquad \text{(nach (1))},$$

surjektiv ist.

Sei $\widetilde{(x,\alpha)} \in$ kern ρ, also $\rho_\alpha(x) = 0$; dann gibt es nach (3) $\beta \geq \alpha$ mit $\pi_{\alpha\beta}(x) = 0$, d.h. $\widetilde{(x,\alpha)} = 0$, so daß ρ ein stetiger Isomorphismus ist, dessen Umkehrung

$$\rho^{-1} : F \longrightarrow \operatorname*{ind}_{\alpha \to} E_\alpha$$

wegen $\rho^{-1} \circ \rho_\alpha = \pi_\alpha$ nach 2.4. stetig ist. //

3.9. In 3.3. - 3.5. wurden die Eigenschaften (1) - (3) für den induktiven Limes abgeleitet, er ist also durch sie charakterisiert. Streicht man in 3.8. die Eigenschaft (3), so erhält man auf ähnliche Weise (benutze z.B. die Transitivität der induktiven Topologien 2.3.), daß die Homöomorphie

$$F \cong \underset{\alpha \to}{\operatorname{ind}} E \Big/ \operatorname{kern} \rho$$

gilt, wenn ρ die durch 3.7. induzierte Abbildung ist.

3.10. Einen wichtigen Spezialfall bilden <u>Einbettungsspektren</u>: Alle lokalkonvexen Räume E_α sind Teilräume eines gegebenen Vektorraumes E, so daß

(1) $E = \bigcup\limits_\alpha E_\alpha$

(2) $E_\alpha \xrightarrow{\subset} E_\beta$ stetig für $\alpha \leq \beta$

gilt. E ist dann, versehen mit der induktiven lokalkonvexen Topologie der Einbettungen

$$E_\alpha \xrightarrow{\subset} E ,$$

der induktive Limes des Einbettungsspektrums $\{E_\alpha\}$ (die Voraussetzungen des Satzes 3.8. sind erfüllt).

3.11. <u>SATZ:</u> Ist $\{E_\alpha, \pi\}$ ein beliebiges induktives Spektrum, so ist $\underset{\alpha \to}{\operatorname{ind}} E_\alpha$ auch der induktive Limes des Einbettungsspektrums $\{\pi_\alpha(E_\alpha)\}$, wenn man $\pi_\alpha(E_\alpha)$ mit der induktiven lokalkonvexen Topologie bezüglich E_α und π_α versieht.

Dies ist eine einfache Folgerung aus der Transitivität (2.3.) der induktiven, lokalkonvexen Topologien

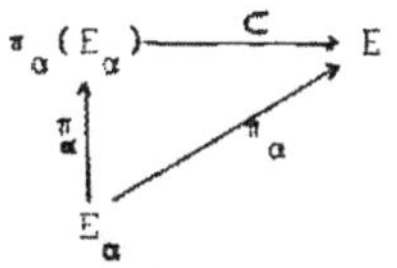

3.12. Dieser Satz bedeutet <u>nicht</u>, daß man sich bei der Untersuchung von induktiven Limiten einfach auf Einbettungsspektren beschränken kann, denn im allgemeinen setzt man z.B. die E_α als separiert voraus, eine Eigenschaft, die für die $\pi_\alpha(E_\alpha)$ leicht verloren geht (siehe dazu das Beispiel in § 25, 2.12.).

Wegen 2.8. und 3.4. gilt der

<u>SATZ:</u> Ist $\{E_\alpha, \pi\}$ ein induktives Spektrum, so ist das zugehörige Einbettungsspektrum $\{\pi_\alpha(E_\alpha)\}$ genau dann separiert, wenn alle

$$\bigcup_{\beta \geq \alpha} \operatorname{kern} \pi_{\alpha\beta} \qquad (= \operatorname{kern} \pi_\alpha)$$

abgeschlossen sind.

Da die Einbettungen

$$\pi_\alpha(E_\alpha) \xrightarrow{\subset} E$$

stetig sind (E also eine gröbere Topologie auf $\pi_\alpha(E_\alpha)$ induziert als die induktive Topologie von E_α), gilt das

KOROLLAR: Eine notwendige Bedingung dafür, daß der induktive Limes eines induktiven Spektrums separiert ist, ist, daß alle

$$\bigcup_{\beta \geq \alpha} \text{kern } \pi_{\alpha\beta}$$

abgeschlossen sind.

Aus demselben Grunde gilt für $\alpha \leq \beta$

$$N(\pi_\alpha(E_\alpha)) \subset N(\pi_\beta(E_\beta)) \subset N(\underset{\alpha \to}{\text{ind}}\, E_\alpha) \ ;$$

speziell ist $\bigcup_\alpha N(\pi_\alpha(E_\alpha))$ ein linearer Unterraum von $N(\underset{\alpha \to}{\text{ind}}\, E_\alpha)$.

3.13. Sind alle $\pi_{\alpha\beta}$ injektiv, so gemäß

$$\text{kern } \pi_\alpha = \bigcup_{\beta \geq \alpha} \text{kern } \pi_{\alpha\beta}$$

auch alle π_α (und umgekehrt). In diesem Falle sind also für jedes α $\pi_\alpha(E_\alpha)$ und E_α homöomorph: es genügt, Einbettungen zu betrachten.

3.14. Zum Schluß dieser Nummer soll noch eine spezielle Charakterisierung der Nullumgebungen eines induktiven Limes angegeben werden (neben denjenigen von 2.1. und 2.2.):

SATZ: Sei E der induktive Limes des induktiven Spektrums $\{E_\alpha, \pi\}$. Dann ist eine absolutkonvexe Menge U genau dann Nullumgebung von E, wenn absolutkonvexe $U_\alpha \in \mathfrak{U}_{E_\alpha}(0)$ existieren mit

(1) $\pi_{\alpha\beta}(U_\alpha) \subset U_\beta$ für $\alpha \leq \beta$

(2) $U = \bigcup_\alpha \pi_\alpha(U_\alpha)$.

Beweis: Sei $U \in \mathfrak{U}_E(0)$ gegeben und $U_\alpha = \pi_\alpha^{-1}(U) \in \mathfrak{U}_{E_\alpha}(0)$ nach 2.1. Dann gilt

$$\pi_{\alpha\beta}(U_\alpha) = \pi_{\alpha\beta}(\pi_\alpha^{-1}(U)) = \pi_{\alpha\beta} \circ \pi_{\alpha\beta}^{-1} \circ \pi_\beta^{-1}(U) \subset \pi_\beta^{-1}(U) = U_\beta$$

also (1). (2) ist wegen

$$E = \bigcup_\alpha \pi_\alpha(E_\alpha)$$

offensichtlich.

Sind umgekehrt absolutkonvexe $U_\alpha \in \mathfrak{U}_{E_\alpha}(0)$ mit (1) und (2) gegeben, so ist nach 2.2. nur

$$\Gamma_\alpha\, \pi_\alpha(U_\alpha) \subset \bigcup_\alpha \pi_\alpha(U_\alpha)$$

zu zeigen. Sei also $(x_i \in U_{\alpha_i}, \sum_{i=1}^n |\lambda_i| \leq 1)$

$$x = \sum_{i=1}^n \lambda_i\, \pi_{\alpha_i}(x_i) \in \Gamma_\alpha\, \pi_\alpha(U_\alpha).$$

Wählt man $\beta \geq \alpha_i$, $i = 1,2,\dots,n$, so gilt

$$x = \sum_i \lambda_i \, \pi_\beta \circ \pi_{\alpha_i \beta}(x_i) = \pi_\beta\Big(\sum_i \lambda_i \, \pi_{\alpha_i \beta}(x_i)\Big) .$$

Da aufgrund der Eigenschaft (1)

$$\pi_{\alpha_i \beta}(x_i) \in U_\beta$$

ist und U_β absolutkonvex ist, gilt auch

$$\sum_i \lambda_i \, \pi_{\alpha_i \beta}(x_i) \in U_\beta ,$$

also $x \in \pi_\beta(U_\beta) \subset \bigcup_\alpha \pi_\alpha(U_\alpha)$. //

Man erhält also eine Nullumgebungsbasis durch "aufsteigende" ((1)) Netze von Nullumgebungen der Erzeugenden.

4. Faktorisationssätze

4.1. Es sollen die zu § 6, 2.6. und 2.7. analogen Sätze für induktive Limiten bewiesen werden.

SATZ: Es seien gegeben:

(1) induktive Spektren $\{E_\alpha, \pi\}_{\alpha \in A}$ und $\{F_\beta, \rho\}_{\beta \in B}$,

(2) eine isotone Abbildung ($A_o \subset A$ konfinal)

$$\begin{array}{ccc} A_o & \longrightarrow & B \\ \cup\!\!\!| & & \cup\!\!\!| \\ \alpha & \leadsto & \alpha' \end{array}$$

und

(3) lineare, stetige Abbildungen ($\alpha \in A_o$)

$$S_\alpha : E_\alpha \longrightarrow F_{\alpha'} ,$$

so daß alle ($\alpha \leq \beta$)

$$\begin{array}{ccc} E_\alpha & \xrightarrow{\pi_{\alpha\beta}} & E_\beta \\ S_\alpha \downarrow & & \downarrow S_\beta \\ F_{\alpha'} & \xrightarrow[\rho_{\alpha'\beta'}]{} & F_{\beta'} \end{array}$$

vertauschbar sind: $S_\beta \circ \pi_{\alpha\beta} = \rho_{\alpha'\beta'} \circ S_\alpha$.

Dann existiert eine stetige lineare Abbildung

$$S : \underset{\alpha \to}{\text{ind}}\, E_\alpha \longrightarrow \underset{\beta \to}{\text{ind}}\, F_\beta$$

mit

$$S \circ \pi_\alpha = \rho_{\alpha'} \circ S_\alpha \qquad (\alpha \in A_o) .$$

Beweis: Die Abbildungen

$$\rho_{\alpha'} \circ S_\alpha : E_\alpha \longrightarrow \underset{\beta \to}{\text{ind}}\, F_\beta$$

erfüllen die Voraussetzungen des Satzes 3.7., die Beschränkung auf eine konfinale

Teilmenge schadet nichts. //

4.2. Damit erhält man (wie im projektiven Fall) eine hinreichende Bedingung für die Homöomorphie zweier induktiver Limiten:

SATZ: Es seien gegeben:

(1) induktive Spektren $\{E_\alpha, \pi\}_{\alpha \in A}$ und $\{F_\beta, \rho\}_{\beta \in B}$,

(2) isotone Abbildungen

$$\begin{array}{ccc} A_o & \longrightarrow & B \\ \Psi & & \Psi \\ \alpha & \rightsquigarrow & \alpha' \end{array} , \qquad \begin{array}{ccc} B_o & \longrightarrow & A \\ \Psi & & \Psi \\ \beta & \rightsquigarrow & \tilde{\beta} \end{array}$$

mit $\tilde{B}_o \cap A_o$ und $A_o' \cap B_o$ konfinal in A bzw. B und $\widetilde{\alpha'} \geq \alpha$, $\tilde{\beta}' \geq \beta$,

(3) lineare, stetige Abbildungen ($\alpha \in A_o, \beta \in B_o$)

$$S_\alpha : E_\alpha \longrightarrow F_{\alpha'}, \qquad T_\beta : F_\beta \longrightarrow E_{\tilde{\beta}},$$

die wie in 4.1. (3) jeweils mit den Spektralabbildungen kommutieren und

(4) die Spektralabbildungen faktorisieren, d.h. die Diagramme

$$\begin{array}{ccc} E_\alpha & \xrightarrow{\pi_{\alpha\widetilde{\alpha'}}} & E_{\widetilde{\alpha'}} \\ & S_\alpha \searrow \quad \nearrow T_{\alpha'} & \\ & F_{\alpha'} & \end{array} \qquad \begin{array}{ccc} & E_{\tilde{\beta}} & \\ & T_\beta \nearrow \quad \searrow S_{\tilde{\beta}} & \\ F_\beta & \xrightarrow[\rho_{\beta\tilde{\beta}'}]{} & F_{\tilde{\beta}'} \end{array}$$

(α mit $\alpha' \in B_o$, β mit $\tilde{\beta} \in A_o$) sind vertauschbar:

$$\pi_{\alpha\widetilde{\alpha'}} = T_{\alpha'} \circ S_\alpha \qquad \rho_{\beta\tilde{\beta}'} = S_{\tilde{\beta}} \circ T_\beta .$$

Dann sind $\underset{\alpha \to}{\text{ind}}\, E_\alpha$ und $\underset{\beta \to}{\text{ind}}\, F_\beta$ homöomorph.

Zwei Spektren mit (2) - (4) nennt man <u>äquivalent</u>.

Beweis: Nach 4.1. existieren stetige, lineare Abbildungen

$$\underset{\alpha \to}{\text{ind}}\, E_\alpha \underset{S}{\overset{T}{\rightleftarrows}} \underset{\beta \to}{\text{ind}}\, F_\beta .$$

Es bleibt nachzuweisen, daß sie zueinander invers sind: ($\widetilde{(x,\alpha)} \in \underset{\alpha \to}{\text{ind}}\, E_\alpha$)

$$T \circ S(\widetilde{(x,\alpha)}) = T(\widetilde{(S_\alpha x, \alpha')}) = (\widetilde{T_{\alpha'} S_\alpha x, \widetilde{\alpha'}}) =$$

$$= (\widetilde{\pi_{\alpha\widetilde{\alpha'}} x, \widetilde{\alpha'}}) = \widetilde{(x,\alpha)}$$

(α mit $\alpha' \in B_o$ gewählt) und umgekehrt ebenso. //

4.3. Für abzählbare (d.h. A = $\mathbb{N}$, zumindest konfinal) Spektren gilt dann das

KOROLLAR: Ist $\{E_n, \pi\}$ ein abzählbares induktives Spektrum und lassen sich die Spektralabbildungen über lokalkonvexe Räume F_n

$$\begin{array}{ccc} E_n & \xrightarrow{\pi_{n,n+1}} & E_{n+1} \\ & {\scriptstyle S_n}\searrow \quad \nearrow{\scriptstyle T_n} & \\ & F_n & \end{array}$$

faktorisieren, so bildet $\{F_n, \rho\}$ mit $\rho_{n,n+1} = S_{n+1} \circ T_n$ ein äquivalentes induktives Spektrum, das also den gleichen induktiven Limes erzeugt.

5. Spezielle induktive Limiten

5.1. Gemäß 2.9. ist der induktive Limes tonnelierter (bornologischer) Räume tonneliert (bornologisch). Für bornologische Räume gilt die Umkehrung:

SATZ: Ein (separierter) lokalkonvexer Raum ist genau dann bornologisch, wenn er induktiver Limes von (normierten) halbnormierten *) Räumen ist.

Beweis: Sei also E bornologisch, $\mathcal{L}$ die Menge aller absolutkonvexen, beschränkten Mengen, die - ordnet man sie durch Inklusion - filtriert: $A, B \in \mathcal{L} \rightarrow A, B \subset \Gamma(A \cup B) \in \mathcal{L}$
Der Vektorraum $[A] \subset E$ ist dann mit dem zu A gehörigen Minkowskifunktional halbnormiert. Die Abbildung (ind $[A]$ = E als Mengen)

$$id : \underset{A \rightarrow}{\text{ind}}\, [A] \longrightarrow E$$

ist, da

$$[A] \xrightarrow{\subset} E$$

stetig ist, nach 3.6. stetig. Sei umgekehrt $U \in \mathfrak{U}_{\text{ind}\,[A]}(0)$ absolutkonvex; dann gilt aufgrund der Definition der Nullumgebungen im induktiven Limes (λ entsprechend)

$$U \cap [A] \supset \lambda A \quad ,$$

U ist also ein Bornolog in E und so eine Nullumgebung in E.

Ist E separiert, so sind (wie im Beweis von § 16, 1.9. ausgeführt wurde) alle $[A]$ sogar normierte Räume. //

5.2. Ist B eine beschränkte Menge in einem Erzeugenden E_α eines induktiven Limes $\underset{\alpha \rightarrow}{\text{ind}}\, E_\alpha$, so ist $\pi_\alpha(B)$ dort eine beschränkte Menge (§ 8, 1.4. (5)). Entsteht jede beschränkte Menge in $\underset{\alpha \rightarrow}{\text{ind}}\, E_\alpha$ auf diese Weise, so nennt man das induktive Spektrum $\{E_\alpha, \pi\}$ regulär.

Im Beweis von 5.1. wurde gezeigt, daß ein bornologischer Raum als induktiver Limes des regulären Einbettungsspektrums $\{[A]\}$ dargestellt werden kann.

SATZ: Der induktive Limes eines regulären, separierten**) Einbettungsspektrums ist separiert.

---

*) Ein halbnormierter Raum ist bornologisch, wie man unmittelbar einsieht.
**) d.h. jedes E ist separiert.

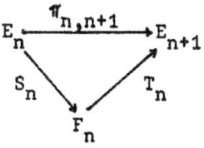

Beweis: Nach 1.2. ist der lineare Unterraum $N(\underset{\alpha \to}{\text{ind}}\ E_\alpha)$ beschränkt, liegt also in einem E_α und ist dort beschränkt. E ist separiert, so daß ein beschränkter linearer Unterraum notwendig = {0} ist;

$$N(\underset{\alpha \to}{\text{ind}}\ E_\alpha) = \{0\}$$

ist genau die Separiertheit von $\underset{\alpha \to}{\text{ind}}\ E_\alpha$. //

5.3. Den induktiven Limes eines abzählbaren Einbettungsspektrums von (F)-Räumen, nennt man (LF)-Raum. Da (F)-Räume tonneliert (§ 10, 1.2.) und bornologisch (§ 11, 4.1.) sind, haben (LF)-Räume dieselben Eigenschaften (5.1.). Sie brauchen jedoch nicht metrisierbar zu sein (§ 24, 2.5., § 25, 2.11.).

5.4. Ein striktes Spektrum ist ein Einbettungsspektrum $\{E_\alpha\}$, bei dem für jedes $\alpha \leq \beta$ E_α die von E_β induzierte Topologie trägt.

5.5. Ein separiertes induktives Spektrum $\{E_\alpha, \pi\}$ heißt kompakt (bikompakt, schwach kompakt, nuklear ...), falls für jedes α ein $\beta \geq \alpha$ existiert, so daß die Spektralabbildung $\pi_{\alpha\beta} : E_\alpha \longrightarrow E_\beta$ kompakt (...) ist. Nach dem Faktorisationssatz § 19, 1.9. für kompakte Abbildungen erhält man wie im Falle der projektiven Limiten (($\overline{S}$)-Räume, § 22, 1.2.) unter Zuhilfenahme des Äquivalenzsatzes 4.2., daß ein induktiver Limes eines kompakten Spektrums durch ein äquivalentes bikompaktes Spektrum von Banachräumen zu erhalten ist.

Insbesondere gilt dies also für (LS)-Räume (von einem kompakten, abzählbaren induktiven Spektrum erzeugt).

5.6. Strikte (LF)-Räume wurden 1949 von J. Dieudonné und L. Schwartz ([1]) behandelt, J. S. e Silva ([1]) untersuchte 1955 kompakte, abzählbare Einbettungsspektren von normierten Räumen ((LN^*)-Räumen) und D.A. Raikov ([1] , [2]) in den folgenden Jahren allgemeine kompakte und bikompakte Einbettungsspektren, u.a. deren Dualität mit ($\overline{S}$)-Räumen.

5.7. Der Folgenraum ω aller Folgen aus $\mathbb{K}$, die residual Null sind, ist ein einfaches Beispiel eines strikten und zugleich kompakten (LF)-Raumes, wenn man ihn darstellt als

$$\omega = \underset{n \to}{\text{ind}}\ \mathbb{K}^n$$

($\mathbb{K}^n \subset \mathbb{K}^{n+1}$ auf natürliche Weise); er ist aber im wesentlichen auch der einzige dieser Art, denn ist

$$E_n \xrightarrow{\subset} E_{n+1}$$

kompakt und das Spektrum strikt, so gibt es in E_n eine Nullumgebung, die in E_{n+1} also auch in E_n, kompakt ist: E_n ist endlichdimensional (§ 16, 3.2.).

§ 24 Strikte, abzählbare induktive Spektren

1. Einige Eigenschaften

1.1. Um den Zusammenhang zwischen der von der Limestopologie auf den Erzeugenden induzierten und deren ursprünglichen Topologie zu untersuchen, soll zunächst ein Lemma bewiesen werden:

LEMMA: Ist F ein Unterraum eines lokalkonvexen Raumes E, V eine absolutkonvexe Nullumgebung von F in der induzierten Topologie, so existiert eine absolutkonvexe Nullumgebung U von E mit

$$U \cap F = V .$$

Beweis: Da die Topologie von F die von E induzierte ist, existiert ein $U_o \in \mathfrak{U}_E(0)$ mit

$$U_o \cap F \subset V .$$

Ist $U = \Gamma(U_o \cup V)$, so gilt

$$U \cap F \supset V .$$

Ist andererseits $z \in U \cap F$, $z = \alpha u + \beta v$ $(u \in U_o,\ v \in V,\ |\alpha| + |\beta| \leq 1$ *)), so ist mit z und v auch u in F, also

$$u \in U_o \cap F \subset V ,$$

so daß u und v in V liegen, also auch die absolutkonvexe Kombination $z \in V$. //

1.2. SATZ: Ist E der induktive Limes des abzählbaren, strikten Spektrums $\{E_n\}$, so induziert E auf jedem E_n dessen Ausgangstopologie.

Beweis: Ist V_n eine absolutkonvexe Nullumgebung von E_n, so existiert (da E_n die von E_{n+1} induzierte Topologie trägt) eine absolutkonvexe Nullumgebung V_{n+1} von E_{n+1} mit

$$V_n = E_n \cap V_{n+1},$$

ebenso ein V_{n+2} von E_{n+2} mit

$$V_{n+1} = E_{n+1} \cap V_{n+2}$$

und folglich

$$V_n = E_n \cap V_{n+2}$$

usw. Für

$$U = \mathop{\Gamma}_{k=o}^{\infty} V_{n+k} = \bigcup_{k=o}^{\infty} V_{n+k}$$

gilt dann

$$V_n = E_n \cap U ,$$

*) Sind A und B absolutkonvex, so ist

$$\Gamma(A \cup B) = \{\alpha a + \beta b \mid a \in A, b \in B, |\alpha| + |\beta| \leq 1\},$$

wie man leicht nachprüft.

d.h. die von E induzierte Topologie auf E_n ist feiner als die Ausgangstopologie; sie kann aber nicht echt feiner sein, da die Einbettung

$$E_n \xrightarrow{\subset} E$$

stetig ist. //

1.3. KOROLLAR 1: Der induktive Limes eines abzählbaren, strikten, separierten Spektrums ist separiert.

Beweis: Ist $0 \neq x_o \in E$, so ist x_o enthalten in einem der (separierten) Erzeugenden E_n, es existiert also ein absolutkonvexes $V \in \mathfrak{U}_{E_n}(0)$ mit $x_o \notin V$. E induziert aber nach dem Satz die Topologie von E_n, so daß es nach dem Lemma $U \in \mathfrak{U}_E(0)$ gibt mit

$$V = E_n \cap U .$$

Wäre $x_o \in E_n$ Element von U, so auch von V, also

$$x_o \notin U ,$$

d.i. die Separiertheit von E. //

1.4. KOROLLAR 2: Ist E der induktive Limes des separierten, strikten Spektrums $\{E_n\}$ und E_{n_o} vollständig, so ist E_{n_o} ein abgeschlossener Unterraum von E.

Beweis: Ist $\{x_\alpha\}$ ein in E gegen x konvergentes Netz aus E_{n_o}, so ist es (wegen der induzierten Topologie) ein Cauchynetz in E_{n_o}, also dort z.B. gegen y konvergent; $\{x_\alpha\}$ strebt aber wegen der Stetigkeit der Einbettung auch in E gegen y, die Separiertheit liefert $x = y \in E_{n_o}$. //

Insbesondere gelten diese Resultate für strikte (LF)-Räume.

2. Beschränkte Mengen

2.1. Zur Vorbereitung des Beweises der Regularität für eine Klasse von strikten induktiven Limiten dient das 1.1. verschärfende

LEMMA: Ist F ein abgeschlossener Unterraum des lokalkonvexen Raumes E und V eine absolutkonvexe Nullumgebung von F in der induzierten Topologie mit $x_o \notin F$ $(x_o \in E)$, so gibt es ein absolutkonvexes $U \in \mathfrak{U}_E(0)$ mit

(1) $U \cap F = V$

(2) $x_o \notin U$.

Beweis: Sei $U_o \in \mathfrak{U}_E(0)$ so, daß

$$U_o \cap F \subset V,$$

und $U_1 \in \mathfrak{U}_E(0)$ mit

$$(x_o + U_1) \cap F = \emptyset$$

(F ist abgeschlossen).

Dann folgt genau wie im Beweis des Lemmas von 1.1., daß für

$$U = \Gamma(V \cup (U_o \cap U_1))$$

(1) gilt.

Wäre $x_o \in U$, so existierten $v \in V$, $u \in U_o \cap U_1$ und $|\alpha| + |\beta| \leq 1$ mit $x_o = \alpha u + \beta v$, so daß man

$$F \ni \beta v = x_o - \alpha u \in x_o + U_1$$

im Widerspruch zu

$$(x_o + U_1) \cap F = \emptyset$$

erhielte. //

2.2. <u>SATZ:</u> Ein striktes, abzählbares, induktives Spektrum $\{E_n\}$ derart, daß jedes E_n in einem der folgenden E_m abgeschlossen ist, ist regulär.

Der Satz ist insbesondere richtig, wenn eine konfinale Menge der E_n vollständig ist (siehe 1.4.), also auch für strikte (LF)-Räume.

Beweis: Man kann sich darauf beschränken, daß für alle n E_n in E_{n+1} abgeschlossen ist.

Ist A in E beschränkt, so können, wenn man indirekt schließt, zwei Fälle auftreten.

a) A ist in keinem E_n enthalten

b) A liegt in manchen E_n, ist dann aber dort nicht beschränkt.

Der Fall b) ist wegen Satz 1.2. unmöglich.

Nach a) existiert dann $x_1 \in A$, aber $x_1 \notin E_1$. Da

$$E = \bigcup_n E_n$$

ist, liegt x_1 in einem E_{k_2}; weiter gibt es $x_2 \in A$ mit $(k_2 > k_1 = 1)$

$$\frac{x_2}{k_2} \notin E_{k_2}$$

usw., so daß man (o.E.d.A. $k_n = n$) eine Folge $\{x_n\} \subset A$ erhält mit

$$\frac{x_n}{n} \notin E_n, \qquad \frac{x_n}{n} \in E_{n+1} \qquad n = 1,2,...$$

Nach dem Lemma gibt es dann absolutkonvexe $V_n \in \mathfrak{U}_{E_n}(0)$ mit

$$V_1 \subset V_2 \subset ...$$

$$V_n = V_{n+1} \cap E_n$$

$$\frac{x_n}{n} \notin V_{n+1} \qquad n = 1,2,...$$

Da A in E beschränkt ist, gilt

$$\lim_{n\to\infty} \frac{x_n}{n} = 0 ,$$

also

$$\frac{x_n}{n} \in U = \bigcap_{m=1}^{\infty} V_m = \bigcup_{m=1}^{\infty} V_m ,$$

für $n \geq N$, d.h.

$$\frac{x_N}{N} \in V_m \quad \text{für ein } m .$$

Da $V_m \subset E_m$ und

$$\frac{x_N}{N} \notin E_N$$

ist, muß $m > N$ sein. Dann ist aber

$$\frac{x_N}{N} \in E_{N+1} \cap V_m = V_{N+1}$$

im Widerspruch zur Wahl der V_n.

Somit sind beide Fälle a) und b) unmöglich. //

2.3. Die folgenden Korollare werden der Einfachheit halber für strikte (LF)-Räume formuliert; sie gelten sinngemäß für die im Satz betrachteten Räume.

KOROLLAR 1: Eine Folge $\{x_n\}$ eines strikten (LF)-Raumes E konvergiert genau dann gegen x, falls sie bereits in einem Erzeugenden gegen x konvergiert.

Beweis: Konvergiert x_n gegen x, so ist die Menge $\{x_n, x\}$ beschränkt, liegt also in einem E_m, das nach 1.2. die von E induzierte Topologie trägt, so daß x_m auch in E_m gegen x strebt. Die Stetigkeit der Einbettung liefert die Umkehrung. //

Das Korollar gilt ebenfalls für beschränkte Netze (wie aus dem Beweis ersichtlich ist).

2.4. KOROLLAR 2: Strikte (LF)-Räume sind quasivollständig, insbesondere also folgenvollständig.

Beweis: Eine beschränktes Cauchynetz liegt nach dem Satz bereits in einem der erzeugenden vollständigen Räume und ist dort ebenfalls ein Cauchynetz, konvergiert also; die Stetigkeit der Einbettung impliziert das Korollar. //

2.5. KOROLLAR 3: Ein (LF)-Raum, der von einem echt aufsteigenden, strikten Spektrum

$$E_n \subsetneq E_{n+1} \subsetneq \cdots$$

erzeugt wird, ist nicht metrisierbar.

Beweis: Sei indirekt E metrisierbar, so ist E wegen Korollar 2 ein (F)-Raum. Die echten abgeschlossenen (1.4.) Unterräume E_n von E sind nach § 3, 4.2. nirgends dicht, so daß der (F)-Raum E abzählbare Vereinigung nirgends dichter Mengen ist. Das ist ein Widerspruch zum Satz von Baire. //

3. Vollständigkeit

3.1. Die Quasivollständigkeit von strikten (LF)-Räumen ergab sich leicht aus ihrer Regularität, der Beweis der Vollständigkeit erfordert dagegen mehr Mühe.

SATZ von KÖTHE: Der Limes eines strikten, abzählbaren, separierten induktiven Spektrums aus vollständigen lokalkonvexen Räumen ist vollständig.

Beweis:

a) Ist $\tilde{E}$ die Vervollständigung des separierten induktiven Limes $E = \operatorname{ind} E_n$ (1.3.), so induziert $\tilde{E}$ auf jedem E_n dessen Ausgangstopologie (1.2. und § 4, 3.3.). Der vollständige Raum E_n ist somit in $\tilde{E}$ abgeschlossen (1.4.).

b) Sei $\{x_\alpha\}$ ein Cauchynetz in E,

$$\lim x_\alpha = \tilde{x} \in \tilde{E} .$$

Sei

$$\tilde{x} \notin E = \bigcup_{n=1}^{\infty} E_n .$$

Dann existiert für jedes n eine absolutkonvexe Nullumgebung $\tilde{V}_n \in \mathfrak{U}_{\tilde{E}}(0)$ mit

$$(\tilde{x}+\tilde{V}_n) \cap E_n = \emptyset .$$

Ist $\tilde{U}_n \in \mathfrak{U}_{\tilde{E}}(0)$ derart gewählt, daß $\tilde{U}_n + \tilde{U}_n \subset \tilde{V}_n$ und $U_n = \tilde{U}_n \cap E \in \mathfrak{U}_E(0)$, so gilt also für $\alpha \geq \alpha_n$

$$(x_\alpha + U_n) \cap E_n = \emptyset$$

(man kann $U_1 \supset U_2 \ \ldots$ voraussetzen).

c) Sei

$$W_n = \frac{U_n}{2} \cap E_n \in \mathfrak{U}_{E_n}(0)$$

und

$$W = \mathop{\Gamma}_{n=1}^{\infty} W_n \in \mathfrak{U}_E(0) .$$

Dann gilt für jedes n

$$W \subset \Gamma\left(\frac{U_n}{2} \cup \bigcup_{m=1}^{n-1} W_m\right) ,$$

da $W_\ell \subset \frac{U_n}{2}$ für $\ell \geq n$ ist.

d) $\{x_\alpha\}$ ist ein Cauchynetz, so daß ein γ existiert mit

$$x_\alpha - x_\beta \in W$$

für $\alpha, \beta \geq \gamma$.

e) Für alle $\alpha \geq \gamma$ und alle n gilt

$$(x_\alpha + W) \cap E_n = \emptyset .$$

(Dies ist jedoch unmöglich, da dies inbesondere

$$\{x_\alpha\}_{\alpha \geq \gamma} \notin \bigcup_{n=1}^{\infty} E_n = E$$

bedeutet; die Annahme $\tilde{x} \notin E$ ist falsch.)

Es bleibt also e) zu "beweisen".

Ist dazu $\alpha_o \geq \alpha_n, \gamma$, so gilt nach b)

$$x_{\alpha_o} + U_n \subset \complement E_n$$

und nach d)

$$x_\alpha - x_{\alpha_o} = w_1 \in W$$

für alle $\alpha \geq \gamma$. Wiederum indirekt schließend, gilt dann für

$$y = x_\alpha + w_2 \in E_n$$

$(w_2 \in W)$:

$$y = x_{\alpha_o} + w_1 + w_2 = x_{\alpha_o} + \sum_{i=1}^{n} \lambda_i x_i + \sum_{n=1}^{n} \mu_i y_i$$

mit (nach c))

$$x_i, y_i \in W_i \subset E_i \qquad (i = 1,\dots,n-1)$$

$$x_n, y_n \in \frac{U_n}{2}$$

und

$$\sum_{i=1}^{n} |\lambda_i| \leq 1, \qquad \sum_{i=1}^{n} |\mu_i| \leq 1 .$$

Ordnet man die Summanden auf die folgende Weise um

$$E_n \ni y = \underbrace{\sum_{i=1}^{n-1} (\lambda_i x_i + \mu_i y_i)}_{\hat{E}_n} + x_{\alpha_o} + \lambda_n x_n + \mu_n y_n ,$$

so gilt

$$E_n \ni x_{\alpha_o} + \lambda_n x_n + \mu_n y_n \in x_{\alpha_o} + \frac{U_n}{2} + \frac{U_n}{2} \in x_{\alpha_o} + U_n,$$

also

$$(x_{\alpha_o} + U_n) \cap E_n \neq \emptyset$$

im Gegensatz zu b) $(\alpha_o \geq \alpha_n)$. //

3.2. Der Satz bleibt richtig, betrachtet man ein abzählbares, striktes, separiertes induktives Spektrum $\{E_n\}$ derart, daß die Vervollständigung $\tilde{E}_n$ von E_n in einem der folgenden E_m liegt. Dazu muß man nur zu dem Spektrum $\{\tilde{E}_n\}$ übergehen, das denselben induktiven Limes erzeugt.

3.3. Komura [2] gibt Beispiele dafür, daß die Sätze 1.2. (E induziert die Ausgangstopologie auf E_n) 2.2. (Regularität) und 3.1. (Vollständigkeit) für nicht abzählbare, strikte induktive Spektren falsch sind. Raikov [3] hat ein allgemeineres Vollständigkeitskriterium für lokalkonvexe Räume bewiesen.

4. Der Homomorphiesatz von Banach in strikten (LF)-Räumen

4.1. Viele Eigenschaften von (F)-Räumen übertragen sich auf strikte (LF)-Räume. Als Beispiel soll der Homomorphiesatz von Banach (§ 7, 1.2.) verallgemeinert werden:

SATZ: Sind E und F strikte (LF)-Räume und A eine stetige lineare Abbildung von E auf F, so ist A offen.

Beweis: Seien

$$E = \operatorname*{ind}_{m \to} E_m \quad \text{und} \quad F = \operatorname*{ind}_{n \to} F_n ,$$

so ist

$$G_{mn} = E_m \cap A^{-1}(F_n)$$

nach 1.4. ein abgeschlossener Unterraum von E_m $(m,n=1,2,\ldots)$, also ein (F)-Raum. Da

$$A(G_{mn}) = A(E_m) \cap F_n$$

und

$$A(E) = F$$

sind, ist

$$F_n = \bigcup_{m=1}^{\infty} A(G_{mn}) .$$

Ist $K_{mn}(r)$ die Kugel um 0 mit Radius r in G_{mn}, so ist wegen der Absorbanz

$$G_{mn} = \bigcup_k k \cdot K_{mn}(\tfrac{r}{2}) ,$$

also

$$F_n = \bigcup_{m=1}^{\infty} \bigcup_{k=1}^{\infty} k \cdot A(K_{mn}(\tfrac{r}{2})) .$$

F_n ist jedoch als (F)-Raum Bairesch, so daß für jedes n mindestens ein Paar (k_n, m_n) existiert, mit

$$k_n A(K_{m_n n}(\tfrac{r}{2}))$$

nicht nirgends dicht, d.h. (wie im Beweis von § 7, 1.2. (a))

$$\overline{A(K_{m_n n}(r))} \in \mathfrak{U}_{F_n}(0) \quad ;$$

somit ist bewiesen (siehe Definition in § 7, 1.3.), daß die stetige Abbildung

$$A\big|_{G_{m_n n}} : G_{m_n n} \longrightarrow F_n$$

fast offen, also nach der Ptákschen Verallgemeinerung des Homomorphiesatzes (§ 7, 1.3.) sogar offen ist. Das bedeutet, daß das Bild jeder Nullumgebung von

$G_{m_n n}$ bei A eine Nullumgebung von F_n wird; wegen der Absorbanz folgt daraus insbesondere

$$A(G_{m_n n}) = F_n .$$

Ist $V \in \mathfrak{U}_E(0)$ gegeben, so - wegen der induzierten Topologie -

$$V \cap G_{m_n n} \in \mathfrak{U}_{G_{m_n n}}(0) \qquad n = 1,2,...$$

und folglich

$$A(V \cap G_{m_n n}) \in \mathfrak{U}_{F_n}(0) .$$

Damit ist aber auch

$$A(V) \cap F_n = A(V) \cap A(G_{m_n n}) \supset A(V \cap G_{m_n n})$$

eine Nullumgebung von F_n. D.h. aber nach § 23, 2.1. genau, daß

$$A(V) \in \mathfrak{U}_F(0)$$

(V kann man absolutkonvex voraussetzen): es ist bewiesen, daß A eine offene Abbildung ist (nach Dieudonné-Schwartz [1]). //

3.2. Man kann den Satz einer ähnlichen Analyse wie der in § 7, 1. unterziehen, insbesondere sei vermerkt, daß F nur ein strikter induktiver Limes von Prä-(F)-Räumen 2. Kategorie sein muß.

§ 25 (LS)-Räume

1. Abgeschlossene Mengen

1.1. Ein (LS)-Raum E (§ 23, 5.5.) wurde definiert als der Limes eines abzählbaren separierten induktiven Spektrums $\{E_n,\pi\}$ derart, daß für jedes n ein m > n existiert, so daß die Spektralabbildung

$$\pi_{nm} : E_n \longrightarrow E_m$$

kompakt ist. Der Faktorisationssatz § 19, 1.9. für kompakte Abbildungen ergab, daß es stets ein äquivalentes, abzählbares Spektrum aus Banachräumen gibt, so daß alle $\pi_{n,n+1}$ bikompakt sind.

1.2. Der folgende Satz stammt im Einbettungsfalle von Raikov ([1]) und e Silva ([1]) (Makarov [2] gibt Beispiele, bei denen dieser Satz nicht gilt):

SATZ: Eine Teilmenge H eines (LS)-Raumes $\operatorname{ind}_{n\to} E_n$ ist genau dann abgeschlossen, wenn alle $\pi_n^{-1}(H) \in E_n$ abgeschlossen sind.

Beweis:

a) Die Bedingung ist wegen der Stetigkeit der Abbildungen

$$\pi_n : E_n \longrightarrow E$$

offenbar notwendig.

b) Umgekehrt kann man sich wegen der Äquivalenz der Spektren auf das bikompakte Spektrum $\{B_n, \pi\}$ von Banachräumen beschränken, das aus der Faktorisierung der Spektralabbildungen nach § 19, 1.9. entsteht.

Sei also H gegeben, so daß alle $\pi_n^{-1}(H) \subset B_n$ abgeschlossen sind. Dann ist für

$$x_o = \widetilde{(x_{n_o}, n_o)} \in \underset{n \to}{\text{ind}}\, B_n \setminus H$$

eine Nullumgebung $U \in \mathfrak{U}_E(0)$ $(E = \underset{n \to}{\text{ind}}\, B_n)$ zu konstruieren, die H nicht trifft:

$$(x_o + U) \cap H = \emptyset$$

(der triviale Fall $H = \emptyset$ ist ausgeschlossen).

c) Zu diesem Zwecke soll eine Folge von absolutkonvexen Nullumgebungen $U_m \in \mathfrak{U}_{E_m}(0)$ mit $(m \geq n_o)$

(1) $\pi_{m,m+1}(U_m) \subset U_{m+1}$

(2) $\pi_{m,m+1}(U_m)$ kompakt in B_{m+1}

(3) $(x_m + U_m) \cap \pi_m^{-1}(H) = \emptyset$

(dabei ist $x_m = \pi_{n_o m}(x_{n_o})$, also insbesondere $\widetilde{(x_m, m)} = x_o$) gesucht werden.

d) Damit erfüllt (§ 23, 3.14.)

$$U = \bigcup_{m \geq n_o} \pi_m(U_m) \in \mathfrak{U}_E(0)$$

die geforderte Bedingung

$$(x_o + U) \cap H = \emptyset.$$

Denn sei (indirekt)

$$(x_o + U) \cap H \neq \emptyset,$$

so gibt es $m \geq n_o$, $y \in H$ und $z_m \in U_m$ mit

$$y = x_o + \pi_m(z_m).$$

Ist dann $y_m = x_m + z_m \in x_m + U_m$, so gilt

$$\pi_m(y_m) = \pi_m(x_m) + \pi_m(z_m) = x_o + \pi_m(z_m) = y \in H,$$

also $y_m \in \pi_m^{-1}(H) \cap (x_m + U_m)$ im Gegensatz zu (3).

e) Es genügt also, U_m mit (1) - (3) anzugeben: K_ℓ bezeichne die abgeschlossene Einheitskugel im Banachraum B_ℓ, $\pi_{\ell,\ell+1}(K_\ell)$ ist also kompakt in $B_{\ell+1}$, und $\|\ \|_\ell$ die Norm in B_ℓ. $\pi_{n_o}^{-1}(H)$ ist abgeschlossen in B_{n_o}, $x_{n_o} \notin \pi_{n_o}^{-1}(H)$, also gibt es

$\varepsilon > 0$ mit $(U_{n_o} = \varepsilon K_{n_o})$

$$(x_{n_o} + U_{n_o}) \cap \pi_{n_o}^{-1}(H) = \emptyset .$$

$\pi_{n_o,n_o+1}(U_{n_o}) = \varepsilon\, \pi_{n_o,n_o+1}(K_{n_o})$ ist kompakt in B_{n_o+1}.

f) Seien $U_{n_o},\ldots,U_m$ bereits konstruiert. Dann ist

$$d = \inf_{u_m \in U_m,\, h \in \pi_{m+1}^{-1}(H)} \|x_{m+1} + \pi_{m,m+1}(u_m) - h\|_{m+1} > 0 ,$$

denn $x_{m+1} + \pi_{m,m+1}(U_m)$ ist kompakt in B_{m+1}, $\pi_{m+1}^{-1}(H)$ ist abgeschlossen,

$$\langle x_{m+1} + \pi_{m,m+1}(U_m)\rangle \cap \pi_{m+1}^{-1}(H) = \emptyset \quad , \qquad (*)$$

und die stetige Funktion

$$x_{m+1} + \pi_{m,m+1}(U_m) \ni z \rightsquigarrow \inf_{h \in \pi_{m+1}^{-1}(H)} \|z-h\|_{m+1}$$

nimmt ihr Infimum auf einem Kompaktum an.

(*) muß noch gezeigt werden: Angenommen, es existiert

$$y_{m+1} \in \langle x_{m+1} + \pi_{m,m+1}(U_m)\rangle \cap \pi_{m+1}^{-1}(H),$$

dann ist, wegen $\pi_m = \pi_{m+1} \circ \pi_{m,m+1}$, einerseits

$$\pi_{m,m+1}^{-1}(y_{m+1}) \subset \pi_m^{-1}(H)$$

und andererseits für ein $u_m \in U_m$

$$y_{m+1} = x_{m+1} + \pi_{m,m+1}(u_m),$$

also $\langle \pi_{m,m+1}(x_m) = x_{m+1}\rangle$

$$x_m + u_m \in \pi_{m,m+1}^{-1}(y_{m+1}) \subset \pi_m^{-1}(H)$$

im Widerspruch zu (3).

g) Sei nun

$$U_{m+1} = \Gamma\left(\tfrac{d}{2} K_{m+1} \cup \pi_{m,m+1}(U_m)\right).$$

Es bleibt (2) und (3) nachzuweisen.

Eine Folge $\{z^n\} \subset \pi_{m+1,m+2}(U_{m+1})$ schreibt sich (siehe Fußnote § 24, 1.1.)

$$z^n = \alpha_n x^n + \beta_n y^n \in B_{m+2}$$

mit $x^n \in \pi_{m+1,m+2}(\frac{d}{2} K_{m+1})$, $y^n \in \pi_{m,m+2}(U_m)$ und $|\alpha_n| + |\beta_n| \leq 1$. Wählt man sukzessive aus $\{\alpha_n\}$, $\{\beta_n\}$, $\{x^n\}$ und $\{y^n\}$ konvergente Teilfolgen aus (alle vorkommenden Mengen sind folgenkompakt nach dem Satz von Hausdorff § 16, 2.2.), so findet man eine konvergente Teilfolge von $\{z^n\}$, die gegen ein Element von $\pi_{m+1,m+2}(U_{m+1})$ konvergiert: $\pi_{m+1,m+2}(U_{m+1})$ ist folgenkompakt, also kompakt;

U_{m+1} erfüllt (2).

h) Zum Beweis von (3) wird wieder indirekt geschlossen: Für ein

$$h \in \pi_{m+1}^{-1}(H)$$

gelte

$$h = x_{m+1} + \alpha \frac{d}{2} k + \beta\, \pi_{m,m+1}(u_m)$$

$(k \in K_{m+1}, u_m \in U_m,\ |\alpha| + |\beta| \leq 1)$.

Beachtet man nun die Definition von $d = \inf \ldots$ (siehe f)), so ergibt die Normenrechnung

$$\frac{d}{2} \geq \|\alpha \frac{d}{2} k\|_{m+1} = \|x_{m+1} + \pi_{m,m+1}\underbrace{(\beta u_m)}_{\in U_m} - h\|_{m+1} \geq d$$

einen Widerspruch.

Die Umgebungen U_m erfüllen also die in c) aufgestellten Forderungen; in d) wurde bereits gezeigt, daß dies zum Beweis des Satzes hinreicht. //

1.3. Sind die Spektralabbildungen Einbettungen, so bedeutet die Bedingung des Satzes, daß alle $H \cap E_n$ abgeschlossen (in E_n) sein müssen.

1.4. Bezüglich der Separiertheit von (LS)-Räumen erhält man, daß die allgemein notwendige Bedingung von § 23, 3.12. auch hinreicht.

<u>SATZ:</u> Ein (LS)-Raum ind E_n ist genau dann separiert, wenn alle kern π_n abgeschlossen sind.

Wegen kern $\pi_n = \pi_n^{-1}(\{0\})$ ist dann nach dem Satz $\{0\}$ abgeschlossen, d.h. E ist separiert.

<u>KOROLLAR:</u> Ein (LS)-Raum, dessen (nach Definition) erzeugendes Spektrum aus injektiven Abbildungen besteht, ist separiert.

In 2.12. wird an einem Beispiel gezeigt werden, daß dies im allgemeinen nicht richtig ist.

1.5. $E = \underset{n \to}{\mathrm{ind}}\ E_n$ ist mit der feinsten lokalkonvexen Topologie ausgerüstet (§ 23, 2.), die alle

$$\pi_n : E_n \longrightarrow E$$

zu stetigen Abbildungen macht. Satz 1.2. sagt aus, daß die lokalkonvexe Topologie eines (LS)-Raumes die feinste Topologie (siehe § 23, 2.1., topologie finale nach Bourbaki [1]) unter <u>allen</u> Topologien mit dieser Eigenschaft ist, denn deren abgeschlossene Mengen sind gerade wie im obigen Satz definiert. Dies ist gleichbedeutend damit, daß eine Abbildung

$$T : \mathrm{ind}\ E_n \longrightarrow X$$

(X ein beliebiger topologischer Raum) genau dann stetig ist, wenn alle

$$T \circ \pi_n : E_n \longrightarrow X$$

stetig sind.

2. Beschränkte Mengen

2.1. In dieser Nummer soll die Regularität von (LS)-Räumen untersucht werden. Raikov und e Silva stellten fest, daß kompakte, abzählbare Einbettungsspektren regulär sind (2.2.). Da aber speziell die lineare Menge $N(\underset{n\to}{\text{ind}}\, E_n)$ (§ 23, 1.2.) beschränkt ist und nicht in einem $\pi_n(E_n)$ zu liegen braucht (dies wird an einem Beispiel belegt werden), sind beliebige (LS)-Räume nicht regulär, dafür aber sep $(\underset{n\to}{\text{ind}}\, E_n)$ (2.4.), so daß $N(\underset{n\to}{\text{ind}}\, E_n)$ gerade den "Fehler" zur Regularität darstellt.

2.2. Zunächst das Raikov-e Silva'sche Ergebnis:

SATZ: Ein kompaktes, abzählbares, induktives Einbettungsspektrum $\{E_n\}$ ist regulär, d.h. (§ 23, 5.2.) eine Menge $A \subset E = \underset{n\to}{\text{ind}}\, E_n$ ist genau dann beschränkt, wenn A bereits in einem E_n liegt und dort (bezüglich der Ausgangstopologie) beschränkt ist.

Beweis:

a) Die Bedingung reicht offenbar hin.

b) Um die Umkehrung zu beweisen, kann man sich auf ein bikompaktes, abzählbares Einbettungsspektrum $\{B_n\}$ von Banachräumen beschränken, da sich die kompakten Einbettungen $E_n \xrightarrow{c} E_{n+1}$ gemäß § 19, 1.9. zu

$$E_n \xrightarrow{c} B_n \xrightarrow{c} E_{n+1} \xrightarrow{c} B_{n+1}$$

faktorisieren (die abgeschlossene Einheitskugel K_n von B_n ist in E_{n+1}, also auch in B_{n+1} kompakt). Ist dann $A \subset \underset{n\to}{\text{ind}}\, E_n = \underset{n\to}{\text{ind}}\, B_n$ bereits in einem B_n beschränkt, so auch in E_{n+1}.

c) Schließt man indirekt, so bedeutet dies, daß die gegebene, in $E = \underset{n\to}{\text{ind}}\, B_n$ beschränkte Menge A in keinem Vielfachen einer Einheitskugel K_ℓ liegt ($\ell = 1,2,\ldots$).

d) Hat man eine Folge von absolutkonvexen Nullumgebungen $U_n \in \mathfrak{U}_{B_{k_n}}(0)$ $(k_1 < k_2 < \ldots)$ und $x_n \in A$ mit

(1) $U_1 \subset U_2 \subset \ldots$

(2) U_n kompakt in $B_{k_{n+1}}$

(3) $x_1, \frac{1}{2}x_2, \ldots, \frac{1}{n}x_n \notin U_n$

konstruiert, so ergibt sich auf folgende Weise ein Widerspruch: Da A beschränkt ist, konvergiert

$$\frac{1}{n}\, x_n \longrightarrow 0$$

in E, so daß für $n \geq n_0$

$$\frac{1}{n}\, x_n \in U = \bigcup_{\ell=1}^{\infty} U_\ell \in \mathfrak{U}_E(0)$$

gilt, insbesondere

$$\frac{1}{n_o} x_{n_o} \in U_m$$

für ein m. Nach (3) ist dann $n_o > m$; dies führt aber wegen (1) und (3):

$$\frac{1}{n_o} x_{n_o} \notin U_{n_o} \supset U_m$$

zu dem gewünschten Widerspruch.

e) Konstruktion von x_n und U_n wie angegeben: Für $n = 1 = k_1$ ist $U_1 = K_1$; K_1 ist kompakt in allen B_ℓ $(\ell > 1)$. Nach c) existiert $x_1 \in A$ mit $x_1 \notin U_1$. Seien $x_1,\ldots,x_n$ und $U_1,\ldots,U_n$ bereits gefunden; so sei $k_{n+1} > k_n$ derart, daß

$$x_1,\ldots,x_n \in B_{k_{n+1}} .$$

Dann ist

$$\inf_{\substack{m=1,\ldots,n \\ u \in U_n}} \left\| \frac{1}{m} x_m - u \right\|_{k_{n+1}} = d > 0,$$

da alle $\frac{1}{m} x_m \notin U_n$ und U_n in $B_{k_{n+1}}$ kompakt ist.

$$U_{n+1} = \Gamma\left(\frac{d}{2} K_{k_{n+1}} \cup U_n\right) \in \mathfrak{U}_{B_{k_{n+1}}} (0)$$

ist dann - wie bereits im Teil g) des Beweises von 1.2. gezeigt wurde - kompakt in $B_{k_{n+1}+1}$, erfüllt also (1) und (2).

f) Da $A \not\subset (n+1)U_{n+1}$ gibt es ein $x_{n+1} \in A$ mit

$$\frac{1}{n+1} x_{n+1} \notin U_{n+1} .$$

Es bleibt noch

$$\frac{1}{m} x_m \notin U_{n+1} \qquad m \leq n$$

zu zeigen: Für $y \in K_{k_{n+1}}$, $u \in U_n$ und $m \leq n$ gilt

$$\left\| \frac{1}{m} x_m - u - \frac{d}{2} y \right\|_{k_{n+1}} \geq \left\| \frac{1}{m} x_m - u \right\|_{k_{n+1}} - \left\| \frac{d}{2} y \right\|_{k_{n+1}} \geq d - \frac{d}{2} > 0,$$

also

$$\frac{1}{m} x_m \notin \frac{d}{2} K_{k_{n+1}} + U_n \supset U_{n+1} . \quad //$$

2.3. Man bemerkt, daß der Beweis nur benutzt, daß die Einheitskugel von B_ℓ in allen $B_{\ell+1}$ $(\ell=1,2,\ldots)$ abgeschlossen ist (im Beweisschritt e)). Diese Tatsache benutzt Komatsu ([1]), um den Satz auf schwach kompakte Einbettungsspektren zu übertragen (eine schwach kompakte Menge ist abgeschlossen), indem er einen dem Raikov - e Silva'schen analogen Faktorisationssatz für schwach kompakte Abbildungen benutzt. Ebenso sieht man, daß man auf diese Weise die Regularität eines strikten, abzählbaren Spektrums von Banachräumen (strikte (LB)-Räume) beweisen kann, denn jeder (vollständige) Banachraum B_n ist abgeschlossen in allen folgenden (und somit die Einheitskugel).

2.4. Sei nun ein beliebiges abzählbares, kompaktes induktives Spektrum $\{E_n,\pi\}$ gegeben und

$$\kappa : \operatorname*{ind}_{n\to} E_n \longrightarrow \operatorname{sep}(\operatorname*{ind}_{n\to} E_n) = \operatorname*{ind}_{n\to} E_n \Big/ N(\operatorname*{ind}_{n\to} E_n)$$

Dann gilt

$$\operatorname{sep}(\operatorname*{ind}_{n\to} E_n) = \operatorname*{ind}_{n\to} \kappa\circ\pi_n(E_n)$$

($\kappa\circ\pi_n(E_n)$ mit der induktiven lokalkonvexen Topologie bezüglich $\kappa\circ\pi_n$ und E_n versehen), wie man wegen der Transitivität induktiver, lokalkonvexer Topologien (§ 23, 2.3.) aus dem kommutativen Diagramm

$$\begin{array}{ccccccc}
E_n & \xrightarrow{\pi_{n,n+1}} & E_{n+1} & \cdots & & & \\
\pi_n \downarrow & & \downarrow \pi_{n+1} & & & & \\
\pi_n(E_n) & \xrightarrow{\subset} & \pi_{n+1}(E_{n+1}) & \overset{\subset}{\cdots} & E & & (= \operatorname*{ind}_{n\to} E_n) \\
\downarrow & & \downarrow & & \kappa\downarrow & & \\
\kappa\pi_n(E_n) & \xrightarrow{\subset} & \kappa\pi_{n+1}(E_{n+1}) & \overset{\subset}{\cdots} & \operatorname{sep} E & &
\end{array}$$

ersieht. Da der separierte lokalkonvexe Raum sep E auf $\kappa\circ\pi_n(E_n)$ eine gröbere Topologie als die von E_n kommende induziert, ist $\kappa\circ\pi_n(E_n)$ separiert. $\{\kappa\circ\pi_n(E_n)\}$ ist ein kompaktes Einbettungsspektrum, denn ist $U\in\mathfrak{U}_{E_n}(0)$ derart, daß $\pi_{n,n+1}(U)$ relativ kompakt in E_{n+1} ist, so ist wegen

$$\kappa\circ\pi_n(U) = \kappa\circ\pi_{n+1}\circ\pi_{n,n+1}(U) \subset \kappa\circ\pi_{n+1}(E_{n+1})$$

die Nullumgebung $\kappa\circ\pi_n(U)$ von $\kappa\circ\pi_n(E_n)$ in $\kappa\circ\pi_{n+1}(E_{n+1})$ relativ kompakt. Damit liegt nach 2.2. eine in sep E beschränkte Menge bereits in einem $\kappa\circ\pi_n(E_n)$ und ist dort beschränkt. Zusammenfassend gilt der

<u>SATZ:</u> Ist E der induktive Limes des abzählbaren, kompakten Spektrums $\{E_n,\pi\}$ und

$$\kappa : E \longrightarrow \operatorname{sep} E,$$

so ist sep E der induktive Limes des regulären, kompakten Einbettungsspektrums $\{\kappa\circ\pi_n(E_n)\}$.

2.5. Um dieses Ergebnis in $\operatorname*{ind}_{n\to} E_n$ zu deuten, benötigt man das

<u>LEMMA:</u> Ist E normiert, $H\subset E$ ein linearer Unterraum, $\kappa : E \longrightarrow E/H$, so ist $A\subset E/H$ genau dann beschränkt, wenn es eine beschränkte Menge $\tilde{A}\subset E$ mit

$$\kappa(\tilde{A}) \supset A$$

gibt.

Beweis: Die Bedingung reicht natürlich hin. Ist umgekehrt A beschränkt, also (beachte § 23, 2.6.)

$$\sup_{\kappa x\in A}\inf_{h\in H} \|x+h\| \le \lambda, \tag{*}$$

so sei

$$\tilde{A} = \{x \in E \mid \|x\| \leq \lambda + 1\}.$$

Für $\kappa(x) \in A$ existiert dann ein $h \in H$ mit

$$\|x+h\| \leq \lambda + 1 ,$$

also $\kappa(x) = \kappa(x+h) \in \kappa(\tilde{A})$. //

(Man beachte, daß das Bild einer beschränkten Teilmenge eines separierten Raumes ein nichttrivialer linearer Unterraum sein kann. Im obigen Falle z.B., wenn H nicht abgeschlossen ist, $N(E/_H)$.)

2.6. Wie bereits mehrfach ausgeführt, kann man sich einen (LS)-Raum E durch ein kompaktes, abzählbares Spektrum von normierten Räumen dargestellt denken. Ist nun $A' \subset \text{sep}\, E$ beschränkt, so nach 2.4. bereits in einem $\kappa \circ \pi_n(E_n)$. Damit kann man aber nach dem Lemma A' liften und findet so eine beschränkte Menge $\tilde{A} \subset E_n$, so daß

$$\kappa \circ \pi_n(\tilde{A}) \supset A' .$$

Da das Bild einer beschränkten Menge $A \subset E$ in sep E beschränkt ist, bedeutet dieses Ergebnis in ind E_n (beachte, daß N(E) beschränkt ist):

<u>SATZ:</u> Eine Teilmenge A des (LS)-Raumes $E = \underset{n \to}{\text{ind}}\, E_n$ ist genau dann beschränkt, wenn es einen Index n und eine beschränkte Teilmenge $\tilde{A} \subset E_n$ mit

$$\pi_n(\tilde{A}) + N(E) \supset A$$

gibt.

2.7. <u>KOROLLAR 1:</u> Ein separierter (LS)-Raum ist regulär.

2.8. Die folgenden Aussagen sollen nur für separierte (LS)-Räume formuliert werden, d.h. für (LS)-Räume, erzeugt von Einbettungsspektren oder Spektren mit abgeschlossenen Kernen kern π_n (1.4.), bzw. für den separierten Quotienten $\text{sep}\, E = \underset{n \to}{\text{ind}}\, \kappa \circ \pi_n(E_n)$ (2.4.).

2.9. <u>KOROLLAR 2:</u> Ein separierter (LS)-Raum ist ein Montelraum.

Er ist dann insbesondere reflexiv und quasivollständig (§ 22, 2.). In § 26, 2.3. wird die Vollständigkeit bewiesen werden.

Beweis: Zunächst ist er erzeugbar durch ein Spektrum von Banachräumen, also nach § 23, 2.9. tonneliert. Eine beschränkte Menge $A \subset E$ ist wegen der Regularität (2.7.) Bild einer beschränkten Menge $A_n \subset E_n$, die wegen der Kompaktheit der Spektralabbildungen relativ kompakt in einem E_m ist (§ 19, 1.1.), also auch in E. //

2.10. <u>KOROLLAR 3:</u> In einem separierten (LS)-Raum E konvergiert eine Folge x_n genau dann gegen x, wenn $k \in \mathbb{N}$ und $y_n, y \in E_k$ existieren mit

$$y_n \longrightarrow y \quad \text{in } E_k ,$$

$$\pi_k(y_n) = x_n$$

und

$$\pi_k(y) = x \quad .$$

Beweis: Die Bedingung reicht natürlich hin. Umgekehrt liegt die beschränkte Menge $\{x_n\}$ bereits in einem Banachraum $\pi_{k-1}(B_{k-1})$ (o.E.d.A.), ist also in $\pi_k(B_k)$ relativ kompakt, so daß man nach dem Satz von Hausdorff § 16, 2.2. aus jeder Teilfolge von $\{x_n\}$ eine in $\pi_k(B_k)$ konvergente Teilfolge aussuchen kann, die wegen der Stetigkeit der Einbettung

$$\pi_k(B_k) \longrightarrow E$$

auch in E konvergiert, wegen der Separiertheit sogar gegen x, insbesondere $x \in \pi_k(B_k)$. Wie in der reellen Analysis beweist man daraus mittels Widerspruch, daß $x_n \longrightarrow x$ im Banachraum $\pi_k(B_k)$, d.h.

$$\eta_n = ||x_n - x||_k = \inf_{y \in \pi_k^{-1}(x_n - x)} ||y|| \longrightarrow 0 .$$

Für $\varepsilon_n \longrightarrow 0$ existieren also $y \in \pi_k^{-1}(x)$ und $y_n \in \pi_k^{-1}(x_n)$ mit

$$||y_n - y||_{B_k} \leq \eta_n + \varepsilon_n \longrightarrow 0 . \quad //$$

Die analoge Aussage gilt für Cauchyfolgen.

2.11. KOROLLAR 4: Ein metrisierbarer (LS)-Raum E ist endlichdimensional.

Beweis: E ist folgenvollständig (2.9.) und metrisierbar, also ein (F)-Raum. Als abzählbare Vereinigung der Banachräume $\pi_n(B_n)$ läßt E sich dann als abzählbare Vereinigung von beschränkten Mengen darstellen und ist damit nach § 8, 3.2. normierbar. Normierte Montelräume sind jedoch endlichdimensional (§ 22, 2.1.). //

2.12. Zum Abschluß dieses Paragraphen soll noch ein (LS)-Raum angegeben werden, der nicht separiert und nicht regulär ist:

$$B_n = \ell^n(a_n) \qquad n = 1,2,\dots$$

mit $a_n = \{a_{k,n}\}_{k \in \mathbb{N}}$ $(a_{k,n} > 0)$ und

$$\lim_{k \to \infty} \frac{a_{k,n+1}}{a_{k,n}} = 0 ,$$

d.h. nach § 19, 4.2., daß die Einbettungen

$$\iota_n : \ell^n(a_n) \xrightarrow{\subset} \ell^n(a_{n+1})$$

kompakt sind. Die Einbettungen

$$\lambda_n : \ell^n(a_{n+1}) \longrightarrow \ell^{n+1}(a_{n+1})$$

sind stetig, so daß die Spektralabbildungen

$$\begin{array}{cccc} \pi_{n,n+1} : & \ell^n(a_n) & \longrightarrow & \ell^{n+1}(a_{n+1}) \\ & \Psi & & \Psi \\ & \{x_m\} & \rightsquigarrow & \{x_m(1-\delta_{nm})\} \end{array}$$

definiert und kompakt sind (δ_{nm} Kroneckers Symbol): $\pi_{n,n+1}$ führt alle Komponenten von $\{x_m\}$ in sich über, nur die n-te wird auf 0 abgebildet.

Zunächst soll gezeigt werden, daß

$$E = \operatorname*{ind}_{n \to} B_n$$

nicht separiert ist. Nach 1.4. genügt es dazu zu untersuchen, ob (§ 23, 3.4.)

$$\text{kern } \pi_n = \bigcup_{\ell \geq n} \text{kern } \pi_{n\ell}$$

abgeschlossen ist:

$$\begin{aligned}\text{kern } \pi_{n\ell} &= \{\{x_m\} \in \ell^n(a_n) \mid x_m = 0 \text{ für } m \notin n,\ldots,\ell-1\} = \\ &= [e_n,\ldots,e_{\ell-1}]\end{aligned}$$

wo $e_k = \{\delta_{km}\}_{m\in\mathbb{N}}$ die Einheitsvektoren bezeichnet.

Somit ist

$$\text{kern } \pi_n = [e_n, e_{n+1}, \ldots]$$

ein linearer Unterraum der algebraischen Dimension abzählbar unendlich, der im Banachraum $\ell^n(a_n)$ nicht abgeschlossen sein kann, da es Banachräume dieser Dimension nicht gibt (§ 3, 2.2. (2)): E ist nicht separiert.

Man kann natürlich leicht Elemente der abgeschlossenen Hülle $\overline{\text{kern } \pi_n}$ angeben, und zwar sogar solche, die nicht in $\pi_{n-1,n}(\ell^{n-1}(a_{n-1}))$ liegen. Zu diesem Zweck sei $\{y_m\}$ derart, daß

$$\sum_{m=1}^{\infty} |y_m|^n < \infty \text{ und } \sum_{m=1}^{\infty} |y_m|^{n-1} = \infty.$$

Ist dann

$$x_m = \begin{cases} 0 & \text{für } m < n \\ \dfrac{y_m}{a_{m,n-1}} & \text{sonst} \end{cases},$$

so ist $x = \{x_m\} \notin \ell^{n-1}(a_{n-1})$, aber in $\overline{\text{kern } \pi_n}$ (als Grenzwert seiner endlichen Abschnitte).

$$x \in B_n \cap \complement(\pi_{n-1,n}(B_{n-1}))$$

bedeutet aber, daß

$$\pi_n x \notin \pi_{n-1}(B_{n-1})$$

gilt. Da aber $\pi_n x \in N(\pi_n(B_n))$, bedeutet dies, daß die in E beschränkte Menge

$$\bigcup_{n=1}^{\infty} N(\pi_n(B_n))$$

in keinem $\pi_n(B_n)$ liegt. Somit kann das Spektrum $\{\ell^n(a_n), \pi\}$ nicht regulär sein.

§ 26 Dualität

1. Duale Spektren

1.1. Einem induktiven (projektiven) Spektrum $\{E_\alpha,\pi\}_{\alpha\in A}$ ist durch Übergang zu den (topologischen) Dualräumen und dualen Abbildungen ein duales Spektrum $\{E'_\alpha,\pi'\}$ ($\pi'_{\alpha\beta}$ existiert wegen der Stetigkeit von $\pi_{\alpha\beta}$, § 18, 2.1.)

$$\pi'_{\alpha\beta} : E'_\beta \longrightarrow E'_\alpha \qquad \alpha \leq \beta$$
$$(\pi'_{\alpha\beta} : E'_\alpha \longrightarrow E'_\beta)$$

zugeordnet, das wegen

$$\pi'_{\alpha\beta}\circ\pi'_{\beta\gamma} = (\pi_{\beta\gamma}\circ\pi_{\alpha\beta})' = \pi'_{\alpha\gamma} \qquad \alpha \leq \beta \leq \gamma$$
$$(\pi'_{\beta\gamma}\circ\pi'_{\alpha\beta} = (\pi_{\alpha\beta}\circ\pi_{\beta\gamma})' = \pi'_{\alpha\gamma})$$

projektiv (induktiv) ist. Die Frage liegt nahe, ob auch die erzeugten Limiten zueinander dual sind. Zunächst soll der topologischen Struktur des Dualraums keine Beachtung geschenkt und algebraische Aussagen gemacht werden.

1.2. SATZ: Das duale Spektrum $\{E'_\alpha,\pi'\}$ eines induktiven $\{E_\alpha,\pi\}$ erzeugt den Dualraum von $\underset{\alpha\rightarrow}{\text{ind}}\, E_\alpha$:

$$(\underset{\alpha\rightarrow}{\text{ind}}\, E_\alpha)' = \underset{\leftarrow\alpha}{\text{proj}}\, E'_\alpha$$

Beweis: Es ist zu zeigen, daß $E' = (\underset{\alpha\rightarrow}{\text{ind}}\, E_\alpha)'$ und $\underset{\leftarrow\alpha}{\text{proj}}\, E'_\alpha$ algebraisch isomorph sind. Die dualen der Abbildungen

$$\pi_\alpha : E_\alpha \longrightarrow E$$

definieren eine lineare Abbildung

$$\phi : E' \longrightarrow \underset{\leftarrow\alpha}{\text{proj}}\, E'_\alpha$$
$$u \rightsquigarrow \{\pi'_\alpha u\},$$

denn es gilt $\pi'_{\alpha\beta}(\pi'_\beta u) = (\pi_\beta\circ\pi_{\alpha\beta})'u = \pi'_\alpha u$. ϕ ist injektiv, denn sei $\phi u = \{\pi'_\alpha u\} = 0$, d.h. $\pi'_\alpha u = 0$ für alle α, so gilt für $x\in E$ und $x_\alpha\in E_\alpha$ mit $\pi_\alpha x_\alpha = x$

$$\langle u,x\rangle = \langle u,\pi_\alpha x_\alpha\rangle = \langle \pi'_\alpha u, x_\alpha\rangle = 0 ,$$

also $u = 0$.

Sei nun $\{u_\alpha\}\in \underset{\leftarrow\alpha}{\text{proj}}\, E'_\alpha$ gegeben, so gilt

$$u_\alpha = \pi'_{\alpha\beta}u_\beta = u_\beta\circ\pi_{\alpha\beta} \qquad \alpha \leq \beta,$$

also ein System von Abbildungen

$$u_\alpha : E_\alpha \longrightarrow \mathbb{C} ,$$

die vertauschbar mit den Spektralabbildungen des Spektrums $\{E_\alpha,\pi\}$ sind, so daß gemäß § 23, 3.7. ein stetiges Funktional

$$u : \operatorname{ind}_{\alpha \to} E_\alpha \longrightarrow \mathbb{C}$$

mit $u_\alpha = u \circ \pi_\alpha = \pi_\alpha' u$ existiert. Diese Eigenschaft sagt aber gerade

$$\phi u = \{\pi_\alpha' u\} = \{u_\alpha\}$$

aus; ϕ ist ein Isomorphismus. //

Speziell wurde gezeigt, daß - identifiziert man E' und $\operatorname{proj}_{\leftarrow \alpha} E_\alpha'$ mittels ϕ - die dualen von

$$\pi_\alpha : E_\alpha \longrightarrow E$$

genau die Projektionen

$$\operatorname{proj}_{\leftarrow \alpha} E_\alpha' \longrightarrow E_\alpha'$$

sind.

1.3. Um den entsprechenden Satz für projektive Limiten zu gewinnen, muß ein gegebenes projektives Spektrum $\{E_\alpha, \pi\}$ zunächst auf eine sparsamere Form gebracht werden: Sind $E = \operatorname{proj}_{\leftarrow \alpha} E_\alpha$ und π_α die Projektionen

$$\pi_\alpha : E \longrightarrow E_\alpha ,$$

so gilt mit $\check{E}_\alpha = \overline{\pi_\alpha(E)}^{E_\alpha}$ wegen der Stetigkeit der Spektralabbildungen und $\pi_{\alpha\beta} \circ \pi_\beta = \pi_\alpha$

$$\pi_{\alpha\beta}(\check{E}_\beta) \subset \check{E}_\alpha ,$$

so daß $\{\check{E}_\alpha, \check{\pi}\}$ mit $\check{\pi}_{\alpha\beta} = \pi_{\alpha\beta}|_{\check{E}_\beta}$ ein projektives Spektrum bildet, das offensichtlich (betrachte etwa $E \subset \prod_\alpha \check{E}_\alpha \subset \prod_\alpha E_\alpha$) denselben projektiven Limes erzeugt.

1.4. Ein projektives Spektrum $\{F_\alpha, \rho\}$, für das die Bilder

$$\rho_\alpha(\operatorname{proj}_{\leftarrow \alpha} F_\alpha) \subset F_\alpha$$

dicht in F_α liegen, heißt <u>reduziert</u>. In 1.3. wurde gezeigt, daß man jedes projektive Spektrum $\{E_\alpha, \pi\}$ derart einschränken kann, daß ein reduziertes $\{\check{E}_\alpha, \check{\pi}\}$ entsteht mit

$$\operatorname{proj}_{\leftarrow \alpha} E_\alpha = \operatorname{proj}_{\leftarrow \alpha} \check{E}_\alpha$$

1.5. Für reduzierte Spektren $\{F_\alpha, \rho\}$ gilt insbesondere, daß $(\alpha \leq \beta)$

$$\rho_{\alpha\beta}(F_\beta) \supset \rho_{\alpha\beta}(\rho_\beta(F)) = \rho_\alpha(F) \qquad F = \operatorname{proj}_{\leftarrow \alpha} F_\alpha ,$$

$\rho_{\alpha\beta}(F_\beta)$ also dicht in F_α liegt. In Anlehnung an die Bezeichnungsweise, die für diesen Fall für Gelfandräume gewählt wurde (§ 9, 2., für diese Räume wurde dort auch die Reduktion 1.3. bereits durchgeführt), sollen projektive Spektren mit dieser Eigenschaft <u>strikt</u> genannt werden. Jedes reduzierte projektive Spektrum ist also strikt (für $(F\hat{S})$-Räume wird in 2.5. die Umkehrung bewiesen werden).

1.6. <u>SATZ</u>: Das duale Spektrum $\{E_\alpha', \pi'\}$ eines reduzierten projektiven Spektrums $\{E_\alpha, \pi\}$ erzeugt den Dualraum von $\operatorname{proj}_{\leftarrow \alpha} E_\alpha$:

$$(\operatorname{proj}_{\leftarrow \alpha} E_\alpha)' = \operatorname{ind}_{\alpha \to} E_\alpha' .$$

Alle Spektralabbildungen

$$\pi'_{\alpha\beta} : E'_\alpha \longrightarrow E'_\beta$$

sind injektiv.

Beweis: Die Injektivität von $\pi'_{\alpha\beta}$ folgt daraus, daß die duale einer Abbildung mit dichtem Bildraum (siehe 1.5.) nach § 18, 2.4. injektiv ist.

Die dualen

$$\pi'_\alpha : E'_\alpha \longrightarrow E' \qquad E = \underset{\leftarrow\alpha}{\text{proj}}\, E_\alpha$$

der Projektionen

$$\pi_\alpha : E \longrightarrow E_\alpha$$

sind mit den Spektralabbildungen des dualen induktiven Spektrums $\{E'_\alpha, \pi'\}$ vertauschbar ($\pi'_\alpha \circ \pi'_{\alpha\beta} = (\pi_{\alpha\beta} \circ \pi_\alpha)' = \pi'_\beta$ für $\alpha \leq \beta$), erzeugen also nach § 23, 3.7. eine lineare Abbildung

$$\Psi : \underset{\alpha\rightarrow}{\text{ind}}\, E'_\alpha \longrightarrow E'$$

mit $\Psi \circ \hat{\pi}_\alpha = \pi'_\alpha$, wenn die kanonischen Abbildungen

$$E'_\alpha \longrightarrow \underset{\alpha\rightarrow}{\text{ind}}\, E'_\alpha$$

mit $\hat{\pi}_\alpha$ bezeichnet werden. Zu zeigen ist wieder, daß Ψ ein algebraischer Isomorphismus ist. Die Injektivität folgt leicht daraus, daß $\{E_\alpha, \pi\}$ reduziert ist: wie eingangs sind nämlich dann alle π'_α injektiv ($\pi_\alpha(E_\alpha)$ ist dicht in E_α, § 18, 2.4.), aber auch alle $\hat{\pi}_\alpha$ (§ 23, 3.13.), so daß wegen $\Psi \circ \hat{\pi}_\alpha = \pi'_\alpha$ auch Ψ injektiv ist.

Sei nun $u \in E'$ gegeben, so existiert nach Definition der Topologie auf E (§ 6,2.) ein α und eine stetige Halbnorm p auf E_α mit

$$|\langle u,x\rangle| \leq p(\pi_\alpha(x)),$$

so daß ein $u_\alpha \in (\pi_\alpha(E))'$ existiert mit $u = u_\alpha \circ \pi_\alpha$. Ist $\overline{u}_\alpha$ die Hahn-Banach-Fortsetzung von u_α auf E_α, so gilt ($x \in E$)

$$\langle \Psi(\widetilde{\overline{u}_\alpha,\alpha}),x\rangle = \langle \pi'_\alpha \overline{u}_\alpha, x\rangle = \langle \overline{u}_\alpha, \pi_\alpha x\rangle = \langle u,x\rangle,$$

also $\Psi(\widetilde{\overline{u}_\alpha,\alpha}) = u$. //

Insbesondere kann man wieder die Abbildungen

$$\hat{\pi}_\alpha : E'_\alpha \longrightarrow \underset{\alpha\rightarrow}{\text{ind}}\, E'_\alpha$$

mit den dualen von

$$\pi_\alpha : E \longrightarrow E_\alpha$$

identifizieren.

1.7. Später wird folgende Aussage - eine gewisse Umkehrung der vorigen - benötigt werden.

<u>LEMMA:</u> Ist $\{E_\alpha, \pi\}$ ein striktes projektives Spektrum und ist

$$\Psi : \underset{\alpha\rightarrow}{\text{ind}}\, E'_\alpha \longrightarrow (\underset{\leftarrow\alpha}{\text{proj}}\, E_\alpha)'$$

($\Psi \circ \hat{\pi}_\alpha = \pi'_\alpha$, Bezeichnungen des Beweises von 1.6.)

eine Isomorphie, so ist $\{E_\alpha,\pi\}$ bereits reduziert.

(Um Ψ zu definieren, benötigt man nicht, daß das projektive Spektrum $\{E_\alpha,\pi\}$ besondere Eigenschaften besitzt.)

Beweis: Aus der Striktheit des Spektrums folgt wie im Beweis von 1.6., daß die $\pi'_{\alpha\beta}$ injektiv sind, also auch die Abbildungen (§ 23, 3.13)

$$\hat{\pi}_\alpha : E'_\alpha \longrightarrow \underset{\alpha\to}{\operatorname{ind}} E'_\alpha ,$$

so daß aufgrund der Voraussetzung auch die dualen der Projektionen

$$\pi_\alpha : E \longrightarrow E_\alpha$$

injektiv sind. Mittels eines Routineschlusses (Satz von Mazur, § 5, 2.4.) folgt daraus, daß $\pi_\alpha(E)$ dicht in E_α ist; d.h. $\{E_\alpha,\pi\}$ ist reduziert. //

2. Dualität zwischen (LS)- und (F$\overline{S}$)-Räumen

2.1. Bisher wurden keine Aussagen darüber gemacht, welche Topologien die dualen Spektren auf dem Dualraum generieren. Für die hiesigen Zwecke genügt der folgende

SATZ: Ist $\{E_\alpha,\pi\}$ ein reguläres induktives Spektrum, so ist

$$(\underset{\alpha\to}{\operatorname{ind}} E_\alpha)'_b = \underset{\leftarrow\alpha}{\operatorname{proj}} (E_\alpha)'_b .$$

Beweis: Die Nullumgebungen von $(\underset{\alpha\to}{\operatorname{ind}} E_\alpha)'_b$ werden erzeugt durch die Polaren B° beschränkter Mengen B von $E = \underset{\alpha\to}{\operatorname{ind}} E_\alpha$. Ist $B_\alpha \subset E_\alpha$ beschränkt mit $\pi_\alpha(B_\alpha) \supset B$, so gilt

$$B^\circ \supset (\pi_\alpha(B_\alpha))^\circ = \{u \in E'_b \mid |\langle u,\pi_\alpha(B_\alpha)\rangle| \le 1\} =$$

$$= \{u \in E'_b \mid |\langle \pi'_\alpha u, B_\alpha\rangle \mid \le 1\} = \widehat{\pi'_\alpha}^{-1}(B^\circ_\alpha).$$

B° ist also auch eine Nullumgebung bezüglich der projektiven Topologie von $\operatorname{proj}(E_\alpha)'_b$. Die Topologie von $\underset{\leftarrow\alpha}{\operatorname{proj}} (E_\alpha)'_b$ ist also feiner als diejenige von E'_b; sie ist aber auch gröber, denn die Abbildungen

$$\pi'_\alpha : E'_b \longrightarrow (E_\alpha)'_b$$

sind alle stetig und die projektive Topologie auf $E' = \underset{\leftarrow\alpha}{\operatorname{proj}} (E_\alpha)'_b$ ist die gröbste mit dieser Eigenschaft. //

Es würde genügen, statt der Regularität des Spektrums vorauszusetzen, daß $\operatorname{sep}(\underset{\alpha\to}{\operatorname{ind}} E_\alpha)$ "regulär" ist, d.h. für jedes beschränkte $B \subset \operatorname{ind} E_\alpha$ existiert ein beschränktes $B_\alpha \subset E_\alpha$ mit

$$\pi_\alpha(B_\alpha) + N(\underset{\alpha\to}{\operatorname{ind}} E_\alpha) \supset B ,$$

da $(\operatorname{sep}(\underset{\alpha\to}{\operatorname{ind}} E_\alpha))' = (\underset{\alpha\to}{\operatorname{ind}} E_\alpha)'$ nach § 23, 1.7..

2.2. Damit gilt nach § 25, 2.6. der

SATZ: Der starke Dualraum eines (LS)-Raumes $E = \underset{n\to}{\operatorname{ind}} E_n$ ist der (F$\overline{S}$)-Raum

$$\underset{\leftarrow n}{\operatorname{proj}} (E_n)'_b.$$

Zum Beweis muß man nur noch beachten, daß nach dem Satz von Schauder (§ 19, 2.1.) die duale einer kompakten Abbildung kompakt zwischen den starken Dualräumen ist (es genügt, sich auf Banachräume zu beschränken), $\{(E_n)'_b, \pi'\}$ also ein kompaktes projektives Spektrum ist, das einen $(F\bar{S})$-Raum (§ 22, 2.10.) erzeugt.

2.3. $(F\bar{S})$-Räume sind (F)-Räume, insbesondere bornologisch. Nach § 25, 2.9. ist ein separierter (LS)-Raum Montelsch, also reflexiv und somit nach dem Satz starker Dualraum eines bornologischen, also vollständig (§ 13, 2.2.):

<u>KOROLLAR:</u> Ein separierter (LS)-Raum ist vollständig.

2.4. Der starke Dualraum eines $(F\bar{S})$-Raumes soll nun bestimmt werden durch Rückführung auf die obige Aussage unter Ausnutzung der Reflexivität.

<u>SATZ:</u> Der starke Dualraum eines $(F\bar{S})$-Raumes E ist ein (LS)-Raum. Ist E der Limes eines strikten, kompakten projektiven Spektrums $\{E_n, \pi\}$, so ist

$$E'_b = \underset{n \to}{\text{ind}} \, (E_n)'_b$$

Die Spektralabbildungen des dualen Spektrums $\{E'_n, \pi'\}$ sind injektiv.

Beweis: Da man jedes projektive Spektrum sogar reduzieren kann (1.3., die Kompaktheit der Spektralabbildungen bleibt natürlich erhalten), genügt es, die zweite Aussage zu beweisen. Sei also $\{E_n, \pi\}$ ein striktes, kompaktes projektives Spektrum. Dann hat das duale induktive Spektrum $\{(E_n)'_b, \pi'\}$ lauter injektive und nach Schauder kompakte Spektralabbildungen, erzeugt also einen separierten (§ 25, 1.3.) (LS)-Raum

$$\hat{E} = \underset{n \to}{\text{ind}} \, (E_n)'_b \, .$$

Nach 2.2. gilt nun

$$(\hat{E})'_b = \underset{\leftarrow n}{\text{proj}} \, ((E_n)'_b)'_b$$

mit Spektralabbildungen

$$\pi''_{n,n+1} : E''_{n+1} \longrightarrow E''_n \, .$$

$\pi_{n,n+1}$ ist kompakt, somit nach § 19, 2.3.

$$\pi''_{n,n+1}(E''_{n+1}) \subset E_n \, .$$

Da $\pi''_{n,n+1}\big|_{E_{n+1}} = \pi_{n,n+1}$, erhält man folgende Faktorisierung

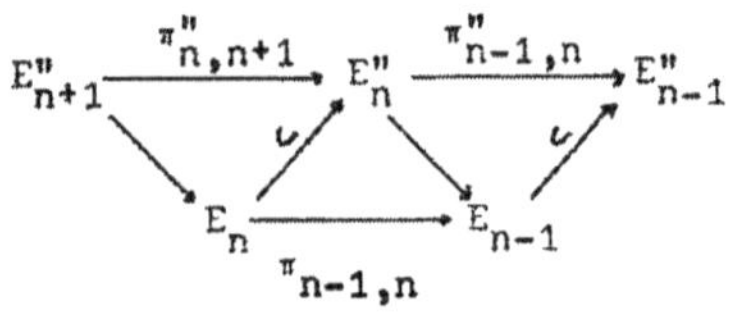

Nach § 6, 2.8. gilt also

$$(\hat{E})'_b = \underset{\leftarrow n}{\text{proj}} ((E_n)'_b)'_b = \underset{\leftarrow n}{\text{proj}} E_n = E \,,$$

also

$$E'_b = ((\hat{E})'_b)'_b = \hat{E} = \underset{n \rightarrow}{\text{ind}} (E_n)'_b$$

wegen der Reflexivität des separierten (LS)-Raumes $\hat{E}$. //

2.5. Das Lemma von 1.7. erlaubt folgendes

KOROLLAR: Ein striktes, kompaktes projektives Spektrum $\{E_n,\pi\}$ ist bereits reduziert.

Für strikte Gelfandräume (§ 9,2., B_{n+1} dicht in B_n)

$$E = \bigcap_{n=1}^{\infty} B_n$$

mit kompakten Einbettungen

$$B_{n+1} \xrightarrow{c} B_n$$

bedeutet dies, daß schon E dicht in allen B_n liegt.

2.6. In § 22, 2.5. wurde bemerkt, daß für eine Folge $\{u_n\}$ von Funktionalen auf einem Montelraum starke und schwache Konvergenz zusammenfallen. Für $(F\overline{S})$-Räume (spezielle Montelräume, § 22, 2.11.) erlaubt die eben bewiesene Darstellung eine Verschärfung:

SATZ: Ist $E = \underset{\leftarrow n}{\text{proj}} E_n$ ein strikt (= reduziert) erzeugter $(F\overline{S})$-Raum, so sind für

$$u_m, u \in E'_b = \underset{n \rightarrow}{\text{ind}} (E_n)'_b$$

($\{(E_n)'_b,\pi'\}$ ist aufzufassen als Einbettungsspektrum) folgende Aussagen äquivalent:

(a) u_m konvergiert stark gegen u

(b) u_m konvergiert schwach gegen u

(c) Es existiert ein n, so daß

$$u_m, u \in E'_n$$

und u_m konvergiert stark in E'_n gegen u.

Beweis: (a) $\leftrightarrow$ (b) ist die bereits erwähnte Aussage von § 22, 2.5., (c) $\rightarrow$ (a) folgt aus der Stetigkeit der Einbettung

$$(E_n)'_b \longrightarrow \underset{n \rightarrow}{\text{ind}} (E_n)'_b = E'_b$$

und (a) $\rightarrow$ (c) ist gerade das Korollar 3 zu dem Satz über die Regularität eines (LS)-Raumes (§ 25, 2.10.). //

§ 27 Nukleare Räume

1. Charakteristische und andere Eigenschaften

1.1. Ein lokalkonvexer Raum E heißt nuklear, falls seine Vervollständigung $\tilde{E}$ Limes

$$\tilde{E} = \operatorname{proj}_{\leftarrow \alpha} E_\alpha$$

eines nuklearen projektiven Spektrums $\{E_\alpha, \pi\}_{\alpha \in A}$ von separierten, folgenvollständigen lokalkonvexen Räumen E_α ist, d.h., wenn es für jedes $\alpha \in A$ ein $\beta \geq \alpha$ gibt, so daß die Spektralabbildung

$$\pi_{\alpha\beta} \ : E_\beta \longrightarrow E_\alpha$$

nuklear ist. E ist dann separiert.

Aus $\pi_\alpha = \pi_{\beta\alpha} \circ \pi_\beta$ folgt sofort die

BEMERKUNG: Alle Projektionen π_α (des die Vervollständigung darstellenden Spektrums) sind nuklear.

1.2. Unmittelbar aus der Definition folgt der

SATZ: Es lokalkonvexer Raum ist genau dann nuklear, wenn seine Vervollständigung nuklear ist.

1.3. Wie bei der Darstellung von $(\overline{S})$-Räumen durch äquivalente Spektren aufgrund von Faktorisierungseigenschaften kompakter Abbildungen (§ 22, 1.2.) läßt sich das definierende Spektrum eines nuklearen Raumes durch ein nukleares projektives Spektrum aus Hilberträumen ersetzen, da nach § 21, 1.8. eine nukleare Abbildung sich über einen Hilbertraum faktorisieren läßt. Da nukleare Abbildungen insbesondere Hilbert-Schmidtsch sind (§ 21, 2.3.) und die Zusammensetzung von zwei Hilbert-Schmidt-Abbildungen nuklear ist (§ 21, 2.4.), gilt somit der

SATZ: Ein lokalkonvexer Raum E ist genau dann nuklear, wenn seine Vervollständigung $\tilde{E}$ Limes eines Hilbert-Schmidtschen projektiven Spektrums von Hilberträumen ist.

1.4. Aus der Konstruktion des projektiven Limes als Teilraum des lokalkonvexen Produkts seiner Erzeugenden ergibt sich das

KOROLLAR: Jeder nukleare Raum ist linearer Teilraum (mit induzierter Topologie) eines lokalkonvexen Produkts von Hilberträumen.

1.5. In § 12, 1. wurden zu jedem lokalkonvexen Raum E kanonische projektive Spektren $\{B_p, \tilde{K}\}_{p \in P}$ (P ein filtrierendes erzeugendes System von Halbnormen) konstruiert, deren projektiver Limes gerade die Vervollständigung $\tilde{E}$ von E war (§12, 1.2.). Es sollen (genau wie bei den $(\overline{S})$-Räumen) Aussagen über diese Spektren hergeleitet werden, um innere Charakterisierungen nuklearer Räume zu gewinnen.

1.6. Zu diesem Zweck sei für einen nuklearen Raum E nach 1.3. ein Hilbert-Schmidtsches projektives Spektrum $\{H_\alpha, \pi\}_{\alpha\in A}$ mit

$$E = \underset{\leftarrow\alpha}{\text{proj}}\, H_\alpha$$

gegeben. Reduziert man dieses Spektrum (§ 26, 1.3. und 1.4.), so entsteht wieder ein Hilbert-Schmidtsches projektives Spektrum aus Hilberträumen, denn die Einschränkung einer HS-Abbildung auf einen abgeschlossenen Teilraum bleibt Hilbert-Schmidtsch (man verlängere, um dies zu bewiesen, dazu nur eine Basis des Teilraumes zu einer Basis des ganzen Raumes und wende die Definition an). Nun soll gezeigt werden, daß auf diese Weise ein kanonisches Spektrum gewonnen wurde:

Das System

$$\{p_\alpha(\cdot) = ||\pi_\alpha(\cdot)||_{H_\alpha}\}$$

von Halbnormen definiert die Topologie von E, und es ist unschwer zu sehen, daß

$$E_{p_\alpha} = E\big/_{\{x|p_\alpha(x)=0\}} = E\big/_{\text{kern } \pi_\alpha}. \cong R(\pi_\alpha)$$

$(R(\pi_\alpha) = \pi_\alpha(E))$ gilt. Wegen

$$p_\alpha(x) = ||\pi_\alpha(x)||_{H_\alpha}$$

ist aber die auf diese Weise gewonnene Isomorphie

$$E_{p_\alpha} \longleftrightarrow R(\pi_\alpha)$$

sogar isometrisch und die Vervollständigung B_{p_α} von E_{p_α} entspricht $\overline{R(\pi_\alpha)}^{H_\alpha} = H_\alpha$, da das Spektrum $\{H_\alpha, \pi\}_{\alpha\in A}$ reduziert ist.

Es gilt also der

<u>SATZ:</u> Ein separierter lokalkonvexer Raum E ist genau dann nuklear, wenn es ein die Topologie erzeugendes, filtrierendes System P von Halbnormen gibt, so daß

(1) B_p ein Hilbertraum ist und

(2) zu jedem $p \in P$ ein $q \geq p$ $(q \in P)$ existiert, so daß die kanonische Abbildung

$$B_q \longrightarrow B_p$$

Hilbert-Schmidtsch ist.

1.7. Bezeichnet nun in einem solchen Halbnormensystem P für ein $p \in P$ mit $(\cdot,\cdot)_p$ das Skalarprodukt in B_p, so sind durch

$${}_p(x,y) = (\hat{x}_p, \hat{y}_p)_p$$

(beachte

$$\begin{matrix} E & \longrightarrow & B_p \\ \Psi & & \Psi \\ x & \leadsto & \hat{x}_p \end{matrix} \quad)$$

auf E × E positive, sesquilineare, hermitesche Formen gegeben, d.h.

(1) $_p(\alpha x+\beta y,z) = \alpha\,_p(x,z) + \beta\,_p(y,z)$

(2) $_p(x,y) = \overline{_p(y,x)}$

(3) $_p(x,x) \geq 0$,

deren zugehörige Halbnormen

$$_p(x,x)^{\frac{1}{2}} \qquad (= p(x))$$

die Topologie von E erzeugen:

<u>KOROLLAR:</u> Die Topologie eines nuklearen Raumes E kann durch die zu einem System positiver, sesquilinearer, hermitescher Formen gehörigen Halbnormen gegeben werden.

1.8. Aus der Definition eines nuklearen Raumes und 1.6. folgt noch der

<u>SATZ:</u> Ein separierter lokalkonvexer Raum E ist genau dann nuklear, wenn zu jeder stetigen Halbnorm p auf E eine stetige Halbnorm q ≥ p existiert, so daß die kanonische Abbildung

$$B_q \longrightarrow B_p$$

nuklear ist; m.a.W., wenn ein (und damit jedes) kanonische Spektrum nuklear ist (siehe auch 4.3.).

1.9. <u>KOROLLAR:</u> Ist E nuklear, so ist für eine stetige Halbnorm p der Banachraum B_p separabel. *)

Beweis: Ist nämlich q so gewählt, daß

$$\tilde{K}_{pq} : B_q \longrightarrow B_p$$

nuklear ist, also

$$\tilde{K}_{pq}(\cdot) = \sum_{n=1}^{\infty} \lambda_n \langle a_n,\cdot\rangle y_n ,$$

so ist

$$E_p \subset \tilde{K}_{pq}(E_q) \subset \overline{[y_1,y_2,\ldots]} .$$

Da nun $\overline{E_p} = B_p$ gilt, ist die lineare Hülle der Elemente y_n, n=1,2,..., dicht in B_p. Wählt man nun endliche Linearkombinationen der y_n mit rationalen Koeffizienten, so erhält man eine abzählbare, in B_p dichte Teilmenge. //

1.10. Aus 1.8. erhält man die angekündigte innere Charakterisierung der nuklearen Räume. Eine Halbnorm p auf einem lokalkonvexen Raum E soll <u>quasinuklear</u> genannt werden, wenn eine stetige Halbnorm q auf E, $a_n \in E'$ und $\lambda_n > 0$ mit

---

*) D. h. es existiert eine abzählbare, dichte Teilmenge.

(1) $|\langle a_n,x\rangle| \leq q(x) \qquad n = 1,2,\ldots,$

(2) $\lambda = \sum_{n=1}^{\infty} \lambda_n < \infty \qquad$ und

(3) $p(x) \leq \sum_{n=1}^{\infty} \lambda_n |\langle a_n,x\rangle|$

existieren; insbesondere ist dann p wegen

$$p \leq \lambda q$$

stetig. Damit gilt dann der

SATZ: Ein separierter lokalkonvexer Raum ist genau dann nuklear, wenn alle (konfinal viele) stetigen Halbnormen quasinuklear sind.

Beweis:

a) Sei zunächst E nuklear und p eine stetige Halbnorm. Dann gibt es gemäß 1.8. eine Halbnorm q, so daß

$$B_q \longrightarrow B_p$$

nuklear ist, d.h. für $x \in E$

$$\hat{x}_p = \sum_{n=1}^{\infty} \lambda_n \langle a_n,\hat{x}_q\rangle y_n$$

mit $\sum_{n=1}^{\infty} |\lambda_n| < \infty$, $||y_n||_{B_p} \leq 1$ und $||a_n||_{B'_q} \leq 1$.

Dies bedeutet aber

$$p(x) = ||\hat{x}_p|| \leq \sum_n |\lambda_n| \; |\langle \check{a}_n,x\rangle| \; ,$$

wenn $\langle \check{a}_n,x\rangle = \langle a_n,\hat{x}_q\rangle$ gesetzt wird.

Wegen

$$|\langle \check{a}_n,x\rangle| = |\langle a_n,\hat{x}_q\rangle| \leq ||\hat{x}_q|| = q(x)$$

ist damit p quasinuklear.

b) Nun zur Umkehrung: Es wird gezeigt werden, daß ein (in allen stetigen Halbnormen) konfinales System quasinuklearer Halbnormen ein nukleares, kanonisches projektives Spektrum erzeugt. Zunächst ist es offensichtlich, daß dann alle stetigen Halbnormen quasinuklear sind.

b 1) Sei also p eine stetige und damit quasinukleare Halbnorm; es ist eine stetige Halbnorm $r \geq p$ anzugeben, so daß

$$\tilde{K}_{pr} : B_r \longrightarrow B_p$$

nuklear ist. Zunächst existiert wegen der Quasinuklearität eine stetige Halbnorm q, $a_n \in E'$ und $\lambda_n > 0$ mit den oben angegebenen Eigenschaften (1) - (3). Man kann $\lambda \leq 1$ annehmen, also $p \leq q$. (3) bedeutet dann für die kanonische Abbildung

$$\tilde{K}_{pq} : B_q \longrightarrow B_p \; ,$$

daß die Ungleichung $(x \in B_q)$

$$||\tilde{K}_{pq}(x)||_p \leq \sum_n \lambda_n |\langle a_n, x\rangle| \qquad (*)$$

(a_n kann man wegen (1) auf B_q auffassen, beachte § 12, 2.) besteht. *)
b 2) $\tilde{K}_{pq}$ kann man über den Hilbertraum $\ell^2(\mathbb{N})$ faktorisieren: Die Abbildung

$$\begin{array}{rcl} \alpha : B_q & \longrightarrow & \ell^2(\mathbb{N}) \\ \Psi & & \Psi \\ x & \rightsquigarrow & (\lambda_n^{1/2} \langle a_n, x\rangle) \end{array}$$

ist wegen

$$||\alpha(x)|| = (\sum_n \lambda_n |\langle a_n, x\rangle|^2)^{1/2} \leq q(x)$$

stetig; ebenso ist

$$\begin{array}{rcl} \beta : R(\alpha) & \longrightarrow & B_p \\ \Psi & & \Psi \\ (\lambda_n^{1/2} \langle a_n, x\rangle) & \rightsquigarrow & \tilde{K}_{pq}(x) \end{array}$$

(β ist eindeutig und linear definiert, wie leicht aus (*) folgt) wegen

$$||\beta((\lambda_n^{1/2} \langle a_n, x\rangle))||_p = ||\tilde{K}_{pq}(x)||_p \leq \sum_n \lambda_n |\langle a_n, x\rangle| \leq$$
$$\leq (\sum_n \lambda_n)^{1/2} (\sum_n \lambda_n |\langle a_n, x\rangle|^2)^{1/2}$$

stetig. Damit kann man aber (B_p ist vollständig) β (eindeutig) fortsetzen zu einer stetigen Abbildung

$$\bar{\beta} : H = \overline{R(\alpha)}^{\ell^2(\mathbb{N})} \longrightarrow B_p .$$

Ist Q der Projektor von $\ell^2(\mathbb{N})$ auf H, so gilt

$$\tilde{K}_{pq} = \bar{\beta} \circ Q \circ \alpha .$$

b 3) Seien nun die stetigen Halbnormen s und t derart gewählt, daß

$$q(x) \leq \sum_n \mu_n |\langle b_n, x\rangle|$$

$$|\langle b_n, x\rangle| \leq s(x), \qquad \sum_n \mu_n \leq 1$$

und

$$s(x) \leq \sum_n \nu_n |\langle c_n, x\rangle|$$

$$|\langle c_n, x\rangle| \leq t(x), \qquad \sum_n \nu_n \leq 1$$

gelten. Dann kann man, wie in b 2) gezeigt, folgendermaßen faktorisieren:

$$\begin{array}{ccccccc} \tilde{K}_{pt} : B_t & \longrightarrow & B_s & \longrightarrow & B_q & \longrightarrow & B_p \\ \searrow & & \nearrow \delta & & \searrow \alpha & & \nearrow \\ & \ell^2(\mathbb{N}) & \xrightarrow[T]{} & - - - & \ell^2(\mathbb{N}) & & \end{array}$$

---

*) Abbildungen mit (*) nennt Pietsch [1] quasinuklear.

Die Abbildung $T = \alpha \circ \tilde{K}_{qs} \circ \delta$ ist Hilbert-Schmidtsch: Zunächst gilt nämlich für $x \in \ell^2(\mathbb{N})$

$$\begin{aligned} \|Tx\|_{\ell^2(\mathbb{N})} &\leq \|\alpha\| \; \|\tilde{K}_{qs} \circ \delta(x)\|_q \leq \\ &\leq \|\alpha\| \sum_n \mu_n |< b_n, \delta(x) >| = \\ &= \|\alpha\| \sum_n \mu_n | < \delta'(b_n), x >| \quad . \end{aligned}$$

Ist dann $\{x_\ell\}$ eine Basis von $\ell^2(\mathbb{N})$, so ergibt sich daraus aufgrund der Besselschen und Hölderschen Ungleichungen

$$\begin{aligned} \sum_\ell \|Tx_\ell\|^2 &\leq \sum_\ell \|\alpha\|^2 (\sum_n \mu_n |< \delta'(b_n), x_\ell > |)^2 \leq \\ &\leq \|\alpha\|^2 \sum_\ell (\sum_n \mu_n)(\sum_n \mu_n | < \delta'(b_n), x_\ell > |^2) \leq \\ &\leq \|\alpha\|^2 (\sum_n \mu_n)(\sum_n \mu_n \underbrace{\sum_\ell | < \delta'(b_n), x_\ell >|^2}_{\leq \|\delta'(b_n)\|^2 \leq \|\delta\|^2}) \leq \\ &\leq \|\alpha\|^2 \; \|\delta\|^2 (\sum_n \mu_n)^2 < \infty \; ; \end{aligned}$$

T ist Hilbert-Schmidtsch.

b 4) Wiederholt man jetzt, indem man von t statt von p ausgeht, denselben Prozess, so erhält man schließlich eine stetige Halbnorm r, so daß sich die kanonische Abbildung $\tilde{K}_{pr}$ über zwei HS-Abbildungen faktorisiert:

$$\tilde{K}_{pr} : B_r \longrightarrow \ell^2(\mathbb{N}) \xrightarrow{\text{HS}} \ell^2(\mathbb{N}) \longrightarrow B_t \longrightarrow \ell^2(\mathbb{N}) \xrightarrow{\text{HS}} \ell^2(\mathbb{N}) \longrightarrow B_p \; ,$$

also nuklear ist (§ 21, 2.4.). Das reicht nach b 1) zum Beweis des Satzes hin. //

1.11. Es gilt folgende äußere Charakterisierung der nuklearen Räume:

<u>SATZ:</u> Ein separierter lokalkonvexer Raum E ist genau dann nuklear, wenn jede stetige Abbildung

$$T : E \longrightarrow B \; ,$$

B ein Banachraum, sogar nuklear ist.

Beweis: Ist E nuklear und

$$T : E \longrightarrow B$$

stetig, so gibt es eine Halbnorm p auf E mit

$$\| Tx \|_B \leq p(x) \qquad (*)$$

und eine Halbnorm $q \geq p$, daß

$$B_q \longrightarrow B_p$$

nuklear ist. Wegen (*) faktorisiert sich T auf folgende Weise

$$T : E \xrightarrow{\quad T \quad} B, \qquad E \searrow B_q \longrightarrow B_p \nearrow B ,$$

ist also nuklear.

Sei umgekehrt jede stetige Abbildung in einen Banachraum nuklear, so ist für eine stetige Halbnorm p die kanonische Abbildung

$$E \longrightarrow B_p$$

nuklear, d.h.

$$\hat{x}_p = \sum_n \lambda_n < a_n, x > y_n ,$$

also

$$p(x) = \|\hat{x}_p\| \leq \sum_n |\lambda_n'| \; | < a_n, x > |$$

und p ist quasinuklear. //

1.12. Damit kann man mit Hilfe des Satzes von Hahn-Banach sofort folgenden Fortsetzungssatz angeben:

<u>SATZ:</u> Ist F ein linearer Teilraum eines separierten lokalkonvexen Raumes E, E oder F (mit der von E induzierten Topologie versehen) nuklear, B ein Banachraum, $T \in L(F,B)$, so läßt sich T zu einer nuklearen Abbildung auf E fortsetzen.

Beweis: In 2.1. wird bewiesen werden, daß lineare Teilräume nuklearer Räume nuklear sind; dies bedeutet, daß in beiden vorliegenden Fällen F nuklear ist. Nach der oben (1.11.) gegebenen Charakterisierung ist also T eine nukleare Abbildung:

$$Tx = \sum_n \lambda_n < a_n, x > y_n \qquad x \in F$$

mit $\sum_n |\lambda_n| < \infty$, $\|y_n\| \leq 1$, $| < a_n, x > | \leq q(x)$ für $x \in F$ und eine stetige Halbnorm q auf E (induzierte Topologie!). Nach Hahn-Banach existieren dann $\hat{a}_n \in E'$ mit

$$< \hat{a}_n, x > = < a_n, x > \qquad \text{für } x \in F$$

und

$$| < \hat{a}_n, x > | \leq q(x) \qquad \text{für } x \in E .$$

Die Abbildung

$$Tx = \sum_n \lambda_n < \hat{a}_n, x > y_n$$

hat die gewünschte Fortsetzungseigenschaft. //

Es genügt zu fordern, daß F mit einer gröberen als der induzierten Topologie nuklear und T bzgl. dieser Topologie stetig ist.

1.13. Da nukleare Abbildungen zwischen vollständigen Räumen insbesondere kompakt sind (§ 21, 1.5.) sind vollständige nukleare Räume nach Definition spezielle ($\breve{S}$)-Räume. Nach den Ergebnissen von § 22 sind also die folgenden Aussagen richtig (zum Beweis betrachte man zunächst die vollständige Hülle bzw. wende die gleichen Schlüsse wie in § 22 an).

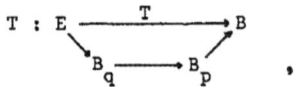

(1) In einem quasivollständigen nuklearen Raum ist eine Menge genau dann relativ kompakt, wenn sie beschränkt ist.

(2) Quasivollständige nukleare Räume sind semireflexiv, zusätzlich tonneliert sogar reflexiv.

Aus einer Folgerung (§ 15, 1.2.) aus dem Satz von Mackey erhält man wegen $E_b' = (\tilde{E})_b'$.

(3) Der starke Dualraum eines nuklearen Raumes ist tonneliert.

(4) Nur die endlichdimensionalen unter den normierten Räumen sind nuklear.

(5) Ist E quasivollständig *) und nuklear, F lokalkonvex, so fallen auf gleichstetigen Mengen $H \in L(E,F)$ starke und schwache Topologie zusammen.

(6) Zu jeder Nullumgebung $U \in \mathfrak{U}_E(0)$ eines nuklearen Raumes E gibt es eine Nullumgebung $V \in \mathfrak{U}_E(0)$, die vollständig beschränkt bzgl. U ist (§ 22, 3.1.), d.h. E ist ein Schwartzscher Raum.

1.14. Aus den Bemerkungen von § 22, 4. folgt für Köthesche Stufenräume der

SATZ: Ist

$$\sum_{k=1}^{\infty} \frac{b_{k,m}}{b_{k,m+1}} < \infty \qquad m = 1,2,\ldots$$

so ist

$$K_p(b) = \underset{\leftarrow m}{\operatorname{proj}}\, \ell^p(b_m)$$

($1 \le p \le \infty$) ein nuklearer (F)-Raum; alle $\tilde{K}_p(b)$ sind topologisch gleich ($1 \le p \le \infty$).

Nukleare (F)-Räume (man nennt sie (FN)-Räume) werden in 3. noch einmal besonders behandelt.

2. Permanenzeigenschaften

2.1. Da ein separierter lokalkonvexer Raum genau dann nuklear ist, wenn alle stetigen Halbnormen quasinuklear sind (1.10.), folgt sofort der

SATZ: Jeder lineare Teilraum eines nuklearen Raumes ist nuklear.

2.2. SATZ: Der projektive Limes

$$E = \underset{\leftarrow \alpha}{\operatorname{proj}}\, E_\alpha$$

nuklearer Räume E_α ist nuklear.

Beweis: Ist B ein Banachraum und $T \in L(E,B)$, so existiert wegen der Stetigkeit ein α und eine stetige Halbnorm p auf E_α mit

*) Diese Voraussetzung ist nicht notwendig, denn der zum Beweis benutzte Satz § 10, 3.3. ($L_c(E,F)$ und $L_s(E,F)$ induzieren auf gleichstetigen Mengen dieselbe Topologie) gilt auch für die Topologie der gleichmäßigen Konvergenz auf präkompakten (= relativ kompakt in der Vervollständigung von E) Mengen, wie man dem Beweis entnimmt. In einem nuklearen Raum ist nach (1) jedoch jede beschränkte Menge präkompakt.

$$||Tx||_B \leq p(\pi_\alpha(x)),$$

d.h. T faktorisiert sich über den nach 2.1. nuklearen Raum $\pi_\alpha(E)$ $(\subset E_\alpha)$

$$\begin{array}{ccc} E & \xrightarrow{T} & B \\ & T_1 \searrow \quad \nearrow T_2 & \\ & \pi_\alpha(E) & \end{array} \quad ;$$

T_2 ist nach 1.11. nuklear, also auch T. Wieder aus 1.11. folgt, daß dann E nuklear ist. //

2.3. KOROLLAR: Das lokalkonvexe Produkt

$$\prod_{\alpha\in A} E_\alpha$$

nuklearer Räume E_α ist nuklear.

Beweis: Bezeichnet $\mathcal{E}(A)$ das durch Inklusion halbgeordnete System der endlichen Teilmengen von A, so sieht man mühelos, daß

$$\prod_{\alpha\in A} E_\alpha = \underset{\leftarrow B\in\mathcal{E}(A)}{\text{proj}} \prod_{\alpha\in B} E_\alpha$$

gilt. Nach 2.2. und 1.10. genügt es also zu zeigen, daß auf

$$\prod_{i=1}^{m} E_{\alpha_i}$$

konfinal viele der stetigen Halbnormen quasinuklear sind. Nach § 6, 1.1. und 1.3. sei also eine stetige Halbnorm

$$p = \sum_{i=1}^{m} p_i \circ \pi_i$$

(p_i stetig auf E_{α_i}) gegeben. Da alle E_{α_i} nuklear sind, sind alle p_i quasinuklear, d.h. es gibt stetige Halbnormen q_i auf E_{α_i}, $a_{n,i} \in E'_{\alpha_i}$ und $\lambda_{n,i} > 0$ mit

$$p_i(x_i) \leq \sum_n \lambda_{n,i} |\langle a_{n,i}, x_i\rangle|$$

$$\lambda_i = \sum_n \lambda_{n,i} < \infty$$

$$|\langle a_{n,i}, x_i\rangle| \leq q_i(x_i) .$$

Somit gilt

$$p(x) \leq \sum_i \sum_n \lambda_{n,i} |\langle a_{n,i}, \pi_i x\rangle| = \sum_{i,n} \lambda_{n,i} |\langle \pi_i'(a_{n,i}), x\rangle| .$$

Da nun

$$\sum_{n,i} \lambda_{n,i} = \sum_i \lambda_i < \infty$$

und

$$|\langle \pi_i'(a_{n,i}), x\rangle| \leq \sum_i q_i(\pi_i(x))$$

gilt, ist p quasinuklear. //

2.4. **SATZ:** Ist E nuklear, F ein abgeschlossener linearer Teilraum, so ist der Quotientenraum E/F nuklear.

Beweis: Sei $T : E/F \longrightarrow B$ stetig (B ein Banachraum) und
$$K : E \longrightarrow E/F$$
die kanonische Abbildung. Dann faktorisiert sich nach 1.6. und der Beweismethode von 1.11. $T \circ K$ über drei Hilberträume H_i eines kanonischen Spektrums

$$\begin{array}{ccc} E & \xrightarrow{T \circ K} & B \\ {}_{S_0}\searrow & & \nearrow{}_{\check{T}} \\ & H_1 \xrightarrow{S_1} H_2 \xrightarrow{S_2} H_3 & \end{array}$$

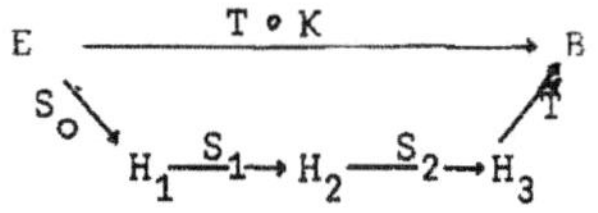

derart, daß S_1 und S_2 Hilbert-Schmidtsch sind. Wegen

$$F \subset \text{kern}(T \circ K) = \text{kern}(\check{T} \circ S_2 \circ S_1 \circ S_0) \subset E$$
$$S_0(F) \subset \text{kern}(\check{T} \circ S_2 \circ S_1) = G_1 \subset H_1$$
$$S_1(G_1) \subset \text{kern}(\check{T} \circ S_2) = G_2 \subset H_2$$
$$S_2(G_2) \subset \text{kern}(\check{T}) = G_3 \subset H_3$$

kann man weiter faktorisieren:

$$\begin{array}{ccccccccc} E & \xrightarrow{S_0} & H_1 & \xrightarrow{S_1} & H_2 & \xrightarrow{S_2} & H_3 & \xrightarrow{\check{T}} & B \\ K\downarrow & & \downarrow & & \downarrow & & \downarrow & \nearrow{}_{\hat{T}} & \\ E/F & \xrightarrow{\hat{S}_0} & H_1/G_1 & \xrightarrow{\hat{S}_1} & H_2/G_2 & \xrightarrow{\hat{S}_2} & H_3/G_3 & & \end{array}$$

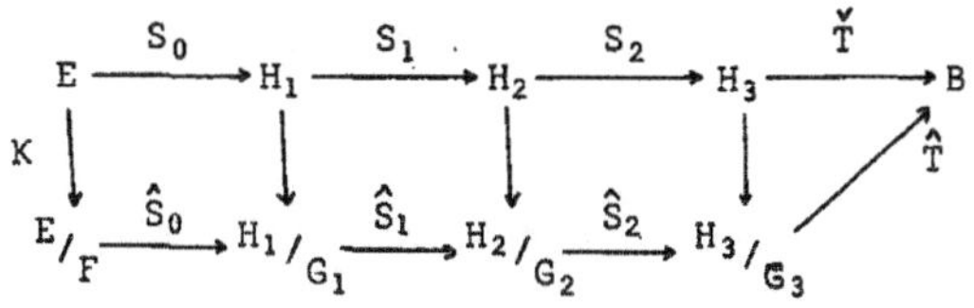

Die Quotienten H_i/G_i (i = 1,2,3) sind Hilberträume, da alle G_i abgeschlossen sind, und die faktorisierten Abbildungen $\hat{S}_i$ (i = 1,2) sind wieder Hilbert-Schmidtsch (um dies einzusehen, nehme man eine Basis $\{x_\alpha\}_{\alpha \in A}$ von G_i, verlängere sie zu einer Basis $\{x_\alpha\}_{\alpha \in A \cup B}$ von H_i, identifiziere H_i/G_i mit $\{x \in H_i | (x, x_\alpha) = 0$ für alle $\alpha \in A\}$ und prüfe die HS-Eigenschaft direkt aufgrund der Definition von S_i nach). Damit ist $\hat{S}_2 \circ \hat{S}_1$ nuklear. Aufgrund der Konstruktion gilt jedoch
$$T = \hat{T} \circ \hat{S}_2 \circ \hat{S}_1 \circ \hat{S}_0 \, ,$$
so daß auch T nuklear ist.

Die Charakterisierung 1.11. der nuklearen Räume vollendet den Beweis. //

2.5. In § 23, 2.5. wurde die lokalkonvexe direkte Summe $\bigoplus_\alpha E_\alpha$ lokalkonvexer Räume (E_α, P_α) definiert. Ein definierendes Halbnormensystem ergab sich durch alle
$$p = \sum_\alpha p_\alpha \circ \rho_\alpha \qquad p_\alpha \in P_\alpha \, ,$$
(wenn σ_β die natürliche Einbettung
$$\sigma_\beta : E_\beta \longrightarrow \bigoplus_\alpha E_\alpha$$
ist, ergibt sich die Topologie als induktive Topologie bezüglich E_α, σ_α.)

Die Abbildungen

$$\rho_\beta : \bigoplus_\alpha E_\alpha \longrightarrow E_\beta$$
$$(x_\alpha) \rightsquigarrow x_\beta$$

sind wegen $\rho_\beta \circ \sigma_\alpha = \delta_{\alpha\beta}\, id_{E_\alpha}$ stetig. Nach diesen Vorbemerkungen kann man den folgenden Satz leicht beweisen:

2.6. <u>SATZ:</u> Die abzählbare lokalkonvexe direkte Summe $\bigoplus_{n=1}^{\infty} E_n$ nuklearer Räume E_n ist nuklear.

Beweis: Zunächst ist $\bigoplus_{n=1}^{\infty} E_n$ separiert. Sei nun

$$p = \sum_{n=1}^{\infty} p_n \circ \rho_n \qquad p_n \in P_n$$

eine Halbnorm. Da E_n nuklear ist, sind alle p_n quasinukleare Halbnormen, so daß $a_{m,n} \in E_n'$, $\lambda_{m,n} > 0$ und $q_n \in P_n$ existieren mit

$$p_n(x_n) \leq \sum_n \lambda_{m,n} | < a_{m,n}, x_n > | \qquad x_n \in E_n$$

$$\lambda_n = \sum_m \lambda_{m,n} \leq \frac{1}{2^n}$$

(durch entsprechende Wahl der q_n möglich) und

$$| < a_{m,n}, x_n > | \leq q_n(x_n) \ .$$

Damit gilt dann für $x = (x_n) \in \bigoplus_n E_n$:

$$p(x) = \sum_n p_n(x_n) \leq \sum_n \sum_m \lambda_{m,n} | < a_{m,n}, x_n > | = \sum_{m,n} \lambda_{m,n} | < \rho_n'(a_{m,n}), x > | \ .$$

Wegen

$$\sum_{m,n} \lambda_{m,n} = \sum_n \lambda_n \leq \sum_n \frac{1}{2^n} < \infty$$

und

$$| < \rho_n'(a_{m,n}), x > | = | < a_{m,n}, x_n > | \leq q_n(x_n) \leq \sum_n q_n \circ \rho_n(x)$$

ist p eine quasinukleare Halbnorm. //

2.7. Dieser Satz soll verwendet werden, um die Nuklearität abzählbarer induktiver Limiten zu untersuchen. Zu diesem Zweck ist eine andere Darstellung des induktiven Limes lokalkonvexer Räume als die in § 23 gegebene sehr nützlich.

<u>SATZ:</u> Ist $E = \underset{\alpha \to}{\text{ind}}\, E_\alpha$ der induktive Limes des Spektrums $\{E_\alpha, \pi\}$ und T die lineare Abbildung

$$T : \bigoplus_\alpha E_\alpha \longrightarrow \text{ind}\, E_\alpha$$
$$(x_\alpha) \rightsquigarrow \sum_\alpha \pi_\alpha(x_\alpha)$$

(punktweise endliche Summe), so gilt die topologische Isomorphie

$$\underset{\alpha \to}{\text{ind}}\, E_\alpha = \bigoplus_\alpha E_\alpha \big/ \text{kern } T \,.$$

Beweis: T ist surjektiv, so daß die Behauptung nach einem bekannten Isomorphiesatz algebraisch richtig ist. Da aber die induktiven Abbildungen

$$\pi_\alpha : E_\alpha \longrightarrow \underset{\alpha \to}{\text{ind}}\, E_\alpha$$

sich auf folgende Weise faktorisieren

$$\begin{array}{ccc} E_\alpha & \xrightarrow{\ \pi_\alpha\ } & \underset{\alpha \to}{\text{ind}}\, E_\alpha \\ & \sigma_\alpha \searrow \quad \nearrow T & \\ & \bigoplus_\alpha E_\alpha & \end{array} \quad ,$$

folgt aus der Transitivität der induktiven Topologien auch die topologische Gleichheit

$$\underset{\alpha \to}{\text{ind}}\, E_\alpha = \bigoplus_\alpha E_\alpha \big/ \text{kern } T \quad . //$$

2.8. <u>SATZ:</u> Ist der Limes $E = \underset{A\ \alpha \to}{\text{ind}}\, E_\alpha$ eines induktiven Spektrums $\{E_\alpha, \pi\}_{\alpha \in A}$ von abzählbar vielen nuklearen Räumen E_α separiert, so ist E nuklear.

Beweis: Zunächst ist wegen 2.6.

$$\bigoplus_{\alpha \in A} E_\alpha$$

nuklear. Da $\underset{\alpha \to}{\text{ind}}\, E_\alpha$ separiert ist, ist kern T (T von 2.7.) abgeschlossen, also nach 2.4. auch

$$\underset{\alpha \to}{\text{ind}}\, E_\alpha = \bigoplus_\alpha E_\alpha \big/ \text{kern } T$$

nuklear. //

<u>3. (FN)- und (LN)-Räume</u>

3.1. Ein nuklearer (F)-Raum heißt <u>(FN)-Raum</u>. Er ist dann nach 1.13. ein $(F\overline{S})$-Raum und auch Montelsch. Damit sind die in § 22, 2. und § 26, 2. bewiesenen Aussagen für $(F\overline{S})$-Räume insbesondere für (FN)-Räume richtig:

(1) (FN)-Räume sind Montelsch, also reflexiv.

(2) Der starke Dualraum eines (FN)-Raumes ist ein (LS)-Raum.

(3) Ein striktes, nukleares abzählbares projektives Spektrum ist reduziert.

(4) Im Dualraum eines strikten (FN)-Raumes $\underset{\leftarrow n}{\text{proj}}\, E_n$ stimmen starke, schwache, und Folgenkonvergenz in einem $(E_n)'_b$ überein.

3.2. Zusätzlich gilt der

<u>SATZ:</u> (FN)-Räume sind separabel.

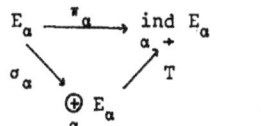

Beweis: Ist p_n ein filtrierendes, totales Halbnormen-System, also

$$E = \operatorname{proj}_{\leftarrow n} B_{p_n}$$

so sind alle B_{p_n} nach 1.9. separabel. Es existieren also $x_{nm} \in E$, so daß

$$\{\widehat{(x_{nm})}_{p_n}\}_{m \in \mathbb{N}}$$

dicht in B_{p_n} ist; dies bedeutet, daß für jedes $x \in E$, $\varepsilon > 0$ und $n \in \mathbb{N}$ ein x_{nm} existiert mit

$$p_n(x - x_{nm}) = \| \hat{x}_{p_n} - \widehat{(x_{nm})}_{p_n} \|_{p_n} < \varepsilon .$$

D.h. $\{x_{nm}\}_{n,m \in \mathbb{N}}$ ist dicht in E. //

3.3. <u>SATZ:</u> Der starke Dualraum eines nuklearen Prä-(F)-Raumes E ist nuklear.

Beweis:

a) Ist $A \in E$ beschränkt, abgeschlossen und absolutkonvex, so ist

$$[A] = \bigcup_{n=1}^{\infty} n A$$

mit dem Minkowskifunktional

$$p_A(x) = \inf \{\rho > 0 \mid x \in \rho A\}$$

nach § 19, 1.9. und § 21, 1.3. ein Banachraum. Da E bornologisch ist, gilt nach § 23, 5.1.

$$E = \operatorname{ind}_{A \rightarrow} [A]$$

($\mathfrak{A} = \{A \mid A$ wie oben$\}$ durch Inklusion halbgeordnet) und, da das induktive Einbettungsspektrum $\{[A]\}$ trivialerweise regulär ist, gilt nach § 26, 2.1.

$$E'_b = (\operatorname{ind}_{A \rightarrow} [A])'_b = \operatorname{proj}_{\leftarrow A} [A]'_b .$$

Für die Nuklearität von E'_b reicht es also hin, zu jedem $A \in \mathfrak{A}$ ein $A \subset C \in \mathfrak{A}$ zu finden, daß die Einbettung

$$[A] \xrightarrow{\subset} [C]$$

nuklear ist, denn nach § 21, 1.6. ist die duale Abbildung einer nuklearen ebenfalls nuklear.

b) Sei nun $\{p_n\}$ ein abzählbares, die Topologie von E erzeugendes Halbnormensystem. Alle p_n sind quasinuklear (1.11.); es gilt also

$$p_n(x) \leq \sum_i \lambda_{i,n} | \langle a_{i,n}, x \rangle |$$

mit

$$\lambda_n = \sum_i \lambda_{i,n} < \infty$$

und gleichstetigen Mengen $\{a_{i,n}\}_{i \in \mathbb{N}} \subset E'$. Dies bedeutet insbesondere, daß σ_n mit

$$\{a_{i,n}\}_{i\in N} \subset \sigma_n A^\circ$$

existieren. Für $\rho_n = \lambda_n \sigma_n$ und $x_1,\dots,x_m \in E$ gilt dann:

$$\sum_\ell p_n(x_\ell) \leq \sum_i \lambda_{i,n} \sum_\ell |\langle a_{i,n},x_\ell\rangle| \leq \rho_n \sup_{a\in A^\circ} \sum_\ell |\langle a,x_\ell\rangle| \qquad (*)$$

Setzt man

$$B = \{\, x\in E \mid \sum_n \frac{1}{2^n\rho_n}\, p_n(x) \leq 1\} \in \mathfrak{A} ,$$

so gilt

$$p_B(x) = \sum_n \frac{1}{2^n\rho_n}\, p_n(x) ,$$

insbesondere $A \subset B$.

Für $x_1,\dots,x_m \in [A]$ gilt dann nach (*)

$$\sum_\ell p_B(x_\ell) \leq \sum_n \frac{1}{2^n\rho_n}\, \rho_n \sup_{a\in A^\circ} \sum_\ell |\langle a,x_\ell\rangle| = \sup_{a\in A^\circ} \sum_\ell |\langle a,x_\ell\rangle| \quad .$$

c) Diese Eigenschaft der Einbettungsabbildung

$$[A] \xrightarrow{\subset} [B]$$

nennt man absolut-1-summierend. Im Anhang (A. 4.1., A. 5.5.) wird gezeigt werden, daß die Zusammensetzung von zwei absolut-1-summierenden Abbildungen zwischen normierten Räumen nuklear ist. *) Konstruiert man also, statt von A von B ausgehend, auf dieselbe Weise ein C   , so ist

$$[A] \xrightarrow{\subset} [C]$$

nuklear. Das reicht nach a) zum Beweis des Satzes hin. // **)

<u>KOROLLAR:</u> Der starke Dualraum eines (FN)-Raumes ist nuklear.

3.4. Ist der (FN)-Raum E strikt (= reduziert, 3.1.(3)) durch ein nukleares, abzählbares projektives Spektrum $\{E_n,\pi\}$ dargestellt (insbesondere durch ein kanonisches Spektrum)

$$E = \operatorname*{proj}_{\leftarrow n} E_n ,$$

so erzeugt das duale induktive (Einbettungs-)Spektrum $\{(E_n)'_b,\pi'\}$, da E auch ein (FS)-Raum ist, nach § 26, 2.4. den starken Dualraum

---

*) Es würde genügen zu wissen, daß sich absolut-1-summierende Abbildungen über einen Hilbertraum faktorisieren lassen, denn es ist leicht zu zeigen, daß absolut-1-summierende Abbildungen zwischen Hilberträumen Hilbert-Schmidtsch sind.

**) Die Konstruktion von B im Beweisschritt b) beruht auf der Eigenschaft (B) von Prä-(F)-Räumen (siehe Pietsch [1]), die in nuklearen Räumen gleichwertig damit ist, daß der starke Dualraum nuklear ist.

$$E'_b = \operatorname{ind}_{n\to} (E_n)'_b ,$$

der nach 3.3. nuklear ist.

Den induktiven Limes eines nuklearen abzählbaren induktiven Spektrums aus separierten, folgenvollständigen lokalkonvexen Räumen (§ 23, 5.5.) nennt man (LN)-Raum.

3.5. Die Faktorisierung nuklearer Abbildungen über Banachräume ergibt wieder, daß man ein erzeugendes, nukleares, abzählbares Spektrum aus Banachräumen wählen kann: (LN)-Räume sind (LS)-Räume. Bezüglich der Separiertheit eines (LN)-Raumes sind dieselben Bemerkungen wie für (LS)-Räume zu machen (man modifiziere das Beispiel in § 25, 2.12. entsprechend).

Eigenschaften, die von (LS)-Räumen stammen (siehe §§ 25 und 26): Sei

$$E = \operatorname{ind}_{n\to} E_n$$

ein (LN)-Raum:

(1) $H \subset E$ ist genau dann abgeschlossen, wenn alle $\pi_n^{-1}(H) \subset E_n$ abgeschlossen sind.

(2) E ist genau dann separiert, wenn alle kern $\pi_n \subset E_n$ abgeschlossen sind, insbesondere also dann, wenn alle Spektralabbildungen $\pi_{n,n+1}$ injektiv sind.

(3) Die Topologie von E ist die feinste Topologie, die alle

$$\pi_n : E_n \longrightarrow E$$

stetig macht.

(4) $A \subset E$ ist genau dann beschränkt, wenn es ein n und eine beschränkte Teilmenge $\tilde{A} \subset E_n$ mit

$$\pi_n(\tilde{A}) + N(E) \supset A$$

gibt.

(5) Ist E separiert, so ist E Montelsch, insbesondere reflexiv.

(6) Folgenkonvergenz in E ist bereits Folgenkonvergenz in einem E_n.

(7) Ist E zusätzlich ein Prä-(F)-Raum, so ist E endlichdimensional.

(8) Ist E separiert, so ist E vollständig.

3.6. SATZ: Ist E ein (LN)-Raum, so auch sep E.

Dies ist einfach einzusehen, wenn man zunächst(wie bei den nuklearen, projektiven Spektren) E darstellt als Limes eines Hilbert-Schmidtschen, abzählbaren induktiven Spektrums $\{H_n, \pi\}$ aus Hilberträumen

$$E = \operatorname{ind}_{n\to} H_n ,$$

bemerkt, daß (wie in § 25, 2.4.) mit

$$\kappa : E \longrightarrow \text{sep } E$$

gilt.

$$\text{sep } E = \operatorname{ind}_{n \to} \kappa \circ \pi_n(H_n)$$

und dann wie im Beweis von 2.4. feststellt, daß man wieder ein Hilbert-Schmidtsches Spektrum erhalten hat.

3.7. Aus den in § 26, 2. bewiesenen Dualitätseigenschaften zwischen (LS)- und (FS)-Räumen folgt, wenn man beachtet, daß die duale Abbildung einer nuklearen wieder nuklear ist, der

<u>SATZ:</u> 1. Der starke Dualraum eines (LN)-Raumes $E = \operatorname{ind}_{n\to} E_n$ ist der (FN)-Raum

$$\operatorname{proj}_{\leftarrow n} (E_n)'_b \ .$$

2. Der starke Dualraum eines (FN)-Raumes E ist ein (LN)-Raum)(siehe auch 3.4.).

3.8. Aus der Reflexivität

$$E = (E'_b)'_b = (\operatorname{proj}_{\leftarrow n} (E_n)'_b)'_b$$

eines separierten (LN)-Raumes E folgt dann mit 3.3. der

<u>SATZ:</u> Separierte (LN)-Räume sind nuklear.

<u>4. Der Satz vom Kern</u>

4.1. <u>BEMERKUNG:</u> Eine Bilinearform (E,F lokalkonvex)

$$\begin{array}{ccc} E \times F & \longrightarrow & \mathbb{K} \\ \Downarrow & & \Downarrow \\ (x,y) & \rightsquigarrow & \phi(x,y) \end{array}$$

ist dann und nur dann stetig, wenn es stetige Halbnormen p auf E und q auf F gibt mit

$$|\phi(x,y)| \leq p(x)q(y) \ .$$

Beweis: Ist ϕ stetig, so gibt es absolutkonvexe und abgeschlossene Nullumgebungen $U \in \mathfrak{U}_E(0)$ und $V \in \mathfrak{U}_F(0)$ mit

$$|\phi(x,y)| \leq 1 \quad \text{für} \quad x \in U \quad \text{und} \quad y \in V.$$

Für die zugehörigen Minkowskifunktionale gilt dann aufgrund der Bilinearität

$$|\phi(x,y)| \leq p_U(x)p_V(y) \ .$$

Die Umkehrung rechnet man sofort nach. //

4.2. Um den Satz vom Kern beweisen zu können, benötigt man noch eine weitere

Eigenschaft nuklearer Abbildungen:

SATZ: Ist $T : E \longrightarrow F$ (F normiert) nuklear und $R(T) \subset H$, H dicht *) in F, so ist die nukleare Zerlegung

$$Tx = \sum_n \lambda_n \langle a_n, x \rangle y_n$$

mit $y_n \in H$ zu wählen, d.h. T ist nuklear als Abbildung $E \longrightarrow H$.

Beweis: Sei zunächst - gemäß der Definition der Nuklearität - T mit $z_n \in F$, $||z_n|| \leq 1$, a_n gleichstetig und $\sum_n |\lambda_n| < \infty$

$$Tx = \sum_{n=1}^{\infty} \lambda_n \langle a_n, x \rangle z_n$$

dargestellt. Ist ε_m eine monotone Nullfolge und

$$\sum_{m=1}^{\infty} \varepsilon_m = 1 \quad ,$$

so existieren, da H dicht in F liegt, für jedes z_n $z_{m,n} \in H$ mit

$$||z_{m,n} - z_n|| \leq \varepsilon_{m+1} \, .$$

Mit $z_{o,n} = 0$ und $\bar{y}_{m,n} = z_{m,n} - z_{m-1,n}$ $(m = 1,2,\ldots)$ konvergiert dann die Reihe

$$\sum_{m=1}^{\infty} \bar{y}_{m,n} = z_n$$

absolut, und es gilt

$$||\bar{y}_{m,n}|| \leq 2\varepsilon_m \qquad m = 2,3,\ldots$$

$$||\bar{y}_{1,n}|| \leq 2||z_n|| \, .$$

Mit

$$y_{m,n} = ||\bar{y}_{m,n}||^{-1} \, \bar{y}_{m,n}$$

und

$$a_{m,n} = a_n \qquad n,m = 1,2,\ldots$$

gilt dann

$$Tx = \sum_{m,n=1}^{\infty} ||\bar{y}_{m,n}|| \, \lambda_n \langle a_{m,n}, x \rangle y_{m,n} \, .$$

$\{a_{m,n}\}$ ist gleichstetig, $\{y_{m,n}\}$ beschränkt und

$$\sum_{m,n=1}^{\infty} ||\bar{y}_{m,n}|| \, |\lambda_n| \leq \sum_{n=1}^{\infty} |\lambda_n| \sum_{m=1}^{\infty} ||\bar{y}_{m,n}|| \leq$$

$$\leq \sum_{n=1}^{\infty} |\lambda_n| (2 + \sum_{m=2}^{\infty} 2\varepsilon_m) < \infty \quad . \quad //$$

4.3. Man kann daraus eine kleine Verfeinerung der Charakterisierung 1.8. der nuklearen Räume ableiten ($R(K_{pq}) = E_p$):

*) Dieser Satz ist, wenn H nicht dicht in F ist, falsch, siehe Grothendieck ([2] I, p. 87).

<u>SATZ:</u> Ein separierter lokalkonvexer Raum E ist genau dann nuklear, wenn zu jeder stetigen Halbnorm p auf E eine stetige Halbnorm q auf E existiert, so daß die kanonische Abbildung

$$K_{pq} : E_q \longrightarrow E_p$$

nuklear ist.

Insbesondere sind dann alle

$$E \longrightarrow E_p$$

nuklear.

4.4. Eine Bilinearform $\phi : E \times F \longrightarrow K$ heißt <u>nuklear</u>, falls gleichstetige Mengen $\{a_n\} \in E'$ und $\{b_n\} \in F'$ sowie λ_n mit $\sum_{n=1}^{\infty} |\lambda_n| < \infty$ existieren, so daß ϕ eine Darstellung

$$\phi(x,y) = \sum_{n=1}^{\infty} \lambda_n < a_n,x> < b_n,y>$$

besitzt.

4.5. <u>SATZ vom KERN:</u> Ist E nuklear und F lokalkonvex, so ist jede stetige Bilinear form auf E × F nuklear.

Beweis: Es gilt nach 4.1.

$$|\phi(x,y)| \leq p(x)q(y) \quad . \qquad (*)$$

Da die Abbildung

$$E \longrightarrow E_p$$

nach 4.3. nuklear ist, gibt es eine gleichstetige Familie $\{a_n\}$, $\sum_n |\lambda_n| < \infty$ und x_n derart, daß $p(x_n) \leq 1$ und

$$\hat{x}_p = \sum_{n=1}^{\infty} \lambda_n < a_n,x> \widehat{(x_n)}_p \ ;$$

speziell bedeutet dies

$$p(x- \sum_{n=1}^{m} \lambda_n < a_n,x> x_n) \xrightarrow[m\to\infty]{} 0 \ .$$

Nach (*) also

$$\phi(x,y) = \sum_{n=1}^{\infty} \lambda_n < a_n,x> \phi(x_n,y) \ .$$

Wegen

$$|\phi(x_n,y)| \leq p(x_n)q(y) \leq q(y)$$

ist aber die Familie der Funktionale

$$<b_n,y> = \phi(x_n,y)$$

auf F gleichstetig. //

Man kann ohne große Mühe zeigen, daß der Satz von Kern charakteristisch für die nukearen Räume ist (Pietsch [1]).

Anhang

p-integrale Abbildungen und Summierbarkeit in lokalkonvexen Räumen

Die folgenden Definitionen und Sätze sind im wesentlichen den Arbeiten von Floret ([1]) und Pietsch ([3]) entnommen. Dort finden sich auch die hier nicht bewiesenen Aussagen. Anwendungen des Begriffes der p-integralen Abbildung bringt - neben den genannten - Wloka ([3]).

1. p-integrale Abbildungen

1.1. Sind E und F lokalkonvexe Räume, T eine lineare Abbildung von E in F, so heißt T p-integral ($1 \leq p < \infty$), wenn für jede Nullumgebung $V \in \mathfrak{U}_F(0)$ ein $U \in \mathfrak{U}_E(0)$ und ein positives Radonsches Maß μ auf der nach dem Satz von Alaoglu-Bourbaki (§ 14, 2.4.) schwach kompakten Polaren U^o existieren, so daß

$$p_V(Tx) \leq \left(\int_{U^o} |\langle a,x\rangle|^p \mu(da)\right)^{1/p} \quad {}^{*)}$$

gilt. T ist dann stetig. Sind E und F normiert, p = 1, so erhält man pränukleare Abbildungen im Sinne von Pietsch [2].

1.2. Da $\mu(U^o) < \infty$ und in diesem Falle für $p \leq q$

$$\mathcal{L}^q_\mu(U^o) \subset \mathcal{L}^p_\mu(U^o)$$
$$||f||_p \leq ||f||_q (\mu(U^o))^{\frac{1}{p}-\frac{1}{q}}$$

gilt, folgt sofort der

SATZ: Ist $p \leq q$, so ist jede p-integrale Abbildung auch q-integral.

1.3. SATZ: Jede nukleare Abbildung ist 1-integral.

Beweis: Ist

$$Tx = \sum_n \lambda_n \langle a_n,x\rangle y_n \in F \qquad x \in E$$

($\lambda_n > 0$, $\sum_n \lambda_n < \infty$, $a_n \in U^o$, $\{y_n\}$ beschränkt), so existiert für absolutkonvexes $V \in \mathfrak{U}_F(0)$ ein $\lambda > 0$ mit $\{y_n\} \subset \lambda V$, so daß für das diskrete Radonsche Maß

$$\mu(\phi) = \sum_n \lambda\lambda_n \phi(a_n) \qquad \phi \in \mathcal{C}(U^o)$$

gilt:

$$p_V(Tx) \leq \sum_n \lambda_n |\langle a_n,x\rangle| p_V(y_n) \leq \int_{U^o} |\langle a,x\rangle| \mu(da) \quad . \quad //$$

1.4. Es wird sich herausstellen, daß p-integrale Abbildungen eng verwandt mit den nuklearen sind. Es ist aber z.B. nicht richtig, daß die duale einer p-integralen Abbildung ebenfalls p-integral ist.(Bei Pietsch [1], 2.4. findet man im Falle

---

*) Die Funktion ($x \in E$, $a \in U^o$)

$$\phi_x(a) = \langle a,x\rangle$$

ist stetig auf U^o, versehen mit der schwachen Topologie.

p = 1 ein Gegenbeispiel.)

1.5. SATZ: Ist $S \in L(E,F)$, $T \in L(F,G)$ und S oder T p-integral, so auch $T \circ S$.

Der Beweis folgt aus 3.8. und 4.1., ist aber auch leicht direkt durchzuführen.

1.6. SATZ: Eine p-integrale Abbildung führt schwache in starke Cauchyfolgen über.

Beweis: Ist $\{x_n\}$ eine schwache Cauchyfolge

$$\langle a, x_n - x_m \rangle \longrightarrow 0 \quad \text{für jedes} \quad a \in E'$$

und $V \in \mathfrak{U}_F(0)$, so existieren U und μ mit

$$p_V(Tx_n - Tx_m) \leq \left(\int_{U^o} |\langle a, x_n - x_m \rangle|^p \mu(da)\right)^{1/p} .$$

Da nun $\{x_n\}$ als schwache Cauchyfolge schwach beschränkt, nach dem Satz von Mackey also auch beschränkt ist, liefert der Satz von Lebesgue, daß das Integral gegen 0 konvergiert. //

Im allgemeinen ist nicht richtig, daß T sogar präkompakt ist (d.h. das Bild einer Nullumgebung ist in $\tilde{F}$ relativ kompakt), denn die identische Abbildung in nuklearen Räumen z.B. ist nach 6.2. (3) p-integral und führt so schwache in starke Cauchyfolgen über; sie ist aber nicht präkompakt, denn damit wären alle nuklearen Räume von endlicher Dimension (siehe auch 5.6.).

Ist aber E normiert und besitzt eine schwach folgenpräkompakte Einheitskugel (d.i. z.B. für Hilberträume der Fall), so ist jede p-integrale Abbildung $T : E \longrightarrow F$ (F lokalkonvex) präkompakt.

1.7. Ein einfaches Beispiel einer p-integralen Abbildung ist gegeben durch die kanonische (stetige) Einbettung

$$K_p : \mathcal{C}(M) \longrightarrow L^p_\mu(M) ,$$

wobei M ein Kompaktum und μ ein positives Radonsches Maß auf M ist; denn der Grundraum M identifiziert sich mit der Menge der multiplikativen, linearen Funktionale auf $\mathcal{C}(M)$ (also $M \subseteq U^o$), so daß man μ auf der Polaren U^o der Einheitskugel U von $\mathcal{C}(M)$ auffassen kann:

$$\int_{U^o} \phi(a)\mu(da) = \int_M \phi(x)\mu(dx) \qquad \phi \in \mathcal{C}(U^o)$$

Die Definition der Norm in $L^p_\mu(M)$ liefert das Beispiel.

1.8. Es soll gezeigt werden, daß man auf diese Weise im wesentlichen alle p-integralen Abbildungen zwischen normierten Räumen erhält.

Die kanonische Abbildung ($U \in \mathfrak{U}_E(0)$ absolutkonvex und abgeschlossen)

$$\begin{array}{ccc} K : E & \longrightarrow & \mathcal{C}(U^o) \\ \Psi & & \Psi \\ x & \rightsquigarrow & \phi_x(\cdot) = \langle \cdot, x \rangle \end{array}$$

ist wegen

$$p_U(x) = \sup_{a \in U^o} |\langle a, x \rangle|$$

(nach dem Bipolarensatz) stetig und im Falle E normiert, U die Einheitskugel, sogar eine Isometrie.

SATZ: Sind E und F normiert (U bzw. V die Einheitskugeln), so ist $T : E \longrightarrow F$ genau dann p-integral, wenn es einen normierten Raum G gibt, in dem F isometrisch eingebettet ist, ein Radonsches Maß μ auf U^o und $\hat{T} \in L(L^p(U^o),G)$ derart, daß das Diagramm

$$\begin{array}{ccccc} E & & \xrightarrow{\quad T \quad} & & F \\ {\scriptstyle K}\downarrow & & & & \downarrow{\scriptstyle I} \\ \mathcal{C}(U^o) & \xrightarrow{K_p} & L^p(U^o) & \xrightarrow{\hat{T}} & G \end{array}$$

kommutativ ist.

Man kann $G = \mathcal{L}(V^o)$ setzen, wobei $\mathcal{L}(V^o)$ die Menge der beschränkten Funktionen auf V^o ist, versehen mit der Norm

$$||\psi|| = \sup_{a \in V^o} |\psi(a)| .$$

Beweis: Erfüllt T ein Diagramm der obigen Art, so gilt

$$||Tx||_F = ||ITx||_G \leq ||\hat{T}|| \; ||K_p Kx||_{L^p} = ||\hat{T}||(\int_{U^o} |<a,x>|^p \mu(da))^{1/p} .$$

Ist umgekehrt T p-integral, so sei für $K_p(\phi_x) = \tilde{\phi}_x \in H = K_p \circ K(E)$

$$\hat{T}\tilde{\phi}_x = ITx$$

gesetzt; I sei die kanonische Isometrie

$$F \longrightarrow \mathcal{C}(V^o) \xrightarrow{\subset} \mathcal{L}(V^o) = G .$$

Wegen $(b \in V^o)$

$$|\hat{T}_b \tilde{\phi}_x| = |(\hat{T}\tilde{\phi}_x)(b)| \leq ||\hat{T}\tilde{\phi}_x||_G =$$
$$= ||Tx||_F \leq ||\tilde{\phi}_x||_{L^p_\mu}$$

läßt sich das Funktional $\hat{T}_b$ normgleich von H auf $L^p_\mu(U^o)$ forsetzen (Satz von Hahn und Banach), so daß mit

$$(\hat{T}\tilde{f})(b) = \hat{T}_b \tilde{f} \qquad \tilde{f} \in L^p_\mu(U^o), \quad b \in V^o$$

aufgrund der Abschätzung

$$\sup_{b \in V^o} |\hat{T}\tilde{f}(b)| = \sup_{b \in V^o} |\hat{T}_b \tilde{f}| \leq ||\tilde{f}||_{L^p_\mu}$$

eine stetige Abbildung

$$\hat{T} : L^p_\mu(U^o) \longrightarrow \mathcal{L}(V^o)$$

definiert ist, für die

$$\hat{T} \circ K_p \circ K(x) = \hat{T}\tilde{\phi}_x = I \circ T(x) \qquad x \in E$$

gilt. //

Man kann aus dieser Zerlegung mit Hilfe der Reflexivität von L^p $(1 < p < \infty)$ folgern, daß eine p-integrale Abbildung von einer normierten in einem Banachraum schwach kompakt ist.

1.9. Für $1 \leq p \leq 2$ kann man den "Umweg" über G vermeiden:

<u>SATZ:</u> Eine p-integrale Abbildung $T \in L(E,F)$ $(1 \leq p \leq 2$, E normiert, F Banachsch) läßt sich auf folgende Weise in stetige Abbildungen zerlegen:

$$T : E \xrightarrow{K} \mathfrak{C}(U^o) \xrightarrow{K_2} L^2(U^o) \xrightarrow{\hat{T}} F$$

(U die Einheitskugel von E).

Beweis: Es bleibt nur T zu konstruieren:

Auf $H = K_2K(E) \subset L^2_\mu(U^o)$ ist die Abbildung $(\tilde{\phi}_x = K_2\phi_x)$

$$\begin{array}{rcl} S : H & \longrightarrow & F \\ \cup\!\!\!\! & & \cup\!\!\!\! \\ \tilde{\phi}_x & \rightsquigarrow & Tx \end{array}$$

eindeutig definiert und stetig:

$$||S\tilde{\phi}_x||_F = ||Tx||_F \leq (\int_{U^o} |\langle a,x\rangle|^p \mu(da))^{1/p} \leq$$

$$\leq (\mu(U^o))^{1/p - 1/2}(\int_{U^o} |\phi_x(a)|^2 \mu(da))^{1/2} =$$

$$\leq (\mu(U^o))^{1/p - 1/2} \; ||\tilde{\phi}_x||_{L^2_\mu(U^o)} .$$

Ist $\overline{S}$ die stetige Fortsetzung von S auf $\overline{H}$, P der Projektor des Hilbertraumes $L^2_\mu(U^o)$ auf $\overline{H}$, so ergibt sich mit

$$\hat{T} = \overline{S} \circ P$$

die Behauptung: $T = \hat{T} \circ K_2 \circ K$. //

Diese Zerlegung wird später ausgenutzt werden, um die Nuklearität von Zusammensetzungen p-integraler Abbildungen zu studieren.

1.10. Wie bereits erwähnt (1.6) sind p-integrale Abbildungen zwischen Hilberträumen kompakt. Leicht kann man zeigen, daß die 2-integralen Abbildungen mit den Hilbert-Schmidtschen zusammenfallen, aber es gilt sogar der

<u>SATZ</u> (Pełczyński [1]): Zwischen Hilberträumen stimmen alle $(1 \leq p < \infty)$ p-integralen Abbildungen mit den Hilbert-Schmidtschen überein.

Da die Zusammensetzung zweier HS-Abbildungen nuklear ist, folgt das

<u>KOROLLAR:</u> Die Hintereinanderausführung einer p-integralen und einer q-integralen Abbildung $(1 \leq p, q < \infty)$ zwischen Hilberträumen ist nuklear.

Vor allem, um einen solchen Satz für beliebige normierte Räume beweisen zu können, aber auch um eine oft handlichere Charakterisierung p-integraler Abbildungen zu erhalten, sollen in der nächsten Nummer Summierbarkeitsbegriffe in lokalkonvexen Räumen untersucht werden.

2. Summierbarkeitsbegriffe

2.1. Ist E ein lokalkonvexer Raum, so heißt eine Familie $[x_i, I]$ *) (I ein im weiteren nicht endlicher Indexbereich) von Elementen $x_i \in E$ schwach-p-summierbar $(1 \leq p < \infty)$, falls für jede Nullumgebung $U \in \mathfrak{U}_E(0)$ die Zahl

$$ {}_p\varepsilon_U\,[x_i, I] = (\sup_{a \in U^o} \sum_I |\langle a, x_i \rangle|^p)^{1/p} $$

endlich ist.

Die Menge $\ell_w^p(E, I)$ der schwach-p-summierbaren Familien bildet einen linearen Raum, auf dem das System der Halbnormen

$$ \{ {}_p\varepsilon_U \mid U \in \mathfrak{U}_E(0) \} $$

eine (separierte) lokalkonvexe Topologie erzeugt. Der Limes eines Netzes bezüglich dieser Topologie soll durch "${}_p\varepsilon$-lim" gekennzeichnet werden.

Ist E vollständig, so auch $\ell_w^p(E, I)$.

2.2. Für eine Familie $[x_i, I]$ und $J \in \mathfrak{E}(I)$ **) bezeichne $[x_i(J), I]$ die Familie

$$ x_i(J) = \begin{cases} x_i & i \in J \\ 0 & i \notin J \end{cases} . $$

Nun gilt zwar ($\mathfrak{E}(I)$ mit der Inklusion als Ordnungsrelation ausgestattet)

$$ \lim_{J \in \mathfrak{E}(I)} {}_p\varepsilon_U\,[x_i(J), I] = {}_p\varepsilon_U\,[x_i, I] $$

$({}_p\varepsilon_U \ldots = \sup_{a \in U^o} \sup_{J \in \mathfrak{E}(I)} \ldots = \sup_{J \in \mathfrak{E}(I)} \sup_{a \in U^o} \ldots)$, aber nicht immer

$$ {}_p\varepsilon\text{-}\lim_{J \in \mathfrak{E}(I)} [x_i(J), I] = [x_i, I] \qquad (*) $$

für $[x_i, I] \in \ell_w^p(E, I)$.

Familien, die die Eigenschaft (*) jedoch besitzen, sollen p-summierbar genannt werden, sie bilden mit den Halbnormen ${}_p\varepsilon_U$ einen lokalkonvexen Raum $\ell_s^p(E, I)$, der ein abgeschlossener linearer Unterraum von $\ell_w^p(E, I)$ ist. Ist also E vollständig, so auch $\ell_s^p(E, I)$.

2.3. Für einen Indexbereich I ist ℓ_I die Menge aller (reellen oder komplexen) Familien, für die für jedes $\varepsilon > 0$ ein $J \in \mathfrak{E}(I)$ existiert mit

$$ |\alpha_i| < \varepsilon \qquad i \notin J . $$

Dann gilt:

SATZ: Ist $[\alpha_i, I] \in \ell_I$ und $[x_i, I]$ schwach-p-summierbar, so ist $[\alpha_i x_i, I]$ sogar p-summierbar.

---

*) Künftig soll diese Schreibweise benutzt werden.

**) $\mathfrak{E}(I)$ ist das System der endlichen Teilmengen von I.

Beweis: Für gegebenes $U \in \mathfrak{U}_E(0)$ sei $J_o \in \mathfrak{E}(I)$ so gewählt, daß

$$|\alpha_i| \leq ({}_p\varepsilon_U[x_i,I]+1)^{-1} \cdot \varepsilon \quad \text{für} \quad i \notin J_o .$$

Man erhält:

$$_p\varepsilon_U[\alpha_i x_i - \alpha_i x_i(J),I] = \sup_{a \in U^o} \Big(\sum_{i \notin J} |\alpha_i|^p |\langle a,x_i\rangle|)^p\Big)^{1/p} \leq$$

$$\leq ({}_p\varepsilon_U[x_i,I]+1)^{-1} \cdot \varepsilon \sup_{a \in U^o} \Big(\sum_I |\langle a,x_i\rangle|^p\Big)^{1/p} \leq \varepsilon \text{ für } J_o \subset J. //$$

2.4. Eine Familie $[x_i,I] \subset E$ heißt <u>absolut-p-summierbar</u>, wenn für jede Nullumgebung $U \in \mathfrak{U}_E(0)$ die Reihe

$$_p\pi_U[x_i,I] = \Big(\sum_I (p_U(x_i))^p\Big)^{1/p}$$

konvergiert. Die Menge aller absolut-p-summierbaren Familien bildet mit den Halbnormen

$$\{{}_p\pi_U \mid U \in \mathfrak{U}_E(0)\}$$

einen (separierten) lokalkonvexen Raum $\ell_a^p(E,I)$.

Mit E ist auch $\ell_a^p(E,I)$ vollständig.

2.5. Analog zu 2.1. wird die Bezeichnung "${}_p\pi$-lim" benutzt. Unmittelbar einsichtig ist der

<u>SATZ:</u> Für $[x_i,I] \in \ell_a^p(E,I)$ gilt

$$_p\pi\text{-}\lim_{J \in \mathfrak{E}(I)} [x_i(J),I] = [x_i,I] .$$

2.6. Leicht zu beweisen ist der folgende Einbettungssatz

<u>SATZ:</u> (1) Es gilt

$$_p\varepsilon_U[x_i,I] \leq {}_p\pi_U[x_i,I] ,$$

so daß die Einbettungen

$$\ell_a^p(E,I) \xrightarrow{\subset} \ell_s^p(E,I) \xrightarrow{\subset} \ell_w^p(E,I)$$

stetig sind.

(2) Für $p \leq q$ gilt

$$_q\varepsilon_U[x_i,I] \leq {}_p\varepsilon_U[x_i,I]$$

und

$$_q\pi_U[x_i,I] \leq {}_p\pi_U[x_i,I] ,$$

so daß die Einbettungen

$$\ell_w^p(E,I) \xrightarrow{\subset} \ell_w^q(E,I)$$

$$\ell_s^p(E,I) \xrightarrow{\subset} \ell_s^q(E,I)$$

$$\ell_a^p(E,I) \xrightarrow{\subset} \ell_a^q(E,I)$$

stetig sind.

2.7. SATZ: Ist E endlichdimensional, so ist jede schwach-p-summierbare Familie auch absolut-p-summierbar. Die $_p\varepsilon$- und $_p\pi$-Normen sind äquivalent. *)
Beweis: Man kann $E = \ell^p(\{1,\dots,n\})$ annehmen, da alle endlichdimensionalen topologischen Vektorräume gleicher Dimension homöomorph sind; $x = (\xi_1,\dots,\xi_n) \in E$. Für $[x_i,I] \in \ell^p_w(E,I)$ gilt dann, da

$$E' = \ell^q(\{1,\dots,n\}), \quad \frac{1}{p} + \frac{1}{q} = 1 ,$$

ist:

$$_p\varepsilon[x_i,I] = \sup_{\sum_{m=1}^{n} |\alpha_m|^q \le 1} \left(\sum_I \left|\sum_{m=1}^{n} \xi^i_m \alpha_m\right|^p\right)^{1/p} \ge$$

$$\ge \sup_{m=1,\dots,n} \left(\sum_I |\xi^i_m|^p\right)^{1/p} .$$

(Im Falle $p = 1$, $q = \infty$:

$$_1\varepsilon|x_i,I| = \sup_{|\alpha_m| \le 1} \sum_I \left|\sum_{m=1}^{n} \xi^i_m \alpha_m\right| \quad \dots)$$

Somit:

$$_p\pi[x_i,I] = \left(\sum_I \|x_i\|^p\right)^{1/p} = \left(\sum_I \sum_{m=1}^{n} |\xi^i_m|^p\right)^{1/p} \le n^{1/p} \; _p\varepsilon[x_i,I]$$

. //

2.8. Dieses Ergebnis besitzt in dem verallgemeinerten Satz von Dvoretzky-Rogers eine Umkehrung in normierten Räumen (5.6.), d.h.

$$\ell^p_w(E,I) = \ell^p_a(E,I)$$

ist charakteristisch für die endlichdimensionalen unter den normierten Räumen. Beachte dazu die Kriterien 6.2. für die Nuklearität von Prä-(F)-Räumen.

2.9. Bezeichnet $\ell^\infty(E,I)$ die Menge aller beschränkten Folgen $[x_i,I]$ E, d.h.

$$_\infty\pi_U[x_i,I] = \sup_{i\in I} p_U(x_i) < \infty$$

für jedes $U \in \mathfrak{U}_E(0)$ (ein separierter lokalkonvexer Raum mit diesen Halbnormen), so folgt mit

$$L_a(E,I) = \operatorname{ind}_{p\to\infty} \ell^p_a(E,I) ,$$

$$L_s(E,I) = \operatorname{ind}_{p\to\infty} \ell^p_s(E,I) \quad \text{und}$$

$$L_w(E,I) = \operatorname{ind}_{p\to\infty} \ell^p_w(E,I)$$

der

---

*) Bei normierten Räumen bedeute $_p\varepsilon = {_p\varepsilon_U}$ und $_p\pi = {_p\pi_U}$, wo U die Einheitskugel von E ist.

<u>SATZ:</u> $L_a(E,I) \subset L_s(E,I) \subset L_w(E,I) \subset \ell^\infty(E,I)$ und die einzelnen Einbettungen sind wegen

$$ {}_\infty\pi_U[x_i,I] \leq {}_p\varepsilon_U[x_i,I] $$

stetig.

Mit Hilfe des entsprechenden Satzes für Zahlenfamilien kann man den folgenden Konvergenzsatz zeigen:

<u>SATZ:</u>

a) Ist $|x_i,I| \in L_a(E,I)$, so gilt

$$ \lim_{p\to\infty} {}_p\pi_U[x_i,I] = {}_\infty\pi_U[x_i,I] < \infty \quad \text{(fallend)}. $$

b) Ist $[x_i,I] \in L_s(E,I)$, so gilt

$$ \lim_{p\to\infty} {}_p\varepsilon_U[x_i,I] = {}_\infty\pi_U[x_i,I] < \infty \quad \text{(fallend)}. $$

c) Ist $[x_i,I] \in L_w(E,I)$, so gilt

$$ \infty > \lim_{p\to\infty} {}_p\varepsilon_U [x_i,I] \geq {}_\infty\pi_U[x_i,I] \quad \text{(fallend)}. $$

2.10. Ist F ein zweiter lokalkonvexer Raum, so bezeichne für eine Abbildung $T : E \longrightarrow F$ T_I diejenige Abbildung, die jeder Familie $[x_i,I] \subset E$ die Familie

$$ T_I[x_i,I] = [Tx_i,I] \subset F $$

zuordnet.

Ist $T \in L(E,F)$, so existiert für $V \in \mathfrak{U}_F(0)$ ein $U \in \mathfrak{U}_E(0)$ mit

$$ p_V(Tx) \leq p_U(x) , $$

d.h. insbesondere

$$ T'V^o \subset U^o . $$

Damit sieht man leicht

<u>SATZ:</u> Für $T \in L(E,F)$ gilt:

$$ T_I \Big|_{\ell^p_w(E,I)} \in L(\ell^p_w(E,I), \ell^p_w(F,I)) $$

$$ T_I \Big|_{\ell^p_s(E,I)} \in L(\ell^p_s(E,I), \ell^p_s(F,I)) $$

$$ T_I \Big|_{\ell^p_a(E,I)} \in L(\ell^p_a(E,I), \ell^p_a(F,I)) $$

3. Absolut-p-summierende Abbildungen

3.1. Sind E und F lokalkonvexe Räume, so heißt eine lineare Abbildung $T : E \longrightarrow F$ fast absolut-p-summierend, falls

$$T_{\mathbb{N}}(\ell^p_s(E,\mathbb{N})) \subset \ell^p_a(F,\mathbb{N}) ,$$

wenn also T jede p-summierbare Familie aus abzählbar vielen Elementen aus E in eine absolut-p-summierbare Familie aus F überführt. Gilt die obige Relation für einen anderen (unendlichen) Indexbereich I, so ist T selbstverständlich ebenfalls fast absolut-p-summierend.

3.2. Die Umkehrung ist in folgendem Satz enthalten:

SATZ: Ist T fast absolut-p-summierend, so ist für jedes I T_I eine beschränkte Abbildung von $\ell^p_w(E,I)$ in $\ell^p_a(F,I)$.

Beweis: Sei $B \subset \ell^p_w(E,I)$ beschränkt, d.h. es gibt für jedes $U \in \mathfrak{U}_E(0)$ eine Zahl $\rho_U > 0$ mit

$$p^{\varepsilon}{}_U(B) \leq \rho_U ,$$

und existiere eine Nullumgebung $W \in \mathfrak{U}_F(0)$ mit

$$p^{\pi}{}_W T_I(B) = \infty .$$

Ist dann β_n eine Folge positiver Zahlen mit

$$\beta = \sum_n \frac{1}{\beta_n^p} < \infty ,$$

so gibt es für jedes $n \in \mathbb{N}$ eine Familie $[x_i^{(n)}, I] \subset B$ und $J_n \in \mathfrak{E}(I)$ mit

$$\sum_{i \in J_n} (p_W(Tx_i^{(n)}))^p > \beta_n^p .$$

Die Menge

$$K = \{(i,n) \mid i \in J_n, n \in \mathbb{N}\}$$

ist abzählbar und die Familie

$$[y_{(i,n)} = \frac{1}{\beta_n} x_i^{(n)}, K]$$

schwach-p-summierbar; denn sei für $U \in \mathfrak{U}_E(0)$, $a \in U^o$:

$$\sum_{(i,n)} | \langle a, y_{(i,n)} \rangle |^p = \sum_{(i,n)} \frac{1}{\beta_n^p} |\langle a, x_i^{(n)} \rangle|^p =$$

$$= \sum_n \frac{1}{\beta_n^p} \sum_{i \in J_n} | \langle a, x_i^{(n)} \rangle |^p \leq \beta \rho_U^p < \infty .$$

Damit ist aber nach 2.3. für eine Familie

$$[\alpha_{(i,n)}, K] \in \ell_K$$

die Familie

$$\left[|\alpha_{(i,n)}|^{1/p}\, y_{(i,n)}, K\right]$$

sogar p-summierbar,

$$\left[|\alpha_{(i,n)}|^{1/p}\, Ty_{(i,n)}, K\right]$$

folglich absolut-p-summierbar, d.h. für jedes $V \in \mathfrak{U}_F(0)$ gilt

$$\sum_K |\alpha_{(i,n)}|(p_V(Ty_{(i,n)}))^p < \infty$$

für alle Familien $[\alpha_{(i,n)}, K] \in \ell_K$. Daraus kann man aber nach einem Lemma über Zahlenfamilien (z.B. Pietsch [1], 1.1.6.) sogar

$$\sum_K (p_V(Ty_{(i,n)}))^p < \infty$$

schließen, so daß man den Widerspruch

$$\infty > \sum_K (p_W(Ty_{(i,n)}))^p = \sum_n \sum_{i\in J_n} \frac{1}{\beta_n^p} (p_W(Tx_{(i,n)}))^p \geq \sum_n \frac{1}{\beta_n^p} \beta_n^p = \infty$$

erhält. //

3.3. Es ist kaum anzunehmen, daß im allgemeinen Fall für eine fast absolut-p-summierende Abbildung T die zugehörige Abbildung

$$T_I : \ell_s^p(E,I) \longrightarrow \ell_a^p(F,I)$$

sogar stetig ist. Gilt dies jedoch für $I = \mathbb{N}$, so soll T <u>absolut-p-summierend</u> genannt werden.

<u>SATZ:</u> Die folgenden Aussagen sind äquivalent:

(1) T ist absolut-p-summierend.

(2) Für ein (alle) I ist

$$T_I : \ell_s^p(E,I) \longrightarrow \ell_a^p(F,I)$$

stetig.

(3) Für ein (alle) I ist

$$T_I : \ell_w^p(E,I) \longrightarrow \ell_a^p(F,I)$$

stetig.

(4) Für jedes $V \in \mathfrak{U}_F(0)$ existiert ein $U \in \mathfrak{U}_E(0)$, so daß

$$p^\pi{}_V[Tx_i, \mathbb{N}] \leq p^\varepsilon{}_U[x_i, \mathbb{N}]$$

für alle Familien mit nur endlich vielen Elementen $x_i \neq 0$ gilt.

Beweis:

(4) → (3): Wegen 2.2. und 2.5., die Ungleichung bleibt beim Übergang zu unendlichen Familien erhalten.

(3) → (2): $\ell_s^p(E,I)$ ist stetig in $\ell_w^p(E,I)$ eingebettet.

(2) → (1): $\ell_s^p(E,\mathbb{N})$ ist in $\ell_s^p(E,I)$, $\ell_a^p(F,\mathbb{N})$ in $\ell_a^p(F,I)$ halbnormerhaltend eingebettet.

(1) → (4): Nach der Definition der Stetigkeit gibt es für jedes V ein U, so daß die geforderte Ungleichung für alle p-summierbaren, speziell also für alle endlichen Familien gilt. //

Setzt man in (4) einelementrige "Familien" ein, so erhält man das

<u>KOROLLAR:</u> Absolut-p-summierende Abbildungen sind stetig.

3.4. Da in bornologischen Räumen die beschränkten mit den stetigen Abbildungen zusammenfallen, folgt mit 3.2. der

<u>SATZ:</u> Ist $\ell_s^p(E,\mathbb{N})$ bornologisch, so fallen die fast absolut-p-summierenden Abbildungen von E in einen beliebigen lokalkonvexen Raum mit den absolut-p-summierenden zusammen.

<u>KOROLLAR:</u> Dies gilt insbesondere, wenn E metrisierbar oder sogar normierbar ist. Denn dann hat mit E auch $\ell_s^p(E,I)$ eine abzählbare Umgebungsbasis, ist also metrisierbar und damit bornologisch.

3.5. Damit ist (fast-)absolut-p-summierenden Abbildungen T zwischen normierten Räumen E und F eine p-Norm $\|\ \|_p$, nämlich die Norm der Abbildung

$$T_I : \ell_s^p(E,I) \longrightarrow \ell_a^p(F,I) ,$$

zugeordnet. Diese p-Norm ist unabhängig vom Indexbereich I, fällt mit der Norm der Abbildung

$$T_I : \ell_w^p(E,I) \longrightarrow \ell_a^p(F,I)$$

zusammen und ist die kleinste Zahl ρ, für die

$$_p\pi[Tx_i,\mathbb{N}] \leq \rho\ _p\varepsilon[x_i,\mathbb{N}] \tag{*}$$

für alle endlichen Familien gilt. Dies beruht auf denselben Gedankengängen wie 3.3..

3.6. Der Vektorraum $L^p(E,F)$ aller absolut-p-summierenden Abbildungen ist - falls E und F normiert sind - mit $\|\ \|_p$ als Unterraum von

$$L(\ell_s^p(E,I),\ \ell_a^p(F,I))$$

normiert und wegen (setze einpunktige Familien in (*) ein)

$$\|T\| \leq \|T\|_p$$

stetig in L(E,F) eingebettet.

3.7. <u>SATZ:</u> Ist E normiert und F ein Banachraum, so ist $L^p(E,F)$ Banachsch.

Beweis: Mit $\ell_a^p(F,I)$ (2.4.) ist auch $L(\ell_s^p(E,I), \ell_a^p(F,I))$ vollständig, ebenso wie $L(E,F)$. Ist also eine $\| \ \|_p$-Cauchyfolge $T^{(n)}$ gegeben, so existiert

(1) ein $S \in L(\ell_s^p(E,I), \ell_a^p(F,I))$ mit

$$T^{(n)}{}_I \longrightarrow S$$

und, da $\| \ \| \leq \| \ \|_p$ gilt,

(2) ein $T \in L(E,F)$ mit

$$T^{(n)} \longrightarrow T .$$

Es bleibt $T_I = S$ zu zeigen.

Da die endlichen Familien in $\ell_s^p(E,I)$ dicht liegen und diese wiederum durch Addition aus einpunktigen Familen entstehen, genügt es

$$T_I[x\delta_{ii_o},I] = S[x\delta_{ii_o},I] \qquad i_o \in I$$

nachzuweisen:

$$p^\pi((T_I-S)[x\delta_{ii_o},I]) \leq$$

$$\leq p^\pi((T_I-T_I^{(n)})[x\delta_{ii_o},I]) + p^\pi((T_I^{(n)}-S)[x\delta_{ii_o},I])$$

$$p^\pi((T_I-T_I^{(n)})[x\delta_{ii_o},I]) = \|(T-T^{(n)})x\|_F \xrightarrow{\text{wegen (2)}} 0, \qquad p^\pi((T_I^{(n)}-S)[x\delta_{ii_o},I]) \xrightarrow{\text{wegen (1)}} 0 . \quad //$$

3.8. <u>SATZ:</u> $p \leq q$

(1) Jede fast absolut-p-summierende Abbildung ist fast absolut-q-summierend.

(2) Jede absolut-p-summierende Abbildung ist absolut-q-summierend und die Einbettung

$$L^p(E,F) \subset L^q(E,F)$$

ist, falls E und F normiert sind, stetig:

$$\|T\|_q \leq \|T\|_p .$$

Beweis:

(1) Seien $\frac{1}{r} + \frac{1}{q} = \frac{1}{p}$, $[x_n,\mathbb{N}] \in \ell_w^q(E,\mathbb{N})$ und $[\varepsilon_n,\mathbb{N}] \in \ell^r$ *), dann ergibt sich nach der verallgemeinerten Hölderschen Ungleichung

$$(\sum_n |\langle a,\varepsilon_n x_n\rangle|^p)^{1/p} \leq (\sum_n |\varepsilon_n|^r)^{1/r} (\sum_n |\langle a,x_n\rangle|^q)^{1/q}$$

die schwache p-Summierbarkeit der Familie $[\varepsilon_n x_n,\mathbb{N}]$. Folglich ist für jedes $V \in \mathfrak{U}_F(0)$ (T eine fast absolut-p-summierende Abbildung von E in F)

*) $\ell^r = \ell^r(e)$, $e = (1,1,1,..)$

$$(\sum_n (p_V(\varepsilon_n T x_n))^p)^{1/p} < \infty,$$

d.h. die Zahlenfamilie $[\varepsilon_n p_V(Tx_n),\mathbb{N}]$ ist für jedes $[\varepsilon_n,\mathbb{N}] \in \ell^r$ in der p-ten Potenz summierbar. Da nun der α-Dualraum eines Folgenraumes ℓ^s mit dessen topologischen Dualraum ($1 < s < \infty$) übereinstimmt (Köthe [1], § 30), folgt $[p_V(Tx_n),\mathbb{N}] \in \ell^q$, also

$$[Tx_n,N] \in \ell_a^q(F,\mathbb{N})$$

und T ist auch fast absolut-q-summierend.

(2) Ist T sogar absolut-p-summierend, so existiert zu gegebenem $V \in \mathfrak{U}_F(0)$ ein $U \in \mathfrak{U}_E(0)$, so daß für $[\varepsilon_n,N] \in \ell^r$

$$(\sum_n |\varepsilon_n|^p p_V(Tx_n)^p)^{1/p} = (\sum_n p_V(\varepsilon_n Tx_n)^p)^{1/p} \leq$$

$$\leq \sup_{a \in U^o} (\sum_n |< a,\varepsilon_n x_n >|^p)^{1/p} \leq$$

$$\leq (\sum_n |\varepsilon_n|^r)^{1/r} {}_q\varepsilon_U[x_n,\mathbb{N}]$$

gilt. Variiert man $[\varepsilon_n,\mathbb{N}]$ über die Einheitskugel von ℓ^r, so erhält man hieraus

$${}_q\pi_V[Tx_n,N] = (\sum_n p_V(Tx_n)^q)^{1/q} \leq {}_q\varepsilon_U[x_n,N] \;;$$

dies bedeutet, daß T sogar absolut-q-summierend ist und im Falle normierter Räume

$$||T||_q \leq ||T||_p \quad . \quad //$$

((2) ergibt sich im wesentlichen auch aus 4.1. und 1.2.)

3.9. <u>SATZ:</u> Ist $S \in L(E,F)$ und $T : F \longrightarrow G$ (fast-)absolut-p-summierend oder $S : E \longrightarrow F$ (fast-)absolut-p-summierend und $T \in L(F,G)$, so ist $T \circ S$ (fast-)-absolut-p-summierend.

Dies folgt unmittelbar aus der Definition und 2.10.

4. Eine Charakterisierung der p-integralen Abbildungen

4.1. <u>SATZ:</u> Die absolut-p-summierenden Abbildungen fallen mit den p-integralen zusammen.

Beweis: Ist T p-integral von E in F (E,F lokalkonvex), so existiert zu gegebenem $V \in \mathfrak{U}_F(0)$ ein $U \in \mathfrak{U}_E(0)$ und ein positives Radonsches Maß μ mit

$$p_V(Tx)^p \leq \int_{U^o} | < a,x > |^p \mu(da) \;.$$

Also gilt für jede endliche Familie $[x_n,\mathbb{N}]$:

$$\begin{aligned} {}_p\pi_V[Tx_n,N] &= (\sum_n p_V(Tx_n)^p)^{1/p} \le (\int_{U^o} \sum_n | <a,x_n> |^p \mu(da))^{1/p} \le \\ &\le (\mu(U^o) \sup_{a\in U^o} \sum_n | <a,x_n> |^p)^{1/p} \le \\ &\le (\mu(U^o))^{1/p} \; {}_p\varepsilon_U[x_n,N] \; . \end{aligned}$$

3.3.(4) zeigt, daß T absolut-p-summierend ist. Ist umgekehrt T absolut-p-summierend, so gibt es für eine gegebene Nullumgebung $V \in \mathfrak{U}_F(0)$ ein $U \in \mathfrak{U}_E(0)$ mit

$$\sum_{i=1}^{n} p_V(Tx_i)^p \le \sup_{a\in U^o} \sum_{i=1}^{n} | <a,x_i> |^p \qquad (*)$$

für alle endlichen Familien aus E. Es genügt nun, auf dem reellen Banachraum $\mathcal{C}_{\mathbb{R}}(U^o)$ der reellen, stetigen Funktionen auf U^o ein positives, lineares Funktional μ mit

$$p_V(Tx)^p \le \mu(|\phi_x|^p)$$

$(\phi_x(a) = <a,x>)$ zu finden.

Die Funktion $(\phi \in \mathcal{C}_{\mathbb{R}}(U^o))$

$$s(\phi) = \inf_{x_1,\dots,x_n} \sup_{a\in U^o} |\phi(a) + \sum_{i=1}^{n} | <a,x_i> |^p - \sum_{i=1}^{n} p_V(Tx_i)^p|$$

ist auf $\mathcal{C}_{\mathbb{R}}(U^o)$

1. endlich:

   Wegen (*) gilt einerseits

$$\inf_{a\in U^o} \phi(a) \le s(\phi)$$

   und andererseits ergibt sich

$$s(\phi) \le \sup_{a\in U^o} \phi(a),$$

   wenn man in "inf" der Definitionsgleichung von s $n = 1$ und $x_1 = 0$ setzt.

2. positiv homogen:

   Ersetzt man $x_1,\dots,x_n$ E durch $\lambda^{1/p}x_1,\dots,\lambda^{1/p}x_n$, so ergibt sich unmittelbar

$$s(\lambda\phi) = \lambda s(\phi)$$

   für $\lambda \ge 0$.

und

3. subadditiv:

$$s(\phi_1+\phi_2) \leq \sup_{a\in U^o} \Big(\phi_1(a) + \sum_{i=1}^{n} |<a,x_i>|^p - \sum_{i=1}^{n} p_V(Tx_i)^p +$$

$$+ \quad \phi_2(a) + \sum_{j=1}^{m} |<a,y_j>|^p - \sum_{j=1}^{n} p_V(Ty_j)^p\Big) \leq$$

$$\leq \sup_{a\in U^o} \Big(\phi_1(a) + \sum_i |<a,x_i>|^p - \sum_i p_V(Tx_i)^p\Big) +$$

$$+ \sup_{a\in U^o} \Big(\phi_2(a) + \sum_j |<a,y_j>|^p - \sum_j p_V(Ty_j)^p\Big) ,$$

also auch

$$s(\phi_1+\phi_2) \leq \inf_{x_1\dots x_n} + \inf_{y_1\dots y_n} \dots = s(\phi_1) + s(\phi_2)$$

Damit existiert nach einer Folgerung aus dem Satz von Hahn und Banach *) ein lineares Funktional $\mu \in (\mathcal{C}_{\mathbb{R}}(U^o))'$ mit

$$\mu(\phi) \leq s(\phi) .$$

Ist $\phi \geq 0$, so gilt

$$\mu(-\phi) \leq s(-\phi) \leq \sup_{a\in U^o} -\phi(a) \leq 0 ,$$

d.h. μ ist positiv.

Die Ungleichung

$$\mu(-|\phi_x|^p) \leq s(-|\phi_x|^p) \leq$$

$$\leq \sup_{a\in U^o}(-|\phi_x(a)|^p + |<a,x>|^p - p_V(Tx)^p) =$$

$$= -p_V(Tx)^p$$

zeigt, daß μ die gesuchte Eigenschaft besitzt. //

Bemerkung: Aus

$$\mu(1) \leq s(1) \leq 1$$

folgt, daß μ als normiert vorauszusetzen ist.

Damit gelten die in 1. und 3. bewiesenen Eigenschaften für beide Abbildungsarten.

4.2. Mit 3.4. folgt das

<u>KOROLLAR:</u> Ist E ein Prä-(F)-Raum, F lokalkonvex, so fallen die fast-absolut-p-summierenden Abbildungen E ⟶ F mit den p-integralen zusammen.

---

*) Der in § 5, 2.1. gegebene Beweis des Hahn-Banach-Theorems ist wortwörtlich derselbe, wenn man nur voraussetzt, daß p positiv homogen und subadditiv ist und $f(x) \leq p(x)$ für $x \in M$ (<u>reeller</u> Unterraum). Die hier benötigte Aussage wird dann wie Korollar 2 bewiesen.

5. Zusammensetzungen p-integraler Abbildungen und der verallgemeinerte Satz von Dvoretzky-Rogers

5.1. SATZ:

(1) Für $\frac{1}{p}+\frac{1}{q}=\frac{1}{r}\leq 1$ ist

$$L^q(F,G)\circ L^p(E,F)\subset L^r(E,G).$$

(2) Sind E, F und G normiert, so gilt zusätzlich

$$\|S\circ T\|_r\leq \|S\|_q\|T\|_p\,.$$

Beweis:

(1) Für $W\in\mathfrak{U}_G(0)$ gibt es ein $V\in\mathfrak{U}_F(0)$ mit

$$\Big(\sum_i p_W(Sy_i)^q\Big)^{1/q}\leq \sup_{b\in V^o}\Big(\sum_i|\langle b,y_i\rangle|^q\Big)^{1/q} \tag{a}$$

für alle endlichen Familien $y_1,\dots,y_n\in F$.

Weiter existiert dann ein $U\in\mathfrak{U}_E(0)$ und ein positives, normiertes Radonsches Maß μ auf U^o mit

$$p_V(Tx)\leq \Big(\int_{U^o}|\langle a,x\rangle|^p\mu(da)\Big)^{1/p} \tag{b}$$

Für $b\in V^o$ gilt also

$$|\langle T'b,x\rangle| = |\langle b,Tx\rangle| \leq p_V(Tx)\leq \|\phi_x\|_{L^p_\mu(U^o)}\,,$$

so daß T'b als lineares stetiges Funktional auf

$$\{\tilde{\phi}_x \mid x\in E\}\subset L^p_\mu(U^o)$$

unter Erhaltung der Norm auf ganz $L^p_\mu(U^o)$ forzusetzen ist. Nach dem Satz von Radon-Nikodym existiert dann eine Funktion $\tilde{f}\in L^{p^*}_\mu(U^o)$ $(\frac{1}{p}+\frac{1}{p^*}=1)$ mit

$$\langle b,Tx\rangle = \int_{U^o}\langle a,x\rangle f(a)\mu(da),\quad \|f\|_{L^{p^*}_\mu(U^o)}\leq 1\,.$$

Ist $\frac{1}{r}+\frac{1}{r^*}=1$ $(\frac{1}{r^*}=0,\ p^*=q$ im Falle $r=1)$, so liefert die Höldersche Ungleichung

$$\begin{aligned}|\langle b,Tx\rangle| &\leq \mu(|\phi_x|\cdot|f|) = \mu(|\phi_x|^{\frac{r}{p}}\cdot|\phi_x|^{\frac{r}{q}}|f|)\leq\\ &\leq \mu(|\phi_x|^r)^{\frac{1}{p}}\,\mu(|\phi_x|^{\frac{r}{q}p^*}|f|^{p^*})^{\frac{1}{p^*}} =\\ &= \mu(|\phi_x|^r)^{\frac{1}{p}}\,\mu(|\phi_x|^{\frac{r}{q}p^*}|f|^{\frac{p^*}{q}p^*}\cdot|f|^{\frac{p^*}{r^*}p^*})^{\frac{1}{p^*}}\leq\\ &\leq \mu(|\phi_x|^r)^{\frac{1}{p}}\,\mu(|\phi_x|^r|f|^{p^*})^{\frac{1}{q}}\,\mu(|f|^{p^*})^{\frac{1}{r^*}}\,,\end{aligned} \tag{c}$$

da $\frac{p^*}{q}+\frac{p^*}{r^*}=1$.

Setzt man für $x_1,\dots,x_n \in E$ mit (o.E.d.A.) $p_U(x_i) \neq 0$

$$\alpha_i = \mu(|\phi_{x_i}|^r)^{-\frac{1}{p}} ,$$

so gilt wegen (c)

$$\sum_i |\langle b, \alpha_i T x_i\rangle|^q \leq \sum_i \mu(|\phi_{x_i}|^r |f|^{p^*}) \mu(|f|^{p^*})^{\frac{q}{r^*}} \leq$$

$$\leq \sup_{a\in U^o} \sum_i |\langle a, x_i\rangle|^r \underbrace{\mu(|f|^{p^*})^{1+\frac{q}{r^*}}}_{\leq 1} .$$

Aus (a) folgt dann

$$\left(\sum_i p_W(\alpha_i S T x_i)^q\right)^{\frac{1}{q}} \leq \left(\sup_{a\in U^o} \sum_i |\langle a, x_i\rangle|^r\right)^{\frac{1}{q}} .$$

Berücksichtigt man dann wieder die Höldersche Ungleichung, so folgt nach 3.3.(4) die Behauptung (1):

$$\left(\sum_i p_W(STx_i)^r\right)^{\frac{1}{r}} = \left(\sum_i \alpha_i^{-r}\, p_W(\alpha_i STx_i)^r\right)^{\frac{1}{r}} \leq$$

$$\leq \left(\sum_i \mu(|\phi_{x_i}|^r)\right)^{\frac{1}{p}} \left(\sum_i p_W(\alpha_i STx_i)^q\right)^{\frac{1}{q}} \leq$$

$$\leq \left(\sup_{a\in U^o} \sum_i |\langle a,x_i\rangle|^r\right)^{\frac{1}{p}} \left(\sup_{a\in U^o} \sum_i |\langle a,x_i\rangle|^r\right)^{\frac{1}{q}} =$$

$$= \left(\sup_{a\in U^o} \sum_i |\langle a,x_i\rangle|^r\right)^{\frac{1}{r}} .$$

(2) Im normierten Falle bedeutet die Tatsache, daß die letzte Ungleichung für gegebenes $W \in \mathfrak{U}_G(0)$ mit dem nach (a) und (b) bestimmten $U \in \mathfrak{U}_E(0)$ gilt, gerade die in (2) behauptete Normenungleichung. //

5.2. SATZ:

(1) Für $\frac{1}{p} + \frac{1}{q} \geq 1$ ist

$$L^q(F,G) \circ L^p(E,F) \subset L^1(E,G) .$$

(2) Sind E, F und G normiert, so gilt zusätzlich

$$||S \circ T||_1 \leq ||S||_q \, ||T||_p .$$

Beweis: Ist $\frac{1}{p} + \frac{1}{p^*} = 1$, so gilt wegen $p^* \geq q$

$$L^q(F,G) \subset L^{p^*}(F,G)$$

(normiert: $||S||_{p^*} \leq ||S||_q$) nach 3.8.; 5.1. liefert also

$$L^q(F,G) \circ L^p(E,F) \subset L^{p^*}(F,G) \circ L^p(E,F) \subset L^1(E,G)$$

(normiert: $||ST||_1 \leq ||S||_{p^*} \, ||T||_q \leq ||S||_q ||T||_p$). //

5.3. Um herauszufinden, wann Zusammensetzungen p-integraler Abbildungen (zwischen normierten Räumen) nuklear sind, sollen zwei Lemmata von Pietsch angegeben werden. Dazu sei M ein kompakter Raum mit einem positiven Radonschen Maß μ:

LEMMA 1: Ist H ein Hilbertraum und $T \in L(H, \mathcal{C}(M))$, so ist

$$K_2 \circ T : H \xrightarrow{T} \mathcal{C}(M) \xrightarrow{K_2} L^2_\mu(M)$$

Hilbert-Schmidtsch.

[Dies folgt aus 1.7., 3.9. und 1.10., ist aber auch leicht durch Integration der Ungleichung (ϕ_α eine Basis von H, δ_x das Diracsche Maß

$$\langle \delta_x, f \rangle = f(x) \qquad f \in \mathcal{C}(M) \quad)$$

$$\sum_\alpha |(T\phi_\alpha)(x)|^2 = \sum_\alpha |\langle T'\delta_x, \phi_\alpha \rangle|^2 \leq ||T'||^2$$

zu beweisen.]

LEMMA 2: Ist H ein Hilbertraum und $S \in L(L^2_\mu(M), H)$ Hilbert-Schmidtsch, so ist

$$S \circ K_2 : \mathcal{C}(M) \xrightarrow{K_2} L^2_\mu(M) \longrightarrow H$$

nuklear.

(Pietsch [1], 3.3.3.)

5.4. Damit erhält man zunächst den

SATZ: Ist $T_1 : E \longrightarrow F$ p-integral und

$T_2 : F \longrightarrow G$ q-integral

($1 \leq p, q \leq 2$; E, F, G normiert), so ist $T_2 \circ T_1$ nuklear.

Beweis: Zunächst ist die Fortsetzung

$$\tilde{T}_2 : \tilde{F} \rightarrow \tilde{G}$$

ebenfalls q-integral.

Nach 1.9. kann man dann $T_2 \circ T_1$ folgendermaßen zerlegen (U, V die Einheitskugeln, entsprechende Maße μ und ν):

$$\begin{array}{ccccccccc} E & \xrightarrow{T_1} & F \subset \tilde{F} & \xrightarrow{\check{K}} & \mathcal{C}(V^o) & \xrightarrow{\check{K}_2} & L^2_\nu(V^o) & \xrightarrow{\hat{\tilde{T}}_2} & \tilde{G} \\ \downarrow K & & \uparrow \hat{T}_1 & & & \nearrow & & & \\ \mathcal{C}(U^o) & \xrightarrow{K_2} & L^2_\mu(U^o) & - & - & - & & & \end{array}$$

Dann ist nach Lemma 1 die Abbildung $\check{K}_2 \circ \check{K} \circ \hat{T}_1$ Hilbert-Schmidtsch, nach Lemma 2 also $\check{K}_2 \circ \check{K} \circ \hat{T}_1 \circ K_2$ nuklear. Damit ist aber auch

$$\tilde{T}_2 \circ T_1 = \hat{\tilde{T}}_2 \circ (\check{K}_2 \circ \check{K} \circ \hat{T}_1 \circ K_2) \circ K : E \longrightarrow \tilde{G}$$

nuklear. Aus § 27, 4.2. folgt daraus, daß auch

$$T_2 \circ T_1 = \tilde{T}_2 \circ T_1 : E \longrightarrow G$$

nuklear ist.//

5.5. Mit Hilfe der Ergebnisse von 5.1. und 5.2. ergibt sich damit der

SATZ: Ist $n \geq p$ und gerade, so ist das Produkt von n p-integralen Abbildungen zwischen normierten Räumen nuklear.

Beweis: Das Produkt von $\frac{n}{2}$ p-integralen Abbildungen ist nämlich dann $\max(1,\frac{2p}{n})$-integral, so daß aus 5.4. die Behauptung folgt. //

5.6. Dieser Satz erlaubt, die Grothendiecksche (4) Verallgemeinerung des Satzes von Dvoretzky-Rogers ([1], Theorem 1) zu beweisen:

SATZ: Ist in einem normierten Raum für ein $p \geq 1$ und einen unendlichen Indexbereich jede (schwach) p-summierbare Familie sogar absolut-p-summierbar, so ist er endlichdimensional.

Beweis: Die identische Abbildung ist dann fast absolut-p-summierend, nach 3.4. also auch absolut-p-summierend. Wählt man n genügend groß (5.5.), so ist $id^n = id$ sogar nuklear, insbesondere präkompakt, so daß die Einheitskugel präkompakt und der ganze Raum endlichdimensional ist. //

Der Satz von Dvoretzky-Rogers gilt nach 6.3.(5) nicht in metrisierbaren, lokalkonvexen Räumen, da es unendlichdimensionale metrisierbare, nukleare Räume gibt. Nach obigem Beweis ist also folgende Behauptung f a l s c h :

> Zu gegebenem $p \geq 1$ gibt es ein $n \in \mathbb{N}$, so daß das Produkt von n (fast) absolut-p-summierenden Abbildungen zwischen Prä-(F)-Räumen präkompakt ist.

6. Weitere Charakterisierungen nuklearer Räume

6.1. Berücksichtigt man, daß nukleare Abbildungen nach 1.2. und 1.3. q-integral (für alle $q \geq 1$) sind, den Produktsatz 5.5. und die in § 27 abgeleiteten, die Nuklearität eines lokalkonvexen Raumes charakterisierenden Sätze, so erhält man den

SATZ: Ist E ein lokalkonvexer Raum, so sind äquivalent ($1 \leq p < \infty$ beliebig):

(1) E ist nuklear

(2) $\tilde{E}$ ist projektiver Limes eines p-integralen (fast absolut-p-summierenden) projektiven Spektrums aus Banachräumen.

(3) Zu jeder stetigen Halbnorm s auf E gibt es eine stetige Halbnorm t auf E, so daß die kanonische Abbildung

$$K_{st} : E_t \longrightarrow E_s$$

$$(\tilde{K}_{st} : B_t \longrightarrow B_s)$$

fast absolut-p-summierend (p-integral) ist (E separiert).

(4) Zu jedem $V \in \mathfrak{U}_E(0)$ existiert ein $U \in \mathfrak{U}_E(0)$ und ein positives Radonsches Maß μ auf U^o *), so daß die Ungleichung

*) U^o identifiziert sich mit der Einheitskugel in $(E_{p_U})'$.

$$p_V(x) \leq (\int_{U^o} |\langle x,a\rangle|^p \mu(da))^{1/p}$$

für alle $x \in E$ erfüllt ist (E separiert).

6.2. Die Aussage (4) - soeben interpretiert als p-Integralität der Abbildungen

$$E_{p_U} \longrightarrow E_{p_V} \quad -$$

bedeutet genau, daß die identische Abbildung in E p-integral, also absolut-p-summierend ist. Da nach 2.6. die Einbettungen

$$\ell_a^p(E,I) \subset \ell_s^p(E,I) \subset \ell_w^p(E,I)$$

immer stetig sind, folgt (beachte 3.3.) der

<u>SATZ:</u> Es sind äquivalent (E separiert, lokalkonvex):

(1) E ist nuklear.

(2) Für einen (alle) Indexbereich(e) I *) und ein (alle) $p \geq 1$ gilt:

$$\ell_w^p(E,I) \equiv \ell_a^p(E,I) \quad \text{bzw.} \quad \ell_s^p(E,I) \equiv \ell_a^p(E,I)$$

als topologische Räume.

(3) Die identische Abbildung ist für ein (alle) $p \geq 1$ absolut-p-summierend bzw. p-integral.

Und, falls E ein Prä-(F)-Raum ist, nach 3.4. der

<u>ZUSATZ:</u>

(4) Für einen (alle) Indexbereich(e) I und ein (alle) $p \geq 1$ gilt:

$$\ell_w^p(E,I) = \ell_a^p(E,I) \quad \text{bzw.} \quad \ell_s^p(E,I) = \ell_a^p(E,I)$$

als Mengen.

(5) Die identische Abbildung ist für ein (alle) $p \geq 1$ fast absolut-p-summierend.

6.3. Ebenso wie in § 27, beweist man den

<u>SATZ:</u> Ein separierter lokalkonvexer Raum E ist genau dann nuklear, wenn für jeden Banachraum B die Menge L(E,B) nur aus p-integralen Abbildungen besteht.

6.4. Ähnliche Methoden liefern neue Klassen induktiver bzw. projektiver Spektren, die (LN)- bzw. (FN)-Räume erzeugen.

---

*) I wie stets unendlich.

Literaturverzeichnis

Banach, S. [1] "Théorie des opérations linéaires", Warschau 1932

Bourbaki, N. [1] "Topologie générale", Eléments de mathématique, Paris, Hermann, Livre III

[2] "Espaces vectoriels topologiques", ..., Livre V

[3] "Sur certains espaces vectoriels topologiques", Ann. Inst. Fourier 2 (1951), 5-16

Dieudonné, J. [1] "Recent Developments in the Theory of Locally Convex Vector Spaces", Bull. Amer. Math. Soc. 59 (1953), 495-512

[2] "Sur les espaces de Montel métrisables", C. R. Acad. Sci. Paris 238 (1954), 194-195

-- u. Gomes, A.P. [1] "Sur certains espaces vectoriels topologiques", C. R. Acad. Sci. Paris 230 (1950), 1129-1130

-- u. Schwartz, C. [1] "la Dualité dans les espaces (F) et (LF)", Ann. Inst. Fourier 1 (1949), 61-101

Dubinsky, E. [1] "Echelon Spaces of Order ∞", Proc. AMS 16 (1965), 1178-1183

Dvoretzky, A. und Rogers, C.A. [1] "Absolute and Unconditional Convergence in Normed Linear Spaces", Proc. Nat. Acad. Sci. USA 36 (1950), 192-197

Floret, K. [1] "p-integrale Abbbildungen und ihre Anwendung auf Distributionsräume", Diplomarbeit, Heidelberg (1967)

[2] "Zur Regularität kompakter induktiver Spektren", ersch. in Arch. f. Math.

Gelfand, I.M. u.a. [1] "Verallgemeinerte Funktionen (Distributionen)", Bd. 1-4, Dtsch. Verl. d. Wiss., Berlin 1960 ff,

Grothendieck, A. [1] "Espaces vectoriels topologiques", Publ. Soc. Mat., S. Paulo, 1958

[2] "Produits tensoriels topologiques et espaces nucléaires", Mem. AMS 16 (1955)

[3] "Sur les espaces (F) et (DF)", Summa Brasil. Math. 3 (1954) 57-123

[4] "Sur certaines classes de suites dans les espaces de Banach, et le théorème de Dvoretzky-Rogers", Boletin Soc. Mat. S. Paulo 8 (1956), 81-110

Hahn, M.H. [1] "Über lineare Gleichungen in linearen Räumen", J.f. reine u. angew. Math. 157 (1927), 214-229

Halmos, P.R. [1] "Measure Theory", Van Nostrand, New York 1950

[2] "Introduction to Hilbert Space and the Theorem of Spectral Multiplicity", Chelsea, New York 1957 (2. Aufl.)

Hausdorff, F. [1] "Grundzüge der Mengenlehre", Chelsea, New York 1949 (Neuauflage des 1914 erschienen Originals)

Hewitt, E. u. Stromberg, K. [1] "Real and Abstract Analysis", Springer, Berlin-Heidelberg-New York 1965

Husain, T. [1] "The Open Mapping and Closed Graph Theorems in Topolgical Vector Spaces", Vieweg, Braunschweig 1965

Kantorowitsch, L. W. u. Akilow, G.P. [1] "Funktionalanalysis in normierten Räumen", Akad. Verl., Berlin 1964

Kelley, J. L. [1] "General Topology", Van Nostrand, New York 1955

Kolmogoroff, A. [1] "Zur Normierbarkeit eines topologischen Raumes", Stud. Math. 5 (1934), 29-34

Komatsu, H. [1] "Projective and Injective Limits of Weakly Compact Sequences of Locally Convex Spaces", J. Math. Soc. Japan, 19 (1967), 366-383

Komura, Y. [1] "A Few Problems Concerning Linear Topological Spaces", Sûgaku 15 (1963/64), 218-221 (jap., Ref: Zbl. 135 (1967), 343)

[2] "Some Examples in Linear Topological Spaces", Math. Ann. 15 (1964), 150-162

Köthe, G. [1] "Topologische lineare Räume", Springer, Berlin-Göttingen-Heidelberg 1966 (2. Aufl.)

[2] "Bericht über neuere Entwicklungen in der Theorie der topologischen Vektorräume", Jber. DMV 59 (1957), 19-34

[3] "Die Stufenräume, eine einfache Klasse vollkommener Räume", Math. Zeitschr. 51 (1948), 317-345

[4] "Über die Vollständigkeit einer Klasse lokalkonvexer Räume", Math. Zeitschr. 52 (1950), 627-630

Mackey, G. W. [1] "Convex Topological Linear Spaces", Trans. AMS 60 (1946), 519-537

Makarov, B. M. [1] "Über induktive Limiten normierter Räume", Dokl. A.N. 119 (1958), 1092-1094 (russ.)

[2] "Über pathologische Eigenschaften induktiver Limiten von Banachräumen" Usp. Mat. Nauk. 18 (1963) 3, 171-178 (russ.)

Maurin, K. [1] "Abbildungen vom Hilbert-Schmidtschen Typus und ihre Anwendungen", Math. Scand. 9 (1961), 359-371

[2] "Methods of Hilbert Spaces", Pol. Scient. Publ., Warszawa 1967

Mitjagin, B.S. [1] "Approximative Dimension und Basen in nuklearen Räumen", Usp. Mat. Nauk, 16 (1961), 63-132 (russ.)

[2] "Die Nuklearität und andere Eigenschaften der Räume vom Typ (S)", Trudy Mosk. Mat., Ob-va 9 (1960), 317-328 (russ.)

Nachbin, L. [1] "Topological Vector Spaces of Continuous Functions", Proc. Nat. Acad. Sci. USA 40 (1954), 417-474

Natanson, I.P. [1] "Theorie der Funktionen einer reellen Veränderlichen", Akad. Verl., Berlin 1954

Pełczyński, A. [1] "A Characterization of Hilbert-Schmidt-Operators", Studia Math. 28 (1967), 355-360

Pietsch, A. [1] "Nukleare lokalkonvexe Räume", Akad. Verl., Berlin 1965

[2] "Absolut summierende Abbildungen in lokalkonvexen Räumen", Math. Nachr. 27 (1963),78-103

[3] "Absolut-p-summierende Abbildungen in normierten Räumen", Studia Math. 28 (1967), 333-353

Pták, V. [1] "On Complete Topological Linear Spaces", Czech. Math. J., 3, 78 (1953), 301-364

[2] "Completeness and the Open Mapping Theorem", Bull. Soc. math. France 86 (1958), 41-74

[3] "Some Metric Aspects of the Open Mapping and Closed Graph Theorems", Math. Ann. 163 (1966), 95-104

Raikow, D.A. [1] "Über zwei Klassen lokalkonvexer Räume, die in den Anwendungen wichtig sind", Voronež Gos. Univ. Trudy Sem. Funk . Anal. 5 (1958), 22-34 (russ.)

[2] "Vollstetige Spektren lokalkonvexer Räume", Trudy Mosk. Mat. Ob-va 7 (1958), 413-438 (russ.)

[3] "Vollständigkeitskriterien für lokalkonvexe Räume", Usp. Mat. Nauk 14 (1959) 1, 223-229

Schatten, R. [1] "Norm Ideals of Completely Continuous Operators", Ergebn. d. Math. u. Grenzgeb. 27, 1960

Silva, J.S. e [1] "Su certi classi di spazi localmente convessi importanti per le applicazioni", Rend. Mat. e delle sue Appl. 14 (1955), 388-410

Weil, A. [1] "l'Intégration dans les groupes topologiques et ses applications", Publ. Inst. math. Uni. Strasbourg, Hermann, Paris 1953

Wloka, J. [1] "Reproduzierende Kerne und nukleare Räume I", Math. Ann. 163 (1966), 167-188

[2] "... II", Math. Ann. 172 (1967), 79-93

[3] "Kerne und p-integrale Abbildungen", ersch. in Arch. f. Math.

Yosida, K. [1] "Functional Analysis", Springer, Berlin-Göttingen-Heidelberg 1965

Zaanen, A. C. [1] "An Introduction to the Theory of Integration", North-Holl. Publ. Comp., Amsterdam 1961

Zeichenschlüssel

// = Ende des Beweises

Stichwortverzeichnis

Offsetdruck: Julius Beltz, Weinheim/Bergstr

Lecture Notes in Mathematics

Bisher erschienen/Already published

Vol. 1: J. Wermer, Seminar über Funktionen-Algebren. IV, 30 Seiten. 1964. DM 3,80 / $ 0.95

Vol. 2: A. Borel, Cohomologie des espaces localement compacts d'après J. Leray. IV, 93 pages. 1964. DM 9,– / $ 2.25

Vol. 3: J. F. Adams, Stable Homotopy Theory. 2nd. revised edition. IV, 78 pages. 1966. DM 7,80 / $ 1.95

Vol. 4: M. Arkowitz and C. R. Curjel, Groups of Homotopy Classes. 2nd. revised edition. IV, 36 pages. 1967. DM 4,80 / $ 1.20

Vol. 5: J.-P. Serre, Cohomologie Galoisienne. Troisième édition. VIII, 214 pages. 1965. DM 18,– / $ 4.50

Vol. 6: H. Hermes, Eine Termlogik mit Auswahloperator. IV, 42 Seiten. 1965. DM 5,80 / $ 1.45

Vol. 7: Ph. Tondeur, Introduction to Lie Groups and Transformation Groups. VIII, 176 pages. 1965. DM 13,50 / $ 3.40

Vol. 8: G. Fichera, Linear Elliptic Differential Systems and Eigenvalue Problems. IV, 176 pages. 1965. DM 13.50 / $ 3.40

Vol. 9: P. L. Ivănescu, Pseudo-Boolean Programming and Applications. IV, 50 pages. 1965. DM 4,80 / $ 1.20

Vol. 10: H. Lüneburg, Die Suzukigruppen und ihre Geometrien. VI, 111 Seiten. 1965. DM 8,– / $ 2.00

Vol. 11: J.-P. Serre, Algèbre Locale. Multiplicités. Rédigé par P. Gabriel. Seconde édition. VIII, 192 pages. 1965. DM 12,– / $ 3.00

Vol. 12: A. Dold, Halbexakte Homotopiefunktoren. II, 157 Seiten. 1966. DM 12,– / $ 3.00

Vol. 13: E. Thomas, Seminar on Fiber Spaces. IV, 45 pages. 1966. DM 4,80 / $ 1.20

Vol. 14: H. Werner, Vorlesung über Approximationstheorie. IV, 184 Seiten und 12 Seiten Anhang. 1966. DM 14,– / $ 3.50

Vol. 15: F. Oort, Commutative Group Schemes. VI, 133 pages. 1966. DM 9,80 / $ 2.45

Vol. 16: J. Pfanzagl and W. Pierlo, Compact Systems of Sets. IV, 48 pages. 1966. DM 5,80 / $ 1.45

Vol. 17: C. Müller, Spherical Harmonics. IV, 46 pages. 1966. DM 5,– / $ 1.25

Vol. 18: H.-B. Brinkmann und D. Puppe, Kategorien und Funktoren. XII, 107 Seiten. 1966. DM 8,– / $ 2.00

Vol. 19: G. Stolzenberg, Volumes, Limits and Extensions of Analytic Varieties. IV, 45 pages. 1966. DM 5,40 / $ 1.35

Vol. 20: R. Hartshorne, Residues and Duality. VIII, 423 pages. 1966. DM 20,– / $ 5.00

Vol. 21: Seminar on Complex Multiplication. By A. Borel, S. Chowla, C. S. Herz, K. Iwasawa, J-P. Serre. IV, 102 pages. 1966. DM 8,– / $ 2.00

Vol. 22: H. Bauer, Harmonische Räume und ihre Potentialtheorie. IV, 175 Seiten. 1966. DM 14,– / $ 3.50

Vol. 23: P. L. Ivănescu and S. Rudeanu, Pseudo-Boolean Methods for Bivalent Programming. 120 pages. 1966. DM 10,– / $ 2.50

Vol. 24: J. Lambek, Completions of Categories. IV, 69 pages 1966. DM 6,80 / $ 1.70

Vol. 25: R. Narasimhan, Introduction to the Theory of Analytic Spaces. IV, 143 pages. 1966. DM 10,– / $ 2.50

Vol. 26: P.-A. Meyer, Processus de Markov. IV, 190 pages. 1967. DM 15,– / $ 3.75

Vol. 27: H. P. Künzi und S. T. Tan, Lineare Optimierung großer Systeme. VI, 121 Seiten. 1966. DM 12,– / $ 3.00

Vol. 28: P. E. Conner and E. E. Floyd, The Relation of Cobordism to K-Theories. VIII, 112 pages. 1966. DM 9.80 / $ 2.45

Vol. 29: K. Chandrasekharan, Einführung in die Analytische Zahlentheorie. VI, 199 Seiten. 1966. DM 16.80 / $ 4.20

Vol. 30: A. Frölicher and W. Bucher, Calculus in Vector Spaces without Norm. X, 146 pages. 1966. DM 12,– / $ 3.00

Bitte wenden / Continued

Vol. 31: Symposium on Probability Methods in Analysis. Chairman: D.A.Kappos. IV, 329 pages. 1967. DM 20,– / $ 5.00

Vol. 32: M. André, Méthode Simpliciale en Algèbre Homologique et Algèbre Commutative. IV, 122 pages. 1967. DM 12,– / $ 3.00

Vol. 33: G. I. Targonski, Seminar on Functional Operators and Equations. IV, 110 pages. 1967. DM 10,– / $ 2.50

Vol. 34: G. E. Bredon, Equivariant Cohomology Theories. VI, 64 pages. 1967. DM 6,80 / $ 1.70

Vol. 35: N. P. Bhatia and G. P. Szegö, Dynamical Systems: Stability Theory and Applications. VI, 416 pages. 1967. DM 24,– / $ 6.00

Vol. 36: A. Borel, Topics in the Homology Theory of Fibre Bundles. VI, 95 pages. 1967. DM 9,– / $ 2.25

Vol. 37: R. B. Jensen, Modelle der Mengenlehre. X, 176 Seiten. 1967. DM 14,– / $ 3.50

Vol. 38: R. Berger, R. Kiehl, E. Kunz und H.-J. Nastold, Differentialrechnung in der analytischen Geometrie. IV, 134 Seiten. 1967. DM 12,– / $ 3.00

Vol. 39: Séminaire de Probabilités I. II, 189 pages. 1967. DM 14,– / $ 3.50

Vol. 40: J. Tits, Tabellen zu den einfachen Lie Gruppen und ihren Darstellungen. VI, 53 Seiten. 1967. DM 6,80 / $ 1.70

Vol. 41: R. Hartshorne, Local Cohomology. VI, 106 pages. 1967. DM 10,– / $ 2.50

Vol. 42: J. F. Berglund and K. H. Hofmann, Compact Semitopological Semigroups and Weakly Almost Periodic Functions. VI, 160 pages. 1967. DM 12,– / $ 3.00

Vol. 43: D. G. Quillen, Homotopical Algebra. VI, 157 pages. 1967. DM 14,– / $ 3.50

Vol. 44: K. Urbanik, Lectures on Prediction Theory. IV, 50 pages. 1967. DM 5,80 / $ 1.45

Vol. 45: A. Wilansky, Topics in Functional Analysis. VI, 102 pages. 1967. DM 9,60 / $ 2.40

Vol. 46: P. E. Conner, Seminar on Periodic Maps. IV, 116 pages. 1967. DM 10,60 / $ 2.65

Vol. 47: Reports of the Midwest Category Seminar. IV, 181 pages. 1967. DM 14,80 / $ 3.70

Vol. 48: G. de Rham, S. Maumary and M. A. Kervaire, Torsion et Type Simple d'Homotopie. IV, 101 pages. 1967 DM 9,60 / $ 2.40

Vol. 49: C. Faith, Lectures on Injective Modules and Quotient Rings. XVI, 140 pages. 1967. DM 12,80 / $ 3.20

Vol. 50: L. Zalcman, Analytic Capacity and Rational Approximation. VI, 155 pages. 1968. DM 13,20/$ 3.40

Vol. 51: Séminaire de Probabilités II. IV, 199 pages. 1968. DM 14,–/$ 3.50

Vol. 52: D. J. Simms, Lie Groups and Quantum Mechanics. IV, 90 pages. 1968. DM 8,–/$ 2.00

Vol. 53: J. Cerf, Sur les difféomorphismes de la sphère de dimension trois ($\Gamma_4 = 0$). XII, 133 pages. 1968. DM 12,–/$ 3.00

Vol. 54: G. Shimura, Automorphic Functions and Number Theo VI, 69 pages. 1968. DM 8,–/$ 2.00

Vol. 55: D. Gromoll, W. Klingenberg und W. Meyer, Riemannsche Geometrie im Großen. VI, 287 Seiten. 1968. DM 20,–/$ 5.00

MIX
Papier aus verantwortungsvollen Quellen
Paper from responsible sources
FSC® C105338
FSC
www.fsc.org

If you have any concerns about our products,
you can contact us on
ProductSafety@springernature.com

In case Publisher is established outside the EU,
the EU authorized representative is:
Springer Nature Customer Service Center GmbH
Europaplatz 3, 69115 Heidelberg, Germany

Printed by Libri Plureos GmbH
in Hamburg, Germany